三菱 FX5U PLC

编程指令应用详解

胡国珍　胡学明　汤立刚　编著

化学工业出版社

·北京·

内容简介

本书详细地讲解了三菱 FX5U PLC 的常用基本指令和功能指令，并结合工程实践列举了许多经典的应用实例。

全书内容主要包括：三菱 FX5U PLC 的硬件结构；编程软件 GX Works3；FX5U PLC 的编程语言和编程元件；基本指令解析与经典应用实例；功能指令解析与经典应用实例；步进梯形图指令与顺序控制；综合应用工程实例。全书内容翔实，案例丰富，讲述细致，循序渐进，便于读者学习和运用。

本书可供自动化工程师、PLC 技术初学者等学习使用，也可以用作高等院校相关专业的教材或参考书。

图书在版编目（CIP）数据

三菱FX5U PLC编程指令应用详解/胡国珍，胡学明，汤立刚编著. —北京：化学工业出版社，2023.7
ISBN 978-7-122-43317-6

Ⅰ．①三… Ⅱ．①胡…②胡…③汤… Ⅲ．①PLC技术 Ⅳ．①TM571.61

中国国家版本馆CIP数据核字（2023）第068561号

责任编辑：耍利娜　　　文字编辑：侯俊杰　李亚楠　陈小滔
责任校对：李　爽　　　装帧设计：王晓宇

出版发行：化学工业出版社
　　　　　（北京市东城区青年湖南街13号　邮政编码100011）
印　　刷：三河市航远印刷有限公司
装　　订：三河市宇新装订厂
787mm×1092mm　1/16　印张18　字数453千字
2023年8月北京第1版第1次印刷

购书咨询：010-64518888　　售后服务：010-64518899
网　　址：http://www.cip.com.cn
凡购买本书，如有缺损质量问题，本社销售中心负责调换。

定　　价：**89.00**元　　　　　　　版权所有　违者必究

近年来，国家提出要迎接数字化时代，激活数据要素和数据潜能，推动装备制造业向数字化转型、向智能化升级。PLC（可编程控制器）在其中发挥了举足轻重的作用。它在机械、化工、采矿、轻工、电力、建材、建筑、物流等各个领域的应用越来越广泛。PLC技术的推广、应用和普及，将强有力地推动数字化的实现。

三菱FX5U PLC是FX3U PLC的改造升级版，是三菱公司推出的新一代小型PLC，也是工业自动控制领域中的佼佼者。其中内置了数字量、模拟量、通信、高速输入、高速输出等功能。它通过扩展板和扩展适配器，轻松地扩展了整个控制系统，在多种智能功能模块的支持下，通过高速的系统总线，发挥出了更为强大的控制功能。FX5U PLC提供了全新的自动控制系统解决方案，具有符合高标准工业通信的接口，适用于多种用途，可以构建出多姿多彩的自动化控制系统。

FX5U PLC的编程软件是GX Works3，这是一款新型编程软件，它支持以IEC为标准的主要程序语言。与GX Works2相比较，具有更为强大的功能。例如，专用功能指令由原来的510种增加到1113种，可以在计算机中通过虚拟PLC进行仿真调试。FX5U PLC的应用和GX Works3软件的编程，都是自动控制领域的工程师必须掌握的技能。

在当前高等院校电气自动化专业的实践教学中，很多采用三菱公司的产品作为教学载体。由于FX5U PLC是在近几年才上市，它的使用方法主要限于官方手册的介绍，讲解具体编程经验的参考书较少。没有PLC基础的读者，可能有畏难情绪；有PLC基础但没有接触过三菱FX5U PLC的读者，也可能感到无从下手。本书介绍了FX5U PLC的基础知识，以及在GX Works3环境下的编程方法、应用实例。编著者从入门着手，尽量把编程的步骤介绍得详细一些，把文字叙述得通俗一些。读者通过对本书的系统学习和实践，就会成为使用FX5U PLC和GX Works3软件的行家里手。

全书内容通俗易懂，编程中以继电器控制电路为参照，引导读者走进FX5U PLC领域。为了便于阅读和理解，机型主要以FX5U PLC的基本单元为主，编程指令涉及基本指令、功能指令、步进梯形图指令。在学习这些内容的基础上，读者还可以再进行更深层次的学习。

由于编著者的水平有限，书中难免有不妥之处，恳请各位读者批评指正。

编著者

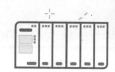

1
第 1 章
三菱 FX5U PLC 的硬件结构   **001**

1.1 三菱 FX5U PLC 的技术优势 ………………………………………… 001
1.2 FX5U PLC 基本单元的概貌 ………………………………………… 003
   1.2.1 基本单元内部的方框图 ……………………………………… 003
   1.2.2 基本单元的工作原理 ………………………………………… 006
   1.2.3 基本单元的性能和软元件 …………………………………… 007
   1.2.4 基本单元的外形和结构 ……………………………………… 009
   1.2.5 基本单元的型号规格 ………………………………………… 012
1.3 FX5U PLC 基本单元的接线端子 …………………………………… 014
   1.3.1 AC 电源、DC 输入型的接线端子 …………………………… 014
   1.3.2 DC 电源、DC 输入型的接线端子 …………………………… 016
1.4 FX5U PLC 基本单元的接口电路 …………………………………… 017
   1.4.1 FX5U PLC 的输入接口电路 ………………………………… 017
   1.4.2 FX5U PLC 的输出接口电路 ………………………………… 021
1.5 FX5U PLC 的扩展模块 ……………………………………………… 022
   1.5.1 带有内置电源的输入输出模块 ……………………………… 023
   1.5.2 扩展电缆型的输入输出模块 ………………………………… 025
   1.5.3 扩展连接器型的输入输出模块 ……………………………… 028
   1.5.4 FX5U PLC 的其他扩展模块 ………………………………… 033
   1.5.5 基本单元与扩展设备的连接 ………………………………… 035
1.6 FX5U PLC 基本单元的电源容量 …………………………………… 037

2.1 编程软件 GX Works3 简介 ·········· 040

2.2 编程软件 GX Works3 的下载和安装 ·········· 042

2.2.1 编程软件 GX Works3 的下载 ·········· 042

2.2.2 编程软件 GX Works3 的安装 ·········· 043

2.3 GX Works3 的梯形图编辑环境 ·········· 045

2.3.1 新建 FX5U PLC 的设计工程 ·········· 046

2.3.2 梯形图的主菜单栏和工具条 ·········· 046

2.3.3 梯形图编辑界面的导航栏 ·········· 049

2.3.4 梯形图的部件选择窗口 ·········· 050

2.4 FX5U PLC 控制系统的程序设计 ·········· 053

2.4.1 编程的前期准备工作 ·········· 053

2.4.2 在编程软件中进行模块配置 ·········· 054

2.4.3 进行 CPU 各项参数的设置 ·········· 056

2.4.4 进行程序设计的步骤 ·········· 056

2.4.5 梯形图程序文件的规划 ·········· 057

2.4.6 FX5U PLC 程序的调试 ·········· 058

2.4.7 在梯形图中添加声明、注解 ·········· 059

2.4.8 在 GX Works3 中打开其他格式的文件 ·········· 060

3 第 3 章
FX5U PLC 的编程语言和编程元件 **065**

3.1 FX5U PLC 的编程语言 ·········· 065

3.1.1 梯形图语言（LD） ·········· 065

3.1.2 结构化文本语言（ST） ·········· 067

3.1.3 顺序功能图语言（SFC） ·········· 069

3.1.4 功能块图 / 梯形图语言（FBD/LD） ·········· 069

3.1.5 程序块的划分 ·········· 070

3.2 FX5U PLC 的编程软元件 ·········· 070

3.2.1 输入继电器（X） ·········· 071

3.2.2　输出继电器（Y）⋯⋯⋯⋯⋯⋯⋯⋯⋯⋯⋯⋯⋯⋯⋯⋯⋯⋯⋯⋯⋯ 071

3.2.3　各种内部继电器⋯⋯⋯⋯⋯⋯⋯⋯⋯⋯⋯⋯⋯⋯⋯⋯⋯⋯⋯⋯⋯ 072

3.2.4　定时器（T）、（ST）⋯⋯⋯⋯⋯⋯⋯⋯⋯⋯⋯⋯⋯⋯⋯⋯⋯⋯⋯ 073

3.2.5　计数器（C）、（LC）⋯⋯⋯⋯⋯⋯⋯⋯⋯⋯⋯⋯⋯⋯⋯⋯⋯⋯⋯ 073

3.2.6　各种寄存器⋯⋯⋯⋯⋯⋯⋯⋯⋯⋯⋯⋯⋯⋯⋯⋯⋯⋯⋯⋯⋯⋯⋯ 074

3.2.7　模块访问软元件、嵌套、指针⋯⋯⋯⋯⋯⋯⋯⋯⋯⋯⋯⋯⋯⋯⋯ 075

3.2.8　常数和字符串⋯⋯⋯⋯⋯⋯⋯⋯⋯⋯⋯⋯⋯⋯⋯⋯⋯⋯⋯⋯⋯⋯ 076

3.3　GX Works3 环境中的编程实例⋯⋯⋯⋯⋯⋯⋯⋯⋯⋯⋯⋯⋯⋯⋯⋯ 076

3.3.1　仓库卷闸门控制原理⋯⋯⋯⋯⋯⋯⋯⋯⋯⋯⋯⋯⋯⋯⋯⋯⋯⋯⋯ 076

3.3.2　I/O 地址分配和 PLC 选型、接线⋯⋯⋯⋯⋯⋯⋯⋯⋯⋯⋯⋯⋯ 077

3.3.3　在编程软件中创建 PLC 新工程⋯⋯⋯⋯⋯⋯⋯⋯⋯⋯⋯⋯⋯⋯ 078

3.3.4　为软元件添加注释⋯⋯⋯⋯⋯⋯⋯⋯⋯⋯⋯⋯⋯⋯⋯⋯⋯⋯⋯⋯ 078

3.3.5　梯形图的编程和转换⋯⋯⋯⋯⋯⋯⋯⋯⋯⋯⋯⋯⋯⋯⋯⋯⋯⋯⋯ 079

3.4　梯形图编程的其他问题⋯⋯⋯⋯⋯⋯⋯⋯⋯⋯⋯⋯⋯⋯⋯⋯⋯⋯⋯ 081

3.4.1　梯形图的个性化设计⋯⋯⋯⋯⋯⋯⋯⋯⋯⋯⋯⋯⋯⋯⋯⋯⋯⋯⋯ 081

3.4.2　用标签进行梯形图的编程⋯⋯⋯⋯⋯⋯⋯⋯⋯⋯⋯⋯⋯⋯⋯⋯⋯ 083

3.4.3　搜索和替换⋯⋯⋯⋯⋯⋯⋯⋯⋯⋯⋯⋯⋯⋯⋯⋯⋯⋯⋯⋯⋯⋯⋯ 086

3.4.4　设计文件的保存、查找、打印⋯⋯⋯⋯⋯⋯⋯⋯⋯⋯⋯⋯⋯⋯⋯ 087

3.5　GX Works3 编程环境中的模拟调试⋯⋯⋯⋯⋯⋯⋯⋯⋯⋯⋯⋯⋯ 089

3.6　PLC 程序在运行中的监视⋯⋯⋯⋯⋯⋯⋯⋯⋯⋯⋯⋯⋯⋯⋯⋯⋯⋯ 092

3.6.1　对整个梯形图进行监视⋯⋯⋯⋯⋯⋯⋯⋯⋯⋯⋯⋯⋯⋯⋯⋯⋯⋯ 093

3.6.2　对指定元件的状态进行监视⋯⋯⋯⋯⋯⋯⋯⋯⋯⋯⋯⋯⋯⋯⋯⋯ 095

4 第 4 章 基本指令解析与经典应用实例 　　098

4.1　触点指令 LD、LDI、AND、ANI、OR、ORI⋯⋯⋯⋯⋯⋯⋯⋯⋯ 098

4.1.1　LD、LDI、AND、ANI、OR、ORI 指令解析⋯⋯⋯⋯⋯⋯⋯⋯ 098

4.1.2　经典应用实例——正反转自动循环电路⋯⋯⋯⋯⋯⋯⋯⋯⋯⋯ 099

4.2　定时器和计数器输出指令 OUT T、OUT C⋯⋯⋯⋯⋯⋯⋯⋯⋯⋯ 102

4.2.1　定时器输出指令 OUT T 解析⋯⋯⋯⋯⋯⋯⋯⋯⋯⋯⋯⋯⋯⋯⋯ 102

4.2.2　计数器输出指令 OUT C 解析⋯⋯⋯⋯⋯⋯⋯⋯⋯⋯⋯⋯⋯⋯⋯ 103

4.2.3　经典应用实例 1——两台设备间隔启动电路⋯⋯⋯⋯⋯⋯⋯⋯ 104

4.2.4　经典应用实例2——120min 长延时电路 ············· 105

4.2.5　经典应用实例3——定时器与计数器联合电路 ············· 106

4.3　置位指令 SET 和复位指令 RST ············· 108

4.3.1　置位指令 SET 解析 ············· 108

4.3.2　复位指令 RST 解析 ············· 108

4.3.3　经典应用实例——电动机正反转可逆控制 ············· 109

4.4　加、减、乘、除四则算术运算指令 ············· 112

4.4.1　加法和减法指令 ADD（P）、SUB（P）解析 ············· 112

4.4.2　乘法和除法指令 MUL（P）、DIV（P）解析 ············· 113

4.4.3　经典应用实例1——展厅人数限制装置 ············· 114

4.4.4　经典应用实例2——用拨码开关进行四则运算 ············· 115

4.5　数据传送指令 MOV（P） ············· 116

4.5.1　数据传送指令 MOV（P）解析 ············· 116

4.5.2　经典应用实例——多只指示灯的控制 ············· 118

4.6　BIN16 位数据比较运算指令 ············· 119

4.6.1　BIN16 位数据比较运算指令解析 ············· 120

4.6.2　经典应用实例——4 台电动机间隔启动 ············· 121

4.7　BIN16 位数据比较输出指令 CMP（P） ············· 123

4.7.1　比较输出指令 CMP（P）解析 ············· 123

4.7.2　经典应用实例——星 – 三角降压启动电路 ············· 124

4.8　区间比较指令 ZCP（P） ············· 126

4.8.1　区间比较指令 ZCP（P）的解析 ············· 126

4.8.2　采用区间比较指令 ZCP 的梯形图 ············· 127

4.8.3　经典应用实例——道路照明灯时钟控制装置 ············· 128

4.9　16 位 BIN 数据递增 / 递减指令 ············· 130

4.9.1　16 位 BIN 数据递增指令 INC（P）解析 ············· 130

4.9.2　16 位 BIN 数据递减指令 DEC（P）解析 ············· 130

4.9.3　经典应用实例——七挡功率调节装置 ············· 131

4.10　BCD（P）码转换指令 ············· 133

4.10.1　BCD（P）码转换指令解析 ············· 133

4.10.2　经典应用实例——车位数量显示器 ············· 136

4.11　七段解码指令 SEGD（P） ············· 138

4.11.1　七段解码指令 SEGD（P）解析 ·················· 138

4.11.2　显示 0 ~ 9 的七段数码管 ····················· 139

4.11.3　经典应用实例——5 选手智能抢答器 ·············· 140

5　第 5 章 功能指令解析与经典应用实例 143

5.1　功能指令的基本要素 ························· 143

　5.1.1　功能指令的表达格式 ······················ 143

　5.1.2　操作数中使用的软元件 ····················· 144

5.2　右移位和左移位指令 SFTR（P）、SFTL（P） ········ 146

　5.2.1　n 位数据的 n 位右移位和左移位指令解析 ··········· 146

　5.2.2　执行右移位和左移位指令的梯形图 ·············· 147

　5.2.3　经典应用实例——8 盏灯具的顺序控制 ············ 148

5.3　子程序调用指令 CALL（P）、返回指令 SRET 和
主程序结束指令 FEND ························ 150

　5.3.1　子程序调用指令 CALL（P）解析 ··············· 150

　5.3.2　子程序返回指令 SRET 解析 ·················· 150

　5.3.3　主程序结束指令 FEND 解析 ·················· 150

　5.3.4　经典应用实例——进行数据传送 ··············· 151

5.4　指针分支指令 CJ（P） ······················· 152

　5.4.1　指针分支指令 CJ（P）解析 ·················· 152

　5.4.2　经典应用实例——双电机运转的手动 / 自动选择 ······· 153

5.5　中断指令 EI、DI、IRET ······················ 155

　5.5.1　中断指令 EI、DI、IRET 解析 ················· 156

　5.5.2　测试两个中断指针编号的优先顺序 ·············· 157

　5.5.3　经典应用实例 1——采用中断指令的计数程序 ········ 158

　5.5.4　经典应用实例 2——捕捉短时间脉冲信号 ··········· 158

5.6　运算指令 E/（P）和转换指令 INT2FLT（P） ········· 160

　5.6.1　单精度实数除法运算指令 E/（P）解析 ············ 160

　5.6.2　单精度实数转换指令 INT2FLT（P）解析 ··········· 161

　5.6.3　经典应用实例——饮水机温度自动控制装置 ········· 162

5.7　高速计数器指令 HIOEN（P）、DHCMOV（P） ················· 165

5.7.1　16 位数据高速输入输出指令解析 ················· 165

5.7.2　32 位高速计数器当前值传送指令解析 ················· 167

5.7.3　经典应用实例——编码器的高速计数和监视 ················· 167

5.8　智能模块写入和读取指令 TO（P）、FROM（P） ················· 171

5.8.1　模拟量输入模块 FX3U-4AD ················· 172

5.8.2　智能模块写入指令 TO（P）解析 ················· 174

5.8.3　智能模块读取指令 FROM（P）解析 ················· 175

5.8.4　经典应用实例——管道压力的控制 ················· 175

5.9　循环指令 FOR 和 NEXT ················· 180

5.9.1　循环指令 FOR 和 NEXT 解析 ················· 180

5.9.2　经典应用实例 1——进行一级循环的求和运算 ················· 180

5.9.3　经典应用实例 2——两级循环嵌套的求和运算 ················· 181

5.10　32 位高速脉冲输出指令 ················· 182

5.10.1　32 位高速脉冲输出指令解析 ················· 183

5.10.2　经典应用实例——步进电动机的速度控制 ················· 183

5.10.3　速度控制中的人机界面编程 ················· 187

5.10.4　速度控制中的梯形图编程 ················· 189

6 第 6 章
步进梯形图指令与顺序控制　　　　　　　　　　　194

6.1　步进梯形图指令和编程特点 ················· 194

6.1.1　步进梯形图指令的格式和软元件 ················· 194

6.1.2　步进继电器和特殊步进继电器 ················· 195

6.1.3　步进梯形图的编程特点 ················· 196

6.2　FX5U PLC 与顺序控制功能图 ················· 196

6.2.1　顺序功能图的相关概念 ················· 196

6.2.2　顺序功能图的基本结构 ················· 197

6.3　GX Works3 中的 SFC 程序语言 ················· 199

6.4　广告牌三色灯光的步进控制 ················· 200

6.5　SFC 流程图的实例——送料小车 ················· 203

6.5.1　送料小车的控制要求 ·················· 203

6.5.2　送料小车的 SFC 流程图 ·················· 206

6.5.3　SFC 流程图中的内置梯形图 ·················· 209

6.5.4　SFC 流程图的特点 ·················· 212

6.6　启 - 保 - 停方式的顺序控制梯形图 ·················· 212

6.7　SET 和 RST 指令的顺序控制梯形图 ·················· 214

6.8　选择序列的 SFC 顺序控制 ·················· 216

6.9　并行序列的顺序控制 ·················· 223

7 第 7 章
综合应用工程实例　**232**

7.1　多级带输送机控制装置 ·················· 232

7.2　注水泵和抽水泵交替运转装置 ·················· 235

7.3　切削加工机床 PLC 改造装置 ·················· 237

7.4　电加热炉自动送料装置 ·················· 240

7.5　工业机械手搬运工件装置 ·················· 244

7.6　注塑成型生产线控制装置 ·················· 250

7.7　饮料自动售卖机控制装置 ·················· 257

7.8　知识竞赛抢答装置 ·················· 261

7.9　游乐园喷泉控制装置 ·················· 264

7.10　十字路口信号灯控制装置 ·················· 267

7.11　绕线电动机串联电阻启动电路 ·················· 270

7.12　异步电动机三速控制电路 ·················· 272

参考文献 ·················· 276

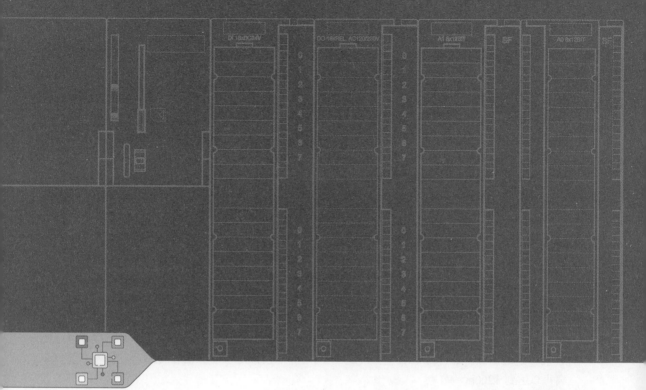

第 1 章
三菱 FX5U PLC 的硬件结构

1.1 三菱 FX5U PLC 的技术优势

三菱公司的 PLC 是较早进入中国市场的产品。三菱 FX5U PLC 是小型可编程控制器，属于 MELSEC iQ-F 系列，习惯上就称它为 FX5U。它是 2015 年推出的新产品，在 FX3U 的基础上升级换代，成为 PLC 大家族中的一朵奇葩。基本性能的全面提升、与驱动产品的无缝链接、软件环境的改善，是 FX5U 的显著亮点。针对市场上产品小型化、大容量存储、多功能、高速度、高性价比的需求，FX5U 采用了可编程序的存储器，用于其内部存储程序，执行逻辑运算、顺序控制、定时、计数与算术操作、运动控制等面向用户的指令，并通过数字式或模拟式输入 / 输出，控制各种类型的自动化生产过程。

FX5U 兼顾了整体式和模块式 PLC 的优点，是当前 FX 系列中功能最强、速度最快的小型 PLC。由于采用了性能更加优越的中央处理器，所以许多功能在 FX3U 的基础上进一步加强，在容量、速度、内置功能等方面，都有了大幅度的提升。主要表现在以下几个方面。

① 扩充了控制规模。CPU 单元加上扩展模块后，I/O 达到 384 点。通过 CC-Link 或其他方式的远程控制，可以达到 512 点。

② 扩充了内置的用户存储器容量。FX5U 内置了 64K/128K 步的大容量 RAM 内存。除此之外，还为各种用途提供了存储器的数据区，因此可以将 64K/128K 步的大容量 RAM 内存全部用于程序区。

③ 提高了运算速度。与 FX3U 比较，FX5U PLC 的系统总线速度提高了 150 倍。LD 指令

和 MOV 指令的运算速度达到 34 条 /ns，基本指令可以达到 14.6 条 /μs，固定周期中断程序最小间隔为 1ms。

④ 增加了多种扩展模块。扩展模块的型号绝大部分都更新为 FX5 型。无论是 I/O 模块，还是智能功能模块，品种、数量和功能都大大增加了。

⑤ 强化了通信功能。FX5U 继承了三菱公司传统的 MELSEC 网络，在此基础上，增加了内置以太网通信端口、内置 RS-485 通信端口。在通信中以 CC-Link IE 现场网络和 CC-Link V2 网络为首，支持 AnyWireASLINK 系统。通过使用以太网的 FA 网络，实现层次分明的三层（设备层、控制层、信息层）网络通信，通信功能更胜一筹。系统总线的通信速度可以达到 1.5KB/ms，这个速度是 FX3U 的 150 倍。在使用通信量较大的智能模块时，也能够实现高速通信。由此可以连接多种多样的自动化设备，所连接的变频器、伺服驱动器等可以达到 16 台。

RS-485 通信端口带有 MODBUS 功能，可以连接多种编码系统、条形码阅读器、变频器等智能化设备。与三菱通用变频器之间的通信距离可以达到 50m，所连接的变频器可以达到 32 台。通过搭载 FX5-485ADP 型扩展适配器，可以连接 32 台变频器、传感器等设备，通信距离可以达到 1200m。

FX5U 可以与三菱 MELSEC iQ-R 系列、MELSEC-Q 系列、MELSEC-L 系列的 PLC 进行通信。通过计算机的网络浏览器 FTP 访问 Web 网络服务器，监视和诊断 CPU 模块。也可以制作客户专用的用户网页，通过 VPN 连接 GX Works3 编程软件，进行程序的写入和读取，传输各种工艺数据和信息，实现远程维护和故障诊断，以此削减维修成本。

⑥ 内置了模拟量输入输出功能。可以使用扩展适配器和扩展模块，进行模拟量（电压、电流等）的输入和输出，以及模拟量控制。其中，CPU 模块中内置了 12 位 2 通道的 A/D 模拟量输入、12 位 1 通道的 D/A 模拟量输出。还可以添加 4 路模拟量输入模块、4 路模拟量输出模块。

⑦ 具有内置定位功能。在 CPU 模块的晶体管输出单元中，可以输出 Y0、Y1、Y2、Y3 共 4 路、200kHz 的高速脉冲串，实现 4 轴定位，而不需要专用的定位智能模块。在定位过程中，还可以变更速度和地址，支持简易线性插补运行。

⑧ 扩充了运动控制功能。除内置定位功能之外，还可以搭载简易运动控制定位模块（支持 SSCNET Ⅲ / H 功能），通过高速脉冲输入 / 输出模块，轻松地实现 4/8 轴运动控制。可以用软件代替齿轮、轴、变速器、凸轮等机械部件，实现定位控制、高速同步控制、凸轮控制、速度与扭矩控制。还可以通过组合直线插补、Z 轴圆弧插补、定长进给、连续轨迹控制，完成各种高精度的机械加工。

⑨ 内置高速计数器。具有 8 通道、200kHz 的高速脉冲输出。

⑩ 加强了数据记录功能。内置了 4GB 的 SD 卡插槽，可以定期地将计算机和网络设备中的信息保存到 SD 存储卡中。通过这些数据，可以高效地分析设备的工作情况。SD 存储卡可以锁定故障发生前后的数据，从中查找出故障原因。还可以通过 FTP 服务器的功能，从远程获取并记录数据。

⑪ 除了 R 或 W 类型的软元件之外，其他的程序和软元件可以通过闪存 ROM 来保存，它们不需要使用电池。但是也可以使用选件电池，以增加软元件的保存容量。

⑫ 配置有带弹簧夹端子排的继电器输出型 CPU 或 I/O 模块。此时不需要做接线端子，通过端子排内部弹簧的压力，就能稳固地连接导线的端子，从而快速轻松地完成接线。

可见，FX5U PLC 的优点非常突出，它虽然是小型 PLC，但是许多欧美中型机和大型机所具有的控制功能，它也可以轻而易举地实现，因此很受用户欢迎。

FX5U 所支持的程序语言有：梯形图（LD）、结构化文本（ST）、功能块图 / 梯形图（FBD/LD）。在编程软件 GX Works3 中，将顺序功能图（SFC）也作为 FX5U 的一种程序语言，但是在 FX5U 中并不能运行这种程序。

1.2 FX5U PLC 基本单元的概貌

基本单元是指配置有电源、CPU（中央处理器）、存储器、扩展接口、输入接口、输出接口、通信接口的可编程控制器主机，其内部设置有定时器、计数器、内部继电器、数据寄存器等。基本单元可以独立地工作，对各种设备进行自动控制。

1.2.1　基本单元内部的方框图

FX5U 基本单元的内部结构，与其他 PLC 大同小异，属于整体式结构，由 CPU（中央处理器）、存储器、输入单元、输出单元、电源、I/O 扩展接口、外部设备接口等部分组成，如图 1-1 所示。

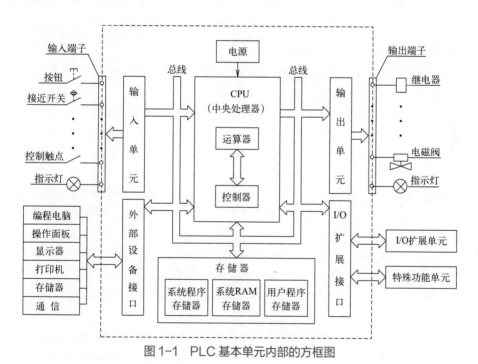

图 1-1　PLC 基本单元内部的方框图

（1）CPU（中央处理器）

它是整个系统的核心部件，主要由运算器、控制器、寄存器，以及地址总线、数据总线、控制总线构成，并配置有外围芯片、总线接口及有关电路。CPU 类似于人类的大脑和神经中枢，它按照系统程序赋予的功能，读取、解释并执行指令，实现逻辑和算术运算，有条不紊地指挥和协调整个 PLC 的工作，其主要功能如下所述。

① 接收并存储上位计算机、编程设备（电脑、编程器等）、键盘等所输入的用户程序和数据。

② 通过扫描方式从输入单元读取现场控制信号和数据，并保存到映像寄存器或数据寄存器。

③ 从存储器中逐条读取用户指令，经过命令解释后，产生相应的控制信号去驱动有关的控制电路。

④ 进行数据处理，分时序、分渠道执行数据存取、传送、组合、比较、变换等工作任务，完成用户程序中规定的逻辑和算术运算。

⑤ 根据运算结果，更新有关标志位的状态和输出寄存器的内容，并将结果传送到输出接口，实现控制、制表、打印、数据通信等功能。

⑥ 诊断电源和 PLC 内部电路的故障，诊断编程中的语法错误。

⑦ 在 CPU 模块中，还有其他的一些配置。

a. 在 CPU 模块外部，具有各种接口：总线接口用于连接 I/O 模块或特殊功能模块；内存接口用于安装存储器；外设接口用于连接编程设备（电脑、编程器等）；通信接口用于通信联络。

b. CPU 模块上具有多个工作状态指示灯，例如电源指示灯、运行指示灯、故障指示灯。

CPU 在很大程度上决定了 PLC 的整体性能，如整个系统的控制规模、内存容量、工作速度等。

（2）存储器

存储器即内存，主要用于存储程序和数据，是 PLC 不可缺少的组成单元。它包括系统程序存储器、系统 RAM 存储器、用户程序存储器三个部分。

① 系统程序存储器。它用于存储整个系统的监控程序、控制和完成 PLC 各项功能的程序，相当于单片机的监控程序或微机的操作系统，用户不能更改和调用它。系统程序和硬件一起决定 PLC 的性能和质量。它又可以分为系统管理程序、用户程序编辑和指令解释程序、标准子程序和调用管理程序。

a. 系统管理程序。它决定系统的工作节拍，包括运行管理（各种操作的时间分配）、存储空间管理（生成用户数据区）、系统自诊断管理（电源、系统出错、程序语法和句法检查）。

b. 用户程序编辑和指令解释程序。它将用户程序解读为内码形式，以便于程序的修改和调试。经过解读后，编程语言转变为机器语言，以便于 CPU 操作执行。

c. 标准子程序和调用管理程序。它完成某些信息处理，进行特殊运算。

② 系统 RAM 存储器。它包括 I/O 缓冲区以及各类软元件，如内部继电器、定时器、计数器、数据寄存器、变址寄存器等。

③ 用户程序存储器。它包括用户程序存储区、用户数据存储区。程序存储区用以存储用户实际控制程序；数据存储区则用来存储输入和输出状态、内部继电器线圈和接点的状态、特殊功能所要求的数据。

用户程序存储器中的内容由用户根据实际生产工艺的需要进行编写，可以读、可以写、可任意修改和增删。用户程序存储器密度高、功耗低。存储器的形式有 CMOS RAM 读 / 写存储器、EPROM 可擦除只读存储器、EEPROM 可擦除只读存储器三种。ROM 存储器具有掉电后不丢失信息的特点，而 CMOS RAM 存储器的内容由锂电池实行断电保护，一般能保持 5 ～ 10 年，带负载运行也可以保持 2 ～ 5 年。

（3）输入 / 输出单元

输入 / 输出单元通常称为 I/O 单元，PLC 通过输入单元接收工业生产现场装置的控制信号。按钮开关、行程开关、接近开关以及各种传感器的开关量和模拟量信号，都要通过输入模块送到 PLC 中。这些信号的电平多种多样，但是 CPU 所处理的信息只能是标准电平，因此输入单元需要将这些信号转换成 CPU 能够识别和处理的数字信号。PLC 又通过输出单元送出输出信号，控制负载设备（电动机、电磁阀、指示灯等）的运行。通常 I/O 单元上还有接线端子排和 LED 指示灯，以便于连接和监视。

FX5U 输入单元的接线方式是汇点式，共同使用 1 ~ 2 个公共端子（0V 或 24V）。

FX5U 输出单元的接线方式与输入单元不同，它们采用分组式，将所有的端子分为若干组，每组都有一个公共的端子 COM0、COM1、COM2 等（或 +V0、+V1、+V2 等）。各组使用同一个电源，而组与组之间的输出电路没有联系。

FX5U PLC 根据工业生产的需要，提供具有各种操作电平、各种驱动能力的输入 / 输出模块，以供用户选择和使用。

（4）电源单元

优质的电源才能保证 PLC 的正常工作。FX5U 基本单元对电源的设计和制造十分重视。不同的电路单元，例如 CPU 和输入单元、输出单元，需要不同等级的工作电压。基本单元内部配置有高性能的开关式稳压电源，为各个电路单元提供所需的稳定的工作电源，例如 CPU、存储器、I/O 单元所需的 5V 直流电源，外部输入单元所需的 24V 直流电源。国内使用的 FX5U，交流电源一般为 220V 50Hz。电压的波动在 −15% ~ +10% 的范围之内，PLC 都可以正常工作，不需要采取另外的稳压措施。

需要注意的是，PLC 输出单元外部负载的电源，不是由 PLC 内部提供，而是由用户在 PLC 外部另行提供。为了防止负载短路，一般需要配置规格合适的熔断器。

（5）I/O 扩展接口

当基本单元的 I/O 点数不够用时，可以通过 I/O 扩展接口再连接 I/O 各种扩展模块，将总点数扩展到 384 点。通过 CC-Link 或其他方式的远程控制，可以达到 512 点。也可以通过 I/O 扩展接口连接特殊功能单元，例如模拟量输入 / 输出模块、各种智能功能模块，使 PLC 满足不同的控制要求。

（6）外部设备接口

FX5U 配置有多种外部设备接口，以实现与编程计算机、人机界面、变频器、读码器、打印机、传感器等设备的连接。

PLC 本身是不带编程器的，为了对 PLC 进行编程，在 PLC 面板上设置了编程接口，通过编程接口可以连接编程计算机或其他编程设备。操作面板可以操作控制单元，在执行程序的过程中可以直接设置输入量或输出量，还可以修改某些量的数值，以便启动或停止一台外部设备的运行。文本显示器可以显示 PLC 系统的信息，对程序进行实时监视。打印机可以把控制程序、过程参数、运行结果以文字形式输出。

除此之外，PLC 还设置了存储器接口和通信接口。存储器接口的用途是扩展存储区，可以扩展用户程序存储区和用户参数存储区。通信接口的作用是在 PLC 与上位计算机之间、与其他 PLC 之间、与触摸屏之间、与变频器之间、与其他自动化设备之间建立通信网络。

1.2.2 基本单元的工作原理

同其他 PLC 一样，FX5U PLC 以微处理器为核心，具备微型计算机的许多特点，但是其工作方式与微机有很大的区别。微机一般采用等待命令输入、响应处理的工作方式，当有键盘或鼠标等操作信号触发时，就转入相应的程序。没有输入信号时，就一直等待着。而 PLC 采用不间断循环的顺序扫描工作方式。

在进入扫描之前，PLC 首先进行自检，以检查系统硬件是否正常。在自检过程中，要检查 I/O 模块的连接是否正常，消除各个继电器和寄存器状态的随机性，进行复位和初始化处理。再对内存单元进行测试，以确认 PLC 自身是否完好。如果 PLC 正常，则复位系统的监视定时器允许 PLC 进入循环扫描。如果 PLC 有故障，则故障指示灯 ERR 亮起或闪烁，发出红光进行报警，停止执行各项任务。在每次扫描期间，都要进行系统诊断，以便及时发现故障。

进入循环扫描后，其工作过程一般分为 3 个阶段，即输入采样、用户程序执行和输出刷新。这 3 个阶段称作一个扫描周期，如图 1-2 所示。在整个运行期间，PLC 的 CPU 以一定的扫描速度重复执行上述 3 个阶段。

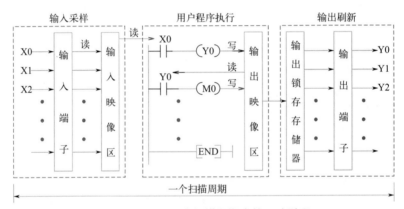

图 1-2 PLC 一个扫描周期中的 3 个阶段

（1）输入采样阶段

在输入采样阶段，PLC 通过输入接口，以扫描方式依次地读入所有输入状态和数据，并将它们存入 I/O 映像区中的相应单元内，这就是输入信号的刷新。输入采样结束后，转入用户程序执行和输出刷新阶段。在这两个阶段中，即使输入状态和数据发生变化，I/O 映像区中相应单元的状态和数据也不会改变，进入下一个周期的输入处理时，再写入这种变化。因此，如果输入是脉冲信号，则该脉冲信号的宽度必须大于一个扫描周期，才能保证在任何情况下，该输入均能被读入。

（2）用户程序执行阶段

在用户程序执行阶段，PLC 总是按由上而下的顺序，依次地扫描用户程序（梯形图）。在扫描过程中，又总是先扫描梯形图左边的，由各个触点构成的控制线路，并按先左后右、先上后下的顺序对由触点构成的控制线路进行逻辑运算。根据逻辑运算的结果，刷新该逻辑线圈在系统 RAM 存储区中对应位的状态，或者刷新该输出线圈在 I/O 映像区中对应位的状态，或者确定是否要执行该梯形图所规定的特殊功能指令。

（3）输出刷新阶段

当扫描用户程序结束后，PLC 就进入输出刷新阶段。在此期间，CPU 按照 I/O 映像区内对应的状态和数据，刷新所有的输出锁存电路，再经输出电路驱动相应的外部设备。这时，才是 PLC 的实际输出。

扫描过程可以按照固定的顺序进行，也可以按照用户规定的程序进行，这是因为在较大的控制系统中，需要处理的 I/O 点数较多，可以通过不同的组织模块的安排，分时分批地扫描执行，以缩短扫描周期，提高控制的实时性。此外，有一部分程序不需要每扫描一次就执行一次。

FX5U 基本单元的面板上设置有工作方式开关，将开关置于 RUN（运行）时，执行所有阶段。将开关置于 STOP（停止）时，不执行循环顺序扫描，此时可以进行通信，例如对 PLC 进行写入、读出、联机操作。

1.2.3　基本单元的性能和软元件

（1）主要性能和技术规格

FX5U 基本单元的主要性能和技术规格，罗列在表 1-1 中。

表 1-1　基本单元的主要性能和规格

项目		性能和规格
机型		18 种
控制方式		存储程序反复运算
输入输出控制方式		成批刷新（可根据指定直接访问输入和输出）
程序规格	编程语言	梯形图（LD）、结构化文本（ST）、功能块图 / 梯形图（FBD/LD）
	编程扩展功能	功能块（FB）、功能（FUN）、标签程序（局部 / 全局）
	持续扫描	0.2 ～ 2000ms（可设定 0.1ms 为单位）
	固定周期中断	1 ～ 60000ms（可设定 1ms 为单位）
	定时器性能规格	100ms、10ms、1ms
	执行程序个数	32 个
	FB 文件数	16 个（用户最多可以使用 15 个）
操作规格	执行类型	待机、初始执行、实际扫描、固定周期执行、事件执行
	中断种类	内部定时器中断、输入中断、高速比较一致中断、模块的中断
指令处理速度	LD X0	34ns（程序容量为64K 步）
	MOV D0 D1	34ns（程序容量为64K 步）
存储容量	程序容量	64K 步 /128K 步（128KB/256KB、快闪存储器）
	SD/SDHC 存储卡	最大 16GB
	软元件 / 标签存储器	120KB
	数据存储器 / 标准 ROM	5MB
保存文件数	软元件 / 标签存储器	1 个

续表

项目		性能和规格
保存文件数	数据存储器 P 文件	32 个
	数据存储器 FB 文件	16 个
	SD 存储卡	2GB 时 511 个；4GB/8GB/16GB 时 65534 个
时钟功能	显示信息	年、月、日、时、分、秒、星期（自动识别闰年）
	精度	月差 ±45s/25℃（TYP）
输入 / 输出点数	（1）输入 / 输出点数	256 点 /384 点以下
	（2）远程 I/O 点数	384 点 /512 点以下
	（1）与（2）合计点数	512 点以下
停电保持	保持方法	大容量电容器
	保持时间	10 日（环境温度为 25℃）
	软元件保持容量	12KB
闪存（ROM）写入次数		最多 2 万次

（2）基本单元中的软元件

FX5U 基本单元的软元件，罗列在表 1-2 中。

表 1-2　FX5U 基本单元的软元件

项目		进制	点数
用户软元件	输入继电器（X）	8	1024 点以下（接线端子的 X、Y 点数最多为 256 点 /384 点）
	输出继电器（Y）	8	1024 点以下（接线端子的 X、Y 点数最多为 256 点 /384 点）
	内部继电器（M）	10	32768 点（可通过参数变更）
	锁存继电器（L）	10	32768 点（可通过参数变更）
	链接继电器（B）	16	32768 点（可通过参数变更）
	报警器（F）	10	32768 点（可通过参数变更）
	链接特殊继电器（SB）	16	32768 点（可通过参数变更）
	步进继电器（S）	10	4096 点（固定）
	定时器（T）	10	1024 点（可通过参数变更）
	累计定时器（ST）	10	1024 点（可通过参数变更）
	计数器（C）	10	1024 点（可通过参数变更）
	超长计数器（LC）	10	1024 点（可通过参数变更）
	数据寄存器（D）	10	8000 点（可通过参数变更）
	链接寄存器（W）	16	32768 点（可通过参数变更）
	链接特殊寄存器（SW）	16	32768 点（可通过参数变更）
系统软元件	特殊继电器（SM）	10	10000 点（固定）

项目		进制	点数
系统软元件	特殊寄存器（SD）	10	12000 点（固定）
模块访问	智能模块软元件	10	65536 点（通过 U □ \G □指定）
变址寄存器	变址寄存器（Z）	10	24 点
	超长变址寄存器（LZ）	10	12 点
文件寄存器	文件寄存器（R）	10	32768 点（可通过参数变更）
	扩展文件寄存器（ER）	10	32768 点（存储在 SD 存储卡内）
嵌套	嵌套（N）	10	15 点（固定）
指针	指针（P）	10	4096 点
	中断指针（I）	10	178 点（固定）
其他	十进制常数（K）	10	16 位（带符号）：−32768 ～ +32767
			16 位（无符号）：0 ～ 65535
			32 位（带符号）：−2147483648 ～ +2147483647
			32 位（无符号）：0 ～ 4294967295
	十六进制常数（H）	16	16 位：0 ～ FFFF；32 位：0 ～ FFFFFFFF
	实数常数（E）	—	32 位：$-3.40282347^{+38} \sim -1.17549435^{-38}$，0，$1.17549435^{-38} \sim 3.40282347^{+38}$
	单精度实数	—	32 位：$-2^{128} \sim -2^{-126}$，0，$2^{-126} \sim -2^{128}$
	字符串	—	转换 Shift JIS 编码最大半角为 255 字符（含 NULL 在内为 256 字符）
	时间	—	32 位：24 日 20 时 31 分 23 秒 648 毫秒

1.2.4　基本单元的外形和结构

（1）基本单元的外形

三菱 FX5U 的基本单元（CPU 单元）共有 18 种机型，其中 FX5U-32MR/ES 的外形如图 1-3（a）所示，FX5U-64MT/ESS 的外形如图 1-3（b）所示。

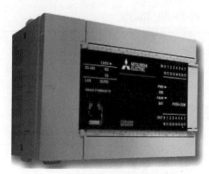
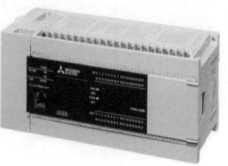

(a) FX5U-32MR/ES 的外形　　　　　　(b) FX5U-64MT/ESS的外形

图 1-3　三菱 FX5U PLC 的基本单元外形

在基本单元中，标准搭载了 Ethernet 网络端口、以太网通信端口、RS-485 通信端口、SD 存储卡槽。Ethernet 端口可支持 CC-Link IE 现场网络 Basic，因此能连接多种多样的设备，如图 1-4 所示。

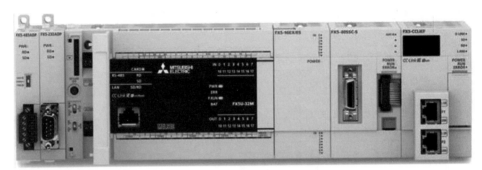

图 1-4　在基本单元中进行多种搭载

（2）基本单元的面板结构

以 FX5U-32MR 的基本单元为例，图 1-5 是它的面板结构，基本单元中其他型号的面板结构大同小异，主要是输入和输出端子数量不同。

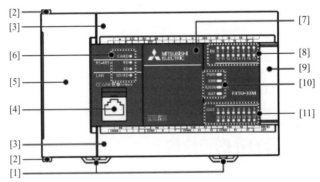

图 1-5　FX5U-32MR 基本单元的面板结构（正面）

在图 1-5 中，面板各部位的具体功能见表 1-3。

表 1-3　FX5U 基本单元面板各部位的功能

序号	名称	功能
[1]	DIN 导轨安装用卡扣	用于将 CPU 模块安装在 DIN46277（宽度：35mm）的 DIN 导轨上
[2]	扩展适配器连接用卡扣	连接扩展适配器时，用此卡扣固定
[3]	端子排盖板	保护端子排的盖板，接线时打开此盖板，运行（通电）时，关上此盖板
[4]	内置以太网通信用连接器	用于连接支持以太网设备的连接器（带盖），为防止进入灰尘，将未与以太网电缆连接的连接器装上附带的盖子
[5]	上盖板	保护 SD 存储卡槽、RUN/STOP/RESET 开关等内置 RS-485 通信用端子排、模拟量输入输出端子排、RUN/STOP/RESET 开关、SD 存储卡槽等

序号	名称	功能
[6]	CARD LED	显示 SD 存储卡是否可以使用 灯亮：可以使用或不可拆下 闪烁：准备中 灯灭：未插入或可拆下
	RD LED	用内置 RS–485 通信接收数据时灯亮
	SD LED	用内置 RS–485 通信发送数据时灯亮
	SD/RD LED	用内置以太网通信收发数据时灯亮
[7]	连接扩展板用的连接器盖板	保护连接扩展板用的连接器、电池等的盖板，电池安装在此盖板下
[8]	输入显示 LED	输入接通时灯亮
[9]	次段扩展连接器盖板	保护次段扩展连接器的盖板，将扩展模块的扩展电缆连接到位于盖板下的次段扩展连接器上
[10]	PWR LED	显示 CPU 模块的通电状态 灯亮：通电中 灯灭：停电中，或硬件异常
	ERR LED	显示 CPU 模块的错误状态 灯亮：发生错误中，或硬件异常 闪烁：出厂状态、发生错误中、硬件异常、复位中 灯灭：正常动作中
	P.RUN LED	显示程序的动作状态 灯亮：正常动作中 闪烁：PAUSE（暂停）状态 灯灭：停止中，或发生停止错误
	BAT LED	显示电池的状态 闪烁：发生电池错误 灯灭：正常动作中
[11]	输出显示 LED	输出接通时灯亮

（3）FX5U-32MR 面板内部的结构

打开基本单元正面的盖板，可以看到其内部的结构，如图 1-6 所示。

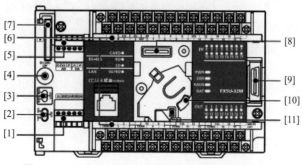

图 1-6　FX5U-32MR 基本单元面板内部的结构

在图 1-6 中，各部位的具体功能见表 1-4。

表1-4 单元盖板内部各部位的功能

序号	名称	功能
[1]	内置 RS-485 通信用端子排	用于连接支持 RS-485 设备的端子排
[2]	RS-485 终端电阻切换开关	切换内置 RS-485 通信用的终端电阻的开关
[3]	RUN/STOP/RESET 开关	操作 CPU 模块的动作状态的开关 RUN：执行程序 STOP：停止程序 RESET：复位 CPU 模块（倒向 RESET 侧保持约 1s）
[4]	SD 存储卡使用的停止开关	拆下 SD 存储卡时，停止存储卡访问的开关
[5]	内置模拟量输入 / 输出端子排	使用内置模拟量功能的端子排
[6]	接线端子	电源、输入、输出、接地端子
[7]	SD 存储卡槽	安装 SD 存储卡的槽
[8]	连接扩展板用的连接器	用于连接扩展板的连接器
[9]	次段扩展连接器	连接扩展模块的扩展电缆的连接器
[10]	电池座	存放选件电池的支架
[11]	电池用接口	用于连接选件电池的连接器

（4）端子板盖板下面的端子结构

打开 FX5U 面板上部的端子盖板，可以看到输入端子（I）的内部结构；打开面板下部的端子盖板，可以看到输出端子（O）的内部结构。如图 1-7 所示。

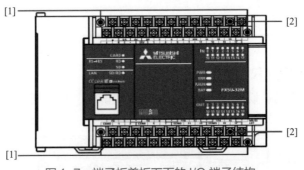

图 1-7 端子板盖板下面的 I/O 端子结构

在图 1-7 中，[1] 是固定和拆卸端子板的螺钉，拧松螺钉后，可以将端子板整体拆卸；[2] 是电源和输入 / 输出端子。

1.2.5 基本单元的型号规格

基本单元的内部配置了 CPU、存储器、输入单元、输出单元、电源、外部设备接口、I/O

扩展接口，其型号由图1-8所示的符号组成。

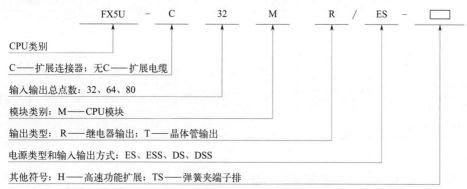

图1-8　FX5U 基本单元型号的组成

基本单元一共有18个型号，其中：

AC 电源 /DC 24V 漏型·源型输入通用型，一共有 9 个，见表 1-5。

DC 电源 /DC 24V 漏型·源型输入通用型，一共有 9 个，见表 1-6。

表1-5　AC 电源 /DC 24V 漏型·源型输入通用型的基本单元

型号	总点数	输入 / 输出点数		输入形式	输出形式	DC 电源容量 /mA		
	I/O	I	O			DC 5V	DC 24V- 内	DC 24V- 外
FX5U-32MR/ES	32	16	16	漏型 / 源型	继电器	900	400	480
FX5U-32MT/ES					晶体管（漏型）			
FX5U-32MT/ESS					晶体管（源型）			
FX5U-64MR/ES	64	32	32	漏型 / 源型	继电器	1100	600	740
FX5U-64MT/ES					晶体管（漏型）			
FX5U-64MT/ESS					晶体管（源型）			
FX5U-80MR/ES	80	40	40	漏型 / 源型	继电器	1100	600	770
FX5U-80MT/ES					晶体管（漏型）			
FX5U-80MT/ESS					晶体管（源型）			

表1-6　DC 电源 /DC 24V 漏型·源型输入通用型的基本单元

型号	总点数	输入点数	输出点数	输入形式	输出形式	DC 电源容量 /mA	
	I/O	I	O			DC 5V	DC 24V
FX5U-32MR/DS	32	16	16	漏型 / 源型	继电器	900	480
FX5U-32MT/DS					晶体管（漏型）		
FX5U-32MT/DSS					晶体管（源型）		
FX5U-64MR/DS	64	32	32	漏型 / 源型	继电器	1100	740
FX5U-64MT/DS					晶体管（漏型）		

续表

型号	总点数	输入点数	输出点数	输入形式	输出形式	DC 电源容量 /mA	
	I/O	I	O			DC 5V	DC 24V
FX5U-64MT/DSS	64	32	32	漏型 / 源型	晶体管（源型）	1100	740
FX5U-80MR/DS	80	40	40	漏型 / 源型	继电器	1100	770
FX5U-80MT/DS					晶体管（漏型）		
FX5U-80MT/DSS					晶体管（源型）		

从表 1-5 和表 1-6 可知：

① 基本单元的符号是 M（扩展模块的符号是 E）。

② 电源类型有 AC 电源（额定电压 100～240V，允许范围为 AC 85～264V）、DC 电源（允许范围为 DC 16.8～28.8V）。

③ 输入形式有漏型、源型。

④ 输出形式有继电器输出、晶体管漏型输出、晶体管源型输出。

举例说明：

① 在表 1-5 中，有 FX5U-32MR/ES，它表示这个 PLC 是基本单元，AC 电源，输入单元是 DC 24V，漏型·源型输入通用。输入输出总点数为 32（输入 16、输出 16），继电器输出，负载电源是交流、直流通用。

② 在表 1-6 中，有 FX5U-64MT/DSS，它表示这个 PLC 是基本单元，DC 电源，输入单元是 DC 24V，漏型·源型输入通用。输入输出总点数为 64（输入 32、输出 32），晶体管（源型）输出，负载电源是直流。

1.3 FX5U PLC 基本单元的接线端子

本节中所描述的接线端子，包括电源端子、接地端子、数字量输入 / 输出端子，不包括通信端子、模拟量输入 / 输出端子、其他接线端子。

1.3.1 AC 电源、DC 输入型的接线端子

（1）数字量输入 / 输出端子列表

在 AC 电源、DC 输入型的基本单元中，数字量输入 / 输出端子如表 1-7 所示。

表 1-7　AC 电源、DC 输入型基本单元的输入 / 输出端子

型号	输入端子			输出端子		
	点数	端子编号	公共端子	点数	端子编号	公共端子
FX5U-32MR/ES	16	X0～X17	漏型：0V 源型：24V	16	Y0～Y17	COM0～ COM3
FX5U-32MT/ES						
FX5U-32MT/ESS			漏型（-）/ 源型（+）			+V0～+V3

续表

型号	输入端子			输出端子		
	点数	端子编号	公共端子	点数	端子编号	公共端子
FX5U-64MR/ES	32	X0 ～ X37	漏型：0V 源型：24V	32	Y0 ～ Y37	COM0 ～ COM5
FX5U-64MT/ES						
FX5U-64MT/ESS			漏型（－）/ 源型（+）			+V0 ～ +V5
FX5U-80MR/ES	40	X0 ～ X47	漏型：0V 源型：24V	40	Y0 ～ Y47	COM0 ～ COM6
FX5U-80MT/ES						
FX5U-80MT/ESS			漏型（－）/ 源型（+）			+V0 ～ +V6

（2）继电器和晶体管（漏型）输出的接线端子排列图

以 FX5U-32MR/ES、FX5U-32MT/ES 为例，输入 / 输出端子的排列如图 1-9 所示。

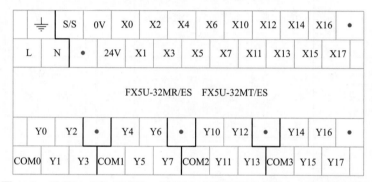

图 1-9　FX5U-32MR/ES、FX5U-32MT/ES 的输入 / 输出端子排列

从图 1-9 可知，在 FX5U-32MR/ES、FX5U-32MT/ES 的输出端子中，每 4 个为一组，共同使用一个 COM 端子。各组的公共端分别是 COM0、COM1、COM2、COM3。各组之间互相隔离，以便于各组的负载设备分别采用不同的电源（如 AC 220V、DC 24V 等）。

（3）晶体管（源型）输出的接线端子排列图

以 FX5U-32MT/ESS 为例，输入 / 输出端子的排列如图 1-10 所示。

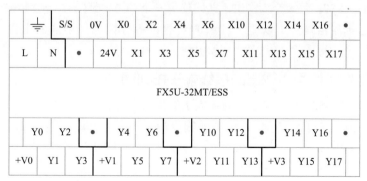

图 1-10　FX5U-32MT/ESS 的输入 / 输出端子排列

从图 1-10 可知，在 FX5U-32MT/ESS 的输出端子中，每 4 个为一组，共同使用一个 +V 电源接线端子。各组的公共端分别是 +V0、+V1、+V2、+V3。各组之间互相隔离，以便于各组的负载设备分别采用不同的直流电源。

1.3.2　DC 电源、DC 输入型的接线端子

（1）数字量输入 / 输出端子列表

在 DC 电源、DC 输入型的基本单元中，数字量输入 / 输出端子如表 1-8 所示。

表 1-8　DC 电源、DC 输入型基本单元的输入 / 输出端子

型号	输入端子			输出端子		
	点数	端子编号	公共端子	点数	端子编号	公共端子
FX5U-32MR/DS	16	X0 ～ X17	漏型（−）/ 源型（+）	16	Y0 ～ Y17	COM0 ～ COM3
FX5U-32MT/DS						
FX5U-32MT/DSS						+V0 ～ +V3
FX5U-64MR/DS	32	X0 ～ X37	漏型（−）/ 源型（+）	32	Y0 ～ Y37	COM0 ～ COM5
FX5U-64MT/DS						
FX5U-64MT/DSS						+V0 ～ +V5
FX5U-80MR/DS	40	X0 ～ X47	漏型（−）/ 源型（+）	40	Y0 ～ Y47	COM0 ～ COM6
FX5U-80MT/DS						
FX5U-80MT/DSS						+V0 ～ +V6

（2）继电器和晶体管（漏型）输出的接线端子排列图

以 FX5U-64MR/DS、FX5U-64MT/DS 为例，输入 / 输出端子的排列如图 1-11 所示。

从图 1-11 可知，在 FX5U-64MR/DS、FX5U-64MT/DS 的输出端子中，从 Y0 ～ Y17，每 4 个为一组，共同使用一个 COM 端子。各组的公共端分别是 COM0、COM1、COM2、COM3。从 Y20 ～ Y37，每 8 个为一组，共同使用一个 COM 端子。2 个公共端分别是 COM4、COM5。各组之间互相隔离，以便于各组的负载设备分别采用不同的电源（如 AC 220V、DC 24V 等）。

（3）晶体管（源型）输出的接线端子排列图

以 FX5U-64MT/DSS 为例，输入 / 输出端子的排列如图 1-12 所示。

从图 1-12 可知，在 FX5U-64MT/DSS 的输出端子中，从 Y0 ～ Y17，每 4 个为一组，共同使用一个 +V 电源接线端子。各组的公共端分别是 +V0、+V1、+V2、+V3。从 Y20 ～ Y37，每 8 个为一组，共同使用一个 +V 电源接线端子。2 个公共端分别是 +V4、+V5。各组之间互相隔离，以便于各组的负载设备分别采用不同的直流电源。

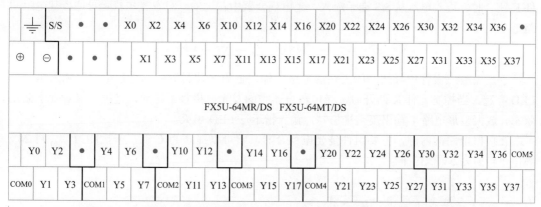

图 1-11　FX5U-64MR/DS、FX5U-64MT/DS 的输入 / 输出端子排列

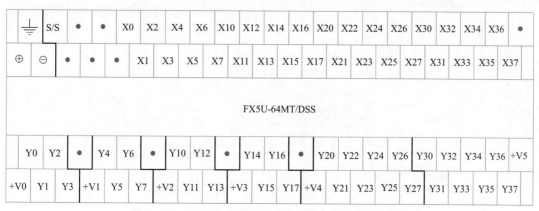

图 1-12　FX5U-64MT/DSS 的输入 / 输出端子排列

1.4　FX5U PLC 基本单元的接口电路

1.4.1　FX5U PLC 的输入接口电路

FX5U 的输入端子 X 是接收外部控制信号的窗口，控制组件（如按钮、转换开关、接近开关、行程开关、传感器等）的一端连接在 X 端子上，另外一端根据输入方式的不同，分别连接到 S/S、0V、24V 等端子上。在 PLC 内部，与输入端相连接的是输入接口电路。接口电路将信号引入后，进行滤波及电平转换。

（1）AC 电源、漏型输入单元的接口电路

图 1-13 是以输入端子 X0 为例的 AC 电源、漏型输入单元内部接口电路，S/S 端子是漏型 / 源型输入的切换端子。

所谓漏型输入，是指将 S/S 端子连接到 24V，控制元件 K 的一端连接到输入端子 X0，另一端连接到直流 0V 端子。在 X0 处，电流好像"漏"掉了一样。电路的工作原理是：当控制元

件 K 闭合时，输入电流从 S/S 端子流入，光电耦合器中左边的一只发光二极管导通。其电流回路是：

$$24V \rightarrow S/S\text{端子} \rightarrow \text{发光二极管} \rightarrow R1 \rightarrow X0 \rightarrow \text{控制元件 K} \rightarrow 0V$$

于是光敏三极管也导通，放大整形电路 T 输出低电平信号到数据处理电路，输入指示灯 LED 亮起。当控制元件 K 断开时，光电耦合器中的发光二极管不导通，光敏三极管处于截止状态，放大整形电路 T 输出高电平信号，输入指示灯 LED 熄灭。

在接口电路的内部，主要组件是光电耦合器，它可以提高 PLC 的抗干扰能力，并将 24V 高电平转换为 5V 低电平。

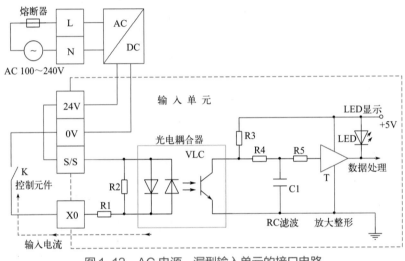

图 1-13　AC 电源、漏型输入单元的接口电路

（2）AC 电源、源型输入单元的接口电路

图 1-14 是以输入端子 X0 为例的 AC 电源、源型输入单元内部接口电路。

所谓源型输入，是指将 S/S 端子连接到 0V，控制元件 K 的一端连接到输入端子 X0，另外一端连接到 24V。当 K 接通时，输入电流从 24V 端子出发，经过控制元件 K 之后，从 X0 端子流入。经过光电耦合器中右边的一只发光二极管，再经过 S/S 和 0V 端子流向 PLC 的外部，如图中带箭头虚线所示。在 X0 处，输入电流就像一个"源"。

图中的控制元件 K 一端连接到输入端 X0，另一端连接到直流 24V 端子。电路的工作原理与图 1-13 相似。

（3）DC 电源、漏型输入单元的接口电路

图 1-15 是以输入端子 X0 为例的 DC 电源、漏型输入单元内部接口电路。控制元件 K 的一端连接到输入端子 X0，另一端连接到外部直流 24V 电源的"－"端子。光电耦合器右边的电路与图 1-14 相同。

（4）DC 电源、源型输入单元的接口电路

图 1-16 是以输入端子 X0 为例的 DC 电源、源型输入单元内部接口电路。控制元件 K 的一端连接到输入端子 X0，另一端经过熔断器连接到外部直流 24V 电源的"＋"端子。

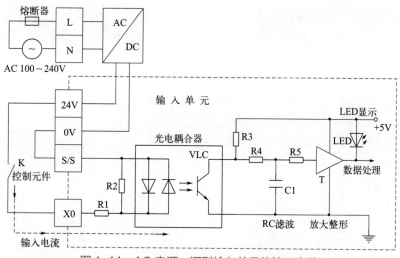

图 1-14　AC 电源、源型输入单元的接口电路

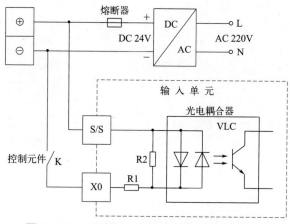

图 1-15　DC 电源、漏型输入单元的接口电路

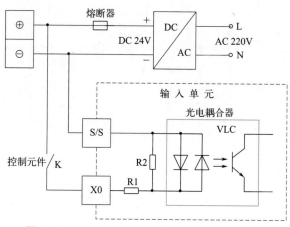

图 1-16　DC 电源、源型输入单元的接口电路

（5）三端传感器的接线

在实际接线中，经常会遇到三端传感器等输入元件，此时需要按照图 1-17～图 1-20 接线，其中：

图 1-17 是 AC 电源、漏型输入时三端传感器的接线；

图 1-18 是 AC 电源、源型输入时三端传感器的接线；

图 1-19 是 DC 电源、漏型输入时三端传感器的接线；

图 1-20 是 DC 电源、源型输入时三端传感器的接线。

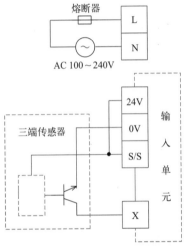

图 1-17　AC 电源、漏型输入时三端传感器的接线

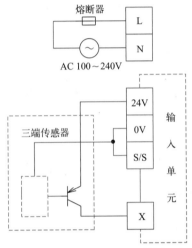

图 1-18　AC 电源、源型输入时三端传感器的接线

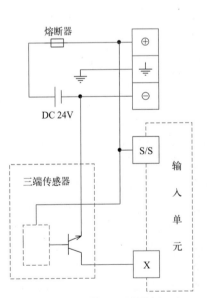

图 1-19　DC 电源、漏型输入时三端传感器的接线

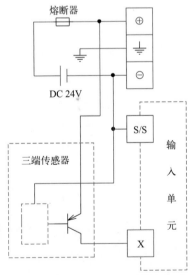

图 1-20　DC 电源、源型输入时三端传感器的接线

1.4.2　FX5U PLC 的输出接口电路

（1）继电器输出的接口电路

继电器输出的接口电路见图 1-21。其内部电路与实际继电器的线圈相连接，继电器的常开触点连接到 PLC 的输出端，内部电路与外部电路之间，通过继电器进行隔离。

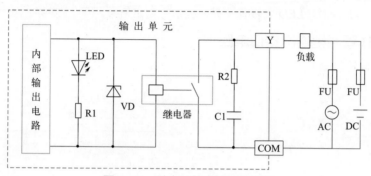

图 1-21　继电器输出的接口电路

在图 1-21 中，当 PLC 内部输出电路输出高电平信号时，输出继电器通电吸合，其常开触点闭合，外部负载经过常开触点接通电源。与此同时，LED 二极管发亮，提示有输出信号。

继电器输出既可以连接交流负载，也可以连接直流负载，所以图 1-21 中的负载电源既可以连接交流电源，也可以采用直流电源。但是继电器动作时的速度较低，只能用于低速控制的场合。

当采用继电器输出时，继电器触点的使用寿命与负载性质有密切的关系。如果是感性负载，在其断电时触点之间会产生很高的反向电动势，引起电弧放电现象，将触点烧坏。为了延长继电器触点的使用寿命，对直流感性负载应并联反偏二极管，对交流感性负载应并联 RC 高压吸收电路。

（2）晶体管漏型输出接口电路

图 1-22 是晶体管漏型输出接口电路，其负载电源必须使用直流电源。

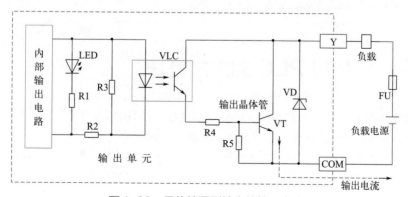

图 1-22　晶体管漏型输出的接口电路

所谓漏型输出，是指将直流负载电源的负极连接到公共端子 COM，也就是负公共端。正极经熔断器、外部负载连接到输出端子 Y。在公共端子 COM 处，输出电流从 PLC 的内部流向外部，如图 1-22 中带箭头的虚线所示，好像电流"漏"掉了一样。也可以说负载电流从输出端子 Y 的外部流向内部。

在图 1-22 中，输出单元的内部电路与外部电路之间，采用光电耦合方式进行隔离和绝缘。当 PLC 内部输出电路输出高电平信号时，光电耦合器 VLC 中的发光二极管通电发光，VLC 中的晶体管导通，接通输出晶体管 VT 的基极回路，使 VT 饱和导通，外部负载经过晶体管 VT 接通电源。与此同时，LED 二极管发亮，提示有输出信号。

（3）晶体管源型输出接口电路

图 1-23 是以输出端子 Y、+V 为例的晶体管源型输出接口电路，其负载电源也必须使用直流电源。

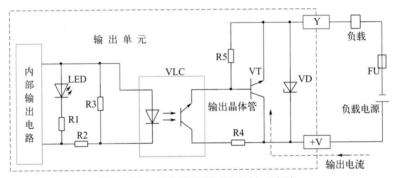

图 1-23　晶体管源型输出的接口电路

所谓源型输出，是指将直流负载电源的正极连接到 +V 端子，负极经熔断器、外部负载连接到输出端子 Y。在 +V 端子处，输出电流从 PLC 的外部流向内部，像"源"一样，如图 1-23 中带箭头的虚线所示。也可以说负载电流从输出端子 Y 的内部流向外部。

晶体管输出的接口电路适用于高速控制的场合，例如步进电动机的控制。在输出端内部已经并联了反向击穿二极管，对输出晶体管进行过压保护。

从图 1-21 ～图 1-23 可知，在 FX5U PLC 输出单元的内部，没有设置熔断器，因此在负载电源上必须串联小型断路器或熔断器，进行短路保护。

1.5　FX5U PLC 的扩展模块

扩展模块是用于增加输入和输出（I/O）的点数，以解决基本单元 I/O 点数不足的问题。它们不能独立工作，必须连接到基本单元上，和基本单元一起使用。

基本单元（CPU 模块）在连接 I/O 扩展模块、智能模块、各种转换模块之后，输入和输出点数（包括各种模块所占用的点数）之和可以达到 384 点。如果再连接 CC-Link 等远程 I/O，整个系统的总点数则可以达到 512 点。

扩展模块的外部端子包括 AC 电源端子（L、N、地）、DC 24V 电压端子（24V+、COM）、输入端子（X）、输出端子（Y）。面板上有电源指示灯（POWER）、输入指示灯、输出指示灯。

扩展模块的型号由图 1-24 所示的符号组成。

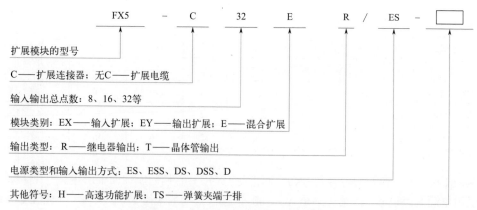

图 1-24 FX5U 扩展模块型号的组成

FX5U PLC 的扩展模块可以分为三大类：第一类是带有内置电源的输入输出模块，其外形与 CPU 单元相似；第二类是扩展电缆型的输入输出模块，它们通过扩展电缆进行连接；第三类是扩展连接器型的输入输出模块，它们通过扩展连接器进行连接。下面分别进行介绍。

1.5.1 带有内置电源的输入输出模块

这类模块是带有内部电源的 I/O 扩展组件，但是没有 CPU。

（1）带有内置电源的输入输出模块的外形

以 FX5-32ER/ES 和 FX5-32ET/DSS 为例，它们的外形见图 1-25 和图 1-26，与基本单元的外形相似。

图 1-25 FX5-32ER/ES 的外形

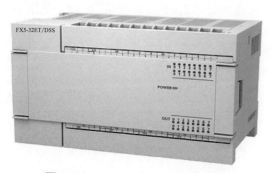

图 1-26 FX5-32ET/DSS 的外形

（2）带有内置电源的输入输出模块的型号

这类模块共有 6 个型号，见表 1-9。

表1-9 带有内置电源的输入输出模块的型号

型号	电源	输入电源	输入类型	总点数	输入点数	输出点数	输出形式
				I/O	I	O	
FX5-32ER/ES	AC	DC 24V	漏型·源型通用	32	16	16	继电器
FX5-32ET/ES	AC	DC 24V	漏型·源型通用	32	16	16	晶体管（漏型）
FX5-32ET/ESS	AC	DC 24V	漏型·源型通用	32	16	16	晶体管（源型）
FX5-32ER/DS	DC	DC 24V	漏型·源型通用	32	16	16	继电器
FX5-32ET/DS	DC	DC 24V	漏型·源型通用	32	16	16	晶体管（漏型）
FX5-32ET/DSS	DC	DC 24V	漏型·源型通用	32	16	16	晶体管（源型）

从表1-9可知，模块的型号是FX5，而不是FX5U。它们的属性如下所述。

供电电源有两种形式：第一种是AC（100～240V，一般采用220V）；第二种是DC（24V）。

总点数为32点：16点输入，16点输出。

输入有2种形式：第一种是DC 24V漏型输入；第二种是DC 24V源型输入。

输出有3种形式：第一种是继电器输出；第二种是晶体管漏型输出；第三种是晶体管源型输出。

举例说明：

① FX5-32ER/ES，表示总电源是AC，输入单元的电源是DC 24V，漏型、源型输入通用，输入输出总点数为32（输入16点、输出16点），继电器输出。

② FX5-32ET/DSS，表示总电源是DC，输入单元的电源是DC 24V，漏型、源型输入通用，输入输出总点数为32（输入16点、输出16点），晶体管源型输出。

在选用输入和输出扩展模块时，应尽量选用与基本单元相同的输入电源、输入类型和输出形式。

（3）带有内置电源的输入输出模块的接线端子图

① FX5-32ER/ES、FX5-32ET/ES 的接线端子图，见图1-27。

② FX5-32ET/ESS 的接线端子图，见图1-28。

③ FX5-32ER/DS、FX5-32ET/DS 的接线端子图，见图1-29。

④ FX5-32ET/DSS 的接线端子图，见图1-30。

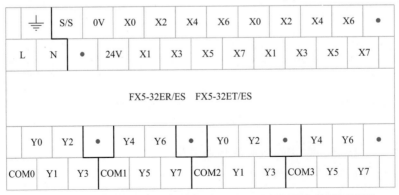

图1-27 扩展单元 FX5-32ER/ES、FX5-32ET/ES 的端子排列

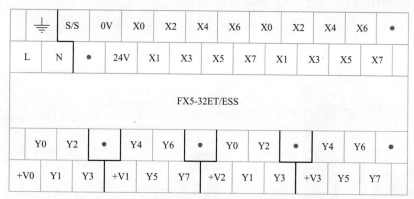

图1-28 扩展单元 FX5-32ET/ESS 的端子排列

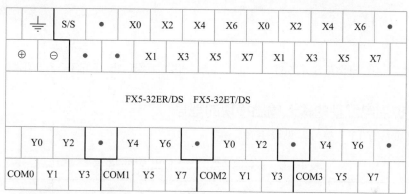

图1-29 扩展单元 FX5-32ER/DS、FX5-32ET/DS 的端子排列

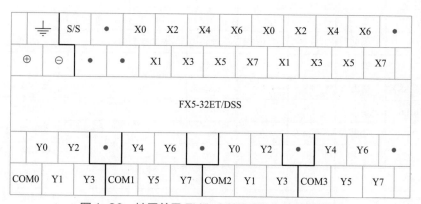

图1-30 扩展单元 FX5-32ET/DSS 的端子排列

1.5.2 扩展电缆型的输入输出模块

这类模块的内部既没有电源，也没有 CPU，它们通过扩展电缆（排线）与基本单元或其他模块相连接。

（1）扩展电缆型的输入输出模块的外形

以 FX5-8EX/ES 和 FX5-16ET/ESS-H 为例，它们的外形见图 1-31 和图 1-32。

图 1-31　FX5-8EX/ES 外形图

图 1-32　FX5-16ET/ESS-H 外形图

（2）扩展电缆型的输入输出模块的型号

这类模块共有 13 个型号，见表 1-10。

表 1-10　扩展电缆型的输入输出模块的型号

型号	类别	总点数	输入点数 I	输出点数 O	输入电源	输入类型	输出类型	备注
FX5-8EX/ES	输入	8	8	0	DC	漏·源型通用	—	—
FX5-16EX/ES	输入	16	16	0	DC	漏·源型通用	—	—
FX5-8EYR/ES	输出	8	0	8	—	—	继电器	—
FX5-8EYT/ES	输出	8	0	8	—	—	晶体管 - 漏型	—
FX5-8EYT/ESS	输出	8	0	8	—	—	晶体管 - 源型	—
FX5-16EYR/ES	输出	16	0	16	—	—	继电器	—
FX5-16EYT/ES	输出	16	0	16	—	—	晶体管 - 漏型	—
FX5-16EYT/ESS	输出	16	0	16	—	—	晶体管 - 源型	—
FX5-16ER/ES	输入输出	16	8	8	DC	漏·源型通用	继电器	—
FX5-16ET/ES	输入输出	16	8	8	DC	漏·源型通用	晶体管 - 漏型	—
FX5-16ET/ESS	输入输出	16	8	8	DC	漏·源型通用	晶体管 - 源型	—
FX5-16ET/ES-H	输入输出	16	8	8	DC	漏·源型通用	晶体管 - 漏型	高速脉冲
FX5-16ET/ESS-H	输入输出	16	8	8	DC	漏·源型通用	晶体管 - 源型	高速脉冲

从表 1-10 可知，扩展电缆型的输入输出模块的特征如下所述。

模块类型（3 种）：输入型、输出型、输入 + 输出混合型。

I/O 点数（5 种）：8 点输入、16 点输入、8 点输出、16 点输出、8 点输入 +8 点输出。

输入端子类型（2 种）：既可以漏型输入，也可以源型输入。

输出端子类型（3 种）：继电器输出、晶体管漏型输出、晶体管源型输出。

举例说明：

① FX5-8EX/ES，表示输入模块，输入端电源是 DC，漏型、源型输入通用，输入输出总点数为 8（输入 8 点、输出 0 点）。

② FX5-16EYR/ES，表示输出模块，输入输出总点数为 16（输入 0 点、输出 16 点），继电器输出。

③ FX5-16ET/ESS，表示输入 + 输出模块，输入端电源是 DC，输入输出总点数为 16（输入 8 点、输出 8 点），漏型、源型输入通用，晶体管源型输出。

在选用输入和输出扩展模块时，应尽量选用与基本单元相同的输入电源、输入类型和输出形式。

（3）扩展电缆型的输入输出模块的接线端子图

① FX5-8EX/ES 型输入扩展模块，接线端子见图 1-33（a）。

② FX5-16EX/ES 型输入扩展模块，接线端子见图 1-33（b）。

③ FX5-8EYR/ES、FX5-8EYT/ES 型输出扩展模块，接线端子见图 1-33（c）。

④ FX5-8EYT/ESS 型输出扩展模块，接线端子见图 1-33（d）。

⑤ FX5-16EYR/ES、FX5-16EYT/ES 型输出扩展模块，接线端子见图 1-33（e）。

⑥ FX5-16EYT/ESS 型输出扩展模块，接线端子见图 1-33（f）。

⑦ FX5-16ER/ES 型、FX5-16ET/ES 型、FX5-16ET/ES-H 型输入和输出扩展模块，接线端子见图 1-33（g）。

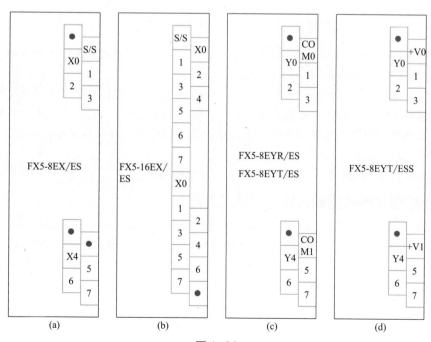

图 1-33

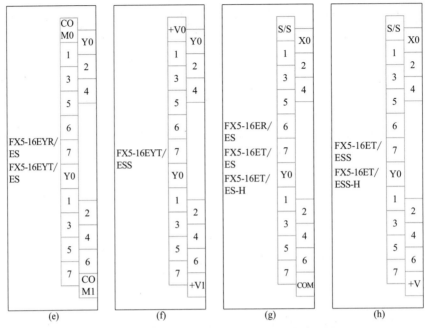

图1-33　扩展电缆型的扩展模块的接线端子图

⑧ FX5-16ET/ESS、FX5-16ET/ESS-H 型输入和输出扩展模块，接线端子见图 1-33（h）。

在图 1-33 中，有些 I/O 端子的编号是重复的，这是因为扩展模块不能独立工作，总是连接在基本单元的后面，其 I/O 端子编号是延续基本单元的 I/O 端子的编号，所以在这里不能给定确切的编号，具体的编号要在具体的设计电路中确定。

1.5.3　扩展连接器型的输入输出模块

在三菱 FX5UC 的基本单元和 I/O 模块中，开发了新型的继电器输出型弹簧夹端子排。它可以快速、轻松地进行接线，提高了接线的效率。

这类扩展模块的内部也没有电源和 CPU，它们通过扩展连接器与基本单元或其他模块相连接。连接器上配置有带弹簧夹端子排。此时不需要做接线端子，通过端子排内部弹簧的压力，就能长期地、稳固地连接导线的端子，从而快速轻松地完成接线。即使存在振动现象，导线的端子也不会脱落。

扩展连接器通过锁定杆，可以轻松地进行安装和拆卸。

（1）扩展连接器型输入输出模块的外形

图 1-34（a）是具有 16 个输入端子的扩展连接器 FX5-C16EX/DS，图 1-34（b）是在基本单元 FX5UC-32MT/D 上安装的，具有 32 个输出端子的扩展连接器 FX5-C32EYT/D。

图 1-35（a）是具有 32 个输出端子的扩展连接器 FX5-C32EYT/DSS-TS，图 1-35（b）是它与基本单元 FX5UC-32MT/DS-TS 的连接。

（2）扩展连接器型的输入输出模块的型号

这类模块共有 16 个型号，见表 1-11。

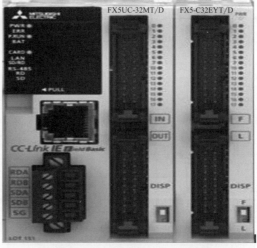

(a) FX5-C16EX/DS   (b) 在基本单元上安装的FX5-C32EYT/D

图1-34　扩展连接器 FX5-C16EX/DS 和 FX5-C32EYT/D

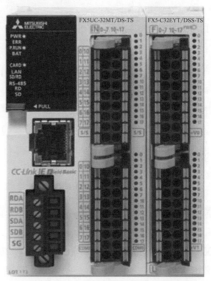

(a) FX5-C32EYT/DSS-TS   (b) FX5-C32EYT/DSS-TS与基本单元的连接

图1-35　扩展连接器 FX5-C32EYT/DSS-TS

表1-11　扩展连接器型的输入输出模块的型号

型号	类别	总点数	输入点数	输出点数	输入电源	输入类型	输出类型	备注
			I	O				
FX5-C16EX/D	输入	16	16	0	DC	漏型	—	—
FX5-C16EX/DS	输入	16	16	0	DC	漏·源型	—	—
FX5-C32EX/D	输入	32	32	0	DC	漏型	—	—

续表

型号	类别	总点数	输入点数	输出点数	输入电源	输入类型	输出类型	备注
			I	O				
FX5-C32EX/DS	输入	32	32	0	DC	漏·源型	—	—
FX5-C32EX/DS-TS	输入	32	32	0	DC	漏·源型	—	弹簧夹
FX5-C16EYT/D	输出	16	0	16	—	—	晶体管 - 漏型	—
FX5-C16EYT/DSS	输出	16	0	16	—	—	晶体管 - 源型	—
FX5-C16EYR/D-TS	输出	16	0	16	—	—	继电器	弹簧夹
FX5-C32EYT/D	输出	32	0	32	—	—	晶体管 - 漏型	—
FX5-C32EYT/DSS	输出	32	0	32	—	—	晶体管 - 源型	—
FX5-C32EYT/D-TS	输出	32	0	32	—	—	晶体管 - 漏型	弹簧夹
FX5-C32EYT/DSS-TS	输出	32	0	32	—	—	晶体管 - 源型	弹簧夹
FX5-C32ET/D	输入输出	32	16	16	DC	漏型	晶体管 - 漏型	—
FX5-C32ET/DSS	输入输出	32	16	16	DC	漏·源型	晶体管 - 源型	—
FX5-C32ET/DS-TS	输入输出	32	16	16	DC	漏·源型	晶体管 - 漏型	弹簧夹
FX5-C32ET/DSS-TS	输入输出	32	16	16	DC	漏·源型	晶体管 - 源型	弹簧夹

从表 1-11 可知，扩展连接器型的输入输出模块的属性如下所述。

模块类型（3 种）：输入型、输出型、输入 + 输出混合型。

I/O 点数（5 种）：16 点输入、32 点输入、16 点输出、32 点输出、16 点输入 +16 点输出。

输入端子类型（2 种）：漏型输入、漏型或源型输入。

输出端子类型（3 种）：继电器输出、晶体管漏型输出、晶体管源型输出。

此外，部分模块带有弹簧夹。

举例说明：

① FX5-C16EX/D，表示输入模块，输入端电源是 DC，漏型，输入输出总点数为 16（输入 16 点、输出 0 点）。

② FX5-C32EYT/DSS，表示输出模块，输入输出总点数为 32（输入 0 点、输出 32 点），晶体管源型输出。

③ FX5-C32ET/DS-TS，表示输入 + 输出模块，输入端电源是 DC，输入输出总点数为 32（输入 16 点、输出 16 点），漏型、源型输入通用，晶体管漏型输出，带有弹簧夹。

在选用输入和输出扩展模块时，应尽量选用与基本单元相同的输入电源、输入类型和输出形式。

（3）扩展连接器型的输入模块的接线端子图

① 输入模块的接线端子图。见图 1-36，其中：

FX5-C16EX/D 型输入扩展模块，接线端子见图 1-36（a）。

FX5-C16EX/DS 型输入扩展模块，接线端子见图 1-36（b）。

FX5-C32EX/D 型输入扩展模块，接线端子见图 1-36（c）。

FX5-C32EX/DS 型输入扩展模块，接线端子见图 1-36（d）。

FX5-C32EX/DS-TS 型输入扩展模块，接线端子见图 1-36（e）。

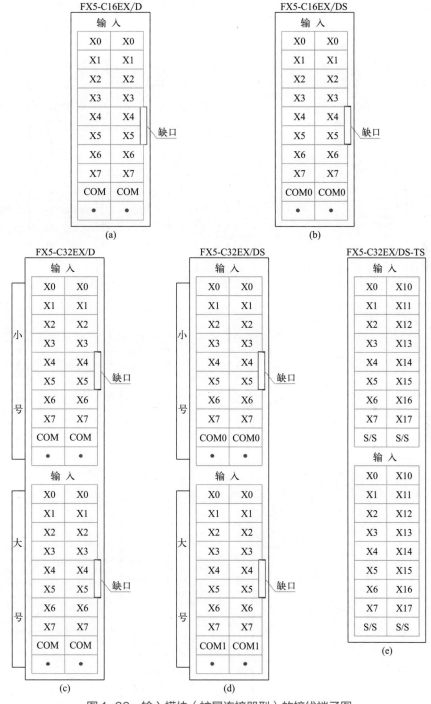

图 1-36　输入模块（扩展连接器型）的接线端子图

② 输出模块的接线端子图。见图 1-37，其中：

FX5-C16EYT/D 型输出扩展模块，接线端子见图 1-37（a）。

FX5-C16EYT/DSS 型输出扩展模块，接线端子见图 1-37（b）。

FX5-C16EYR/D-TS 型输出扩展模块，接线端子见图 1-37（c）。

FX5-C32EYT/D 型输出扩展模块，接线端子见图 1-37（d）。

FX5-C32EYT/DSS 型输出扩展模块，接线端子见图 1-37（e）。

FX5-C32EYT/D-TS 型输出扩展模块，接线端子见图 1-37（f）。

FX5-C32EYT/DSS-TS 型输出扩展模块，接线端子见图 1-37（g）。

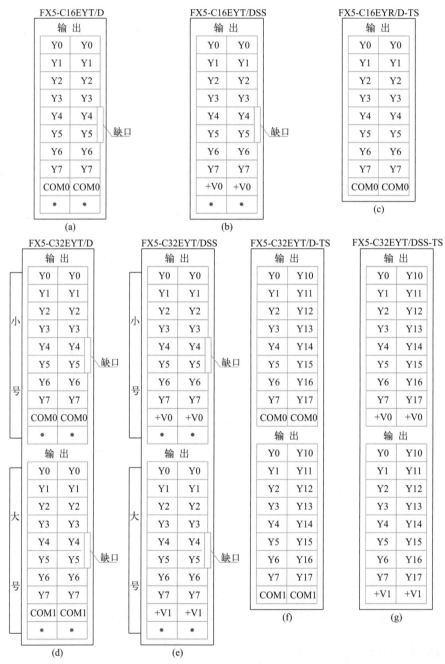

图 1-37　输出模块（扩展连接器型）的接线端子图

③ 输入和输出扩展模块的接线端子图。见图 1-38，其中：

FX5-C32ET/D 型输入和输出扩展模块，接线端子见图 1-38（a）。

FX5-C32ET/DSS 型输入和输出扩展模块，接线端子见图 1-38（b）。

FX5-C32ET/DS-TS 型输入和输出扩展模块，接线端子见图 1-38（c）。

FX5-C32ET/DSS-TS 型输入和输出扩展模块，接线端子见图 1-38（d）。

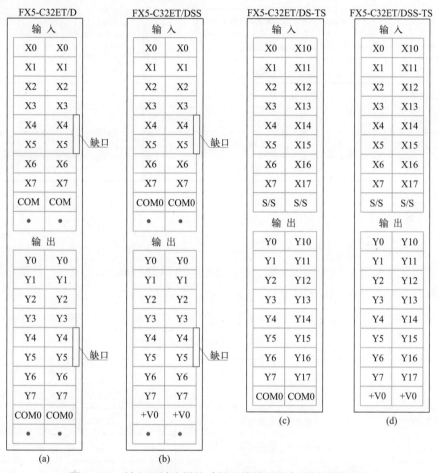

图 1-38　输入和输出模块（扩展连接器型）的接线端子图

1.5.4　FX5U PLC 的其他扩展模块

FX5U 还可以使用其他一些扩展模块，其中有一些是智能功能模块，但是不能连接 FX2 智能功能模块。

① FX3 智能功能模块（9 种，用于 FX5U PLC），见表 1-12。

② FX5 智能功能模块（14 种），见表 1-13。

③ 其他功能模块（15 种），见表 1-14。

表 1-12　FX3 智能功能模块一览表（用于 FX5U PLC）

型号	功能	点数	消耗电流 / mA		
			DC 5V	DC 24V	外接 24V
FX3U-4AD	4 通道电压 / 电流输入	8	110	—	90
FX3U-4DA	4 通道电压 / 电流输出	8	120	—	160
FX3U-4LC	4 通道温控（热电阻 / 热电偶 / 低电压）	8	160	—	50
FX3U-1PG	1 轴控制脉冲输出	8	150	—	40
FX3U-2HC	2 通道高速计数器	8	245	—	—
FX3U-16CCL-M	CC-Link 系统主站	8	—	—	240
FX3U-64CCL	CC-Link 智能设备站	8	—	—	220
FX3U-128ASL-M	AnyWire ASLINK 系统主站	8	130	—	100
FX3U-32DP	PROFIBUS-DP 从站	8	—	145	—

注意

　　FX5U 不能连接 FX3 特殊适配器。在连接表中的 FX3 智能功能模块时，还需要配置总线转换模块 FX5-CNV-BUS。

表 1-13　FX5 智能功能模块一览表

型号	功能	点数	消耗电流 /mA		
			DC 5V	DC 24V	外接 24V
FX5-4AD	4 通道电压 / 电流输入	8	100	40	—
FX5-4DA	4 通道电压 / 电流输出	8	100	—	150
FX5-8AD	8 通道电压 / 电流 / 热电偶 / 热电阻输入	8	—	40	100
FX5-4LC	4 通道温控（热电阻 / 热电偶 / 低电压）	8	140	—	25
FX5-20PG-P	2 轴控制用脉冲输出（晶体管输出）	8	—	—	120
FX5-20PG-D	2 轴控制用脉冲输出（差动驱动输出）	8	—	—	165
FX5-40SSC-S	简单运动 4 轴控制（支持 SSCNET Ⅲ /H）	8	—	—	250
FX5-80SSC-S	简单运动 8 轴控制（支持 SSCNET Ⅲ /H）	8	—	—	250
FX5-ENET	以太网通信	8	—	110	—
FX5-ENET/IP	以太网通信、EtherNet/IP	8	—	110	—
FX5-CCL-MS	CC-Link 系统主站、智能设备站	8	—	—	100

续表

型号	功能	点数	消耗电流 /mA		
			DC 5V	DC 24V	外接 24V
FX5-CCLIEF	CC-Link IE 现场网络智能设备站	8	10	—	230
FX5-ASL-M	AnyWire ASLINK 系统主站	8	200	—	100
FX5-DP-M	PROFIBUS-DP 主站	8	—	150	—

表 1-14　用于 FX5U 的其他功能模块

型号	功能	点数	消耗电流 /mA	
			DC 5V	DC 24V
FX3-1P5U-5V 扩展电源模块	提供扩展电源，DC 5V 容量为 1000mA，DC 24V 容量为 300mA	—	—	—
FX5-1P5U-5V 扩展电源模块	提供扩展电源，DC 5V 容量为 1200mA，DC 24V 容量为 300mA	—	—	—
FX5-C1P5-5V 扩展电源模块	提供扩展电源，DC 5V 容量为 1200mA，DC 24V 容量为 625mA	—	—	—
FX5-CNV-1F 连接器转换模块	FX5 扩展电缆型 → FX5 扩展连接器型转换	—	—	—
FX5-CNV-BUS 总线转换模块	总线转换：FX5 扩展电缆型 → FX3 扩展	8	150	—
FX5-CNV-BUSC 总线转换模块	总线转换：FX5 扩展连接器型 → FX3 扩展	8	150	—
FX5-232-BD 扩展板	RS-232 通信	—	20	—
FX5-485-BD 扩展板	RS-485 通信	—	20	—
FX5-422-BD-GOT 扩展板	RS-422 通信（GOT 连接用）	—	20	—
FX5-232ADP 扩展适配器	RS-232 通信	—	30	30
FX5-485ADP 扩展适配器	RS-485 通信	—	30	30
FX5-4AD-ADP 扩展适配器	4 通道电压 / 电流输入	—	10	20
FX5-4AD-PT-ADP 扩展适配器	4 通道温度传感器（热电阻）输入	—	10	20
FX5-4AD-TC-ADP 扩展适配器	4 通道温度传感器（热电偶）输入	—	10	20
FX5-4DA-ADP 扩展适配器	4 通道电压 / 电流输出	—	10	160[①]

① 此电流（160mA）由外接 DC 24V 电源提供。

1.5.5　基本单元与扩展设备的连接

　　带有内置电源的输入输出模块，虽然自身带有内置电源，但是没有 CPU，必须与 FX5U 的基本单元组合，才能正常使用。基本单元的供电一般有 AC 电源、DC 电源两种方式，带有内置电源的模块，其供电也有 AC、DC 两种方式。它们在组合时需要注意连接方式，尽可能地选择同一种类型。下面举出几个例子。

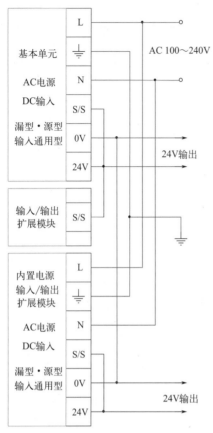

图1-39　AC电源、漏型输入（负公共端）的连接

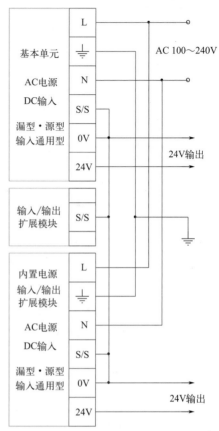

图1-40　AC电源、源型输入（正公共端）的连接

① AC电源、DC 24V漏型·源型输入通用型中，采用漏型输入（负公共端），基本单元与同类型扩展模块的电源连接。接线图见图1-39，其中：

a. 基本单元和带有内置电源的模块使用同一个交流电源时，L端子与L端子连接，N端子与N端子连接，然后接入AC 100～240V电源；

b. 接地端也互相连接，并做好接地；

c. 输入扩展模块的S/S端子连接到基本单元的S/S端子上；

d. 基本单元和扩展模块中的0V端子，是输入单元中的负公共端，要互相连接；

e. 在基本单元和扩展模块中，S/S端子均与24V端子相连接，但是，不能将两个单元中的24V端子并联在一起。

② AC电源、DC 24V漏型·源型输入通用型中，采用源型输入（正公共端），基本单元与同类型扩展模块的电源连接。接线图见图1-40，其中：

a、b、c与图1-39的要求相同；

d. 在基本单元和扩展模块中，S/S端子均与0V端子相连接，它们的S/S、0V端子都并联在一起；

e. 基本单元和扩展模块中的24V端子，是各自的输入正公共端，但是不能连接在一起。

③ DC电源、DC 24V漏型·源型输入通用型中，采用漏型输入（负公共端），基本单元

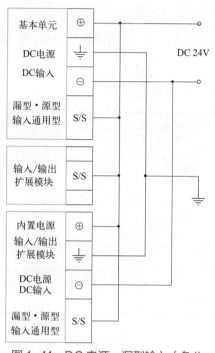

图 1-41 DC 电源、漏型输入（负公
共端）的连接

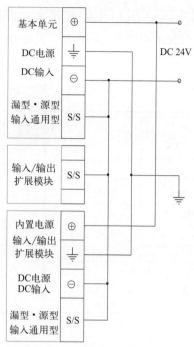

图 1-42 DC 电源、源型输入（正
公共端）的连接

与同类型扩展模块的电源连接。接线方法见图 1-41，其中：

a. 基本单元和带有内置电源的扩展模块使用同一个直流电源，正端子与正端子连接，负端子与负端子连接，然后接入 DC 24V 电源；

b. 在基本单元和扩展模块中，各个 S/S 端子均与 DC 24V 电源的正端子相连接；

c. 接地端也互相连接，并做好接地。

④ DC 电源、DC 24V 漏型·源型输入通用型中，采用源型输入（正公共端），基本单元与同类型扩展模块的电源连接。接线图见图 1-42，它与图 1-41 基本相同，只是在基本单元和扩展模块中，各个 S/S 端子均与 DC 24V 电源的负端子连接。

⑤ 扩展电缆的连接。其中：

a. 直接连接，扩展单元或扩展模块本身带有扩展电缆，如果直接安装在基本单元的右侧，将扩展电缆直接连接即可；

b. 用延长电缆连接，如果基本单元与扩展单元相距较远，可以用延长型电缆连接。

 1.6 **FX5U PLC 基本单元的电源容量**

当 FX5U 的输入端连接各种控制元件、各种扩展模块时，必须为它们提供电流。基本单元电源的容量是有限的，所以在设计 PLC 控制装置时，必须了解各种输入端子和扩展模块需要多少电流，并且对 PLC 消耗的电流进行计算，避免在运行中过载。

在 FX5U 的输出单元中，一般采用外接电源，不需要 PLC 提供电源。

（1）FX5U PLC 基本单元的电源容量

在 FX5U 基本单元的内部，具有 DC 5V 和 DC 24V 电源。它们的电源容量从表 1-5、表 1-6 中可以查看到，为方便起见，再将这些数据汇集到表 1-15 中。

表 1-15　基本单元中 DC 5V 和 DC 24V 电源的容量

电源类型	型号	DC 电源容量 /mA			功率 /W
		DC 5V	DC 24V		
			内部	外部	
AC 100 ～ 240V	FX5U-32M	900	400	480	30
	FX5U-64M	1100	600	740	40
	FX5U-80M		600	770	45
DC 24V	FX5U-32M	900		480	30
	FX5U-64M	1100		740	40
	FX5U-80M			770	45

（2）FX5U PLC 各种模块需要的电流

在各种智能模块中，需要消耗的电流，已列于表 1-12 ～表 1-14 中。

在 CPU 模块和各种扩展模块中，输入端子所需要的电流，已列于表 1-16 中。

表 1-16　CPU 模块和各种扩展模块输入端子需要的电流

类别	端子	DC 5V	DC 24V
		需要电流 /mA	需要电流 /mA
CPU 模块	X0 ～ X17	0	每个端子 5.3
	X20 之后	0	每个端子 4.0
电源内置型模块	输入端子	0	每个端子 4.0
扩展电缆型模块	输入端子	0	每个端子 4.0
扩展连接器型模块	输入端子	0	每个端子 4.0

（3）FX5U PLC 输出端子的负载电流

输出端子的负载电流，都是由外部电源提供，但是内部继电器的触点和晶体管的电流容量都有所限制。继电器的每个输出端子，电流不超过 2A；晶体管的每个输出端子，电流不超过 0.5A。在设计 FX5U 的电路时，要考虑这些因素，保证 FX5U 在安全环境下工作。

（4）FX5U PLC 供电能力计算举例

CPU 模块为 FX5U-64MT/DS，连接 2 个扩展电缆型输入模块 FX5-16EX/ES，1 个 4 通道电压 / 电流输入的智能模块 FX5-4AD，各模块消耗的电流如下所述。

CPU 模块（32 个输入端子）DC 24V：16×5.3+16×4.0=148.8（mA）

扩展电缆型模块 1（16 个输入端子）DC 24V：16×4.0=64（mA）

扩展电缆型模块 2（16 个输入端子）DC 24V：16×4.0=64（mA）

智能模块 DC 5V：100mA；DC 24V：40mA

消耗电流合计 DC 5V：100mA；DC 24V：316.8mA

查看表 1-16，可知 DC 24V 供电的 FX5U-64M 可以提供所需要的电流，不必增加电源模块。

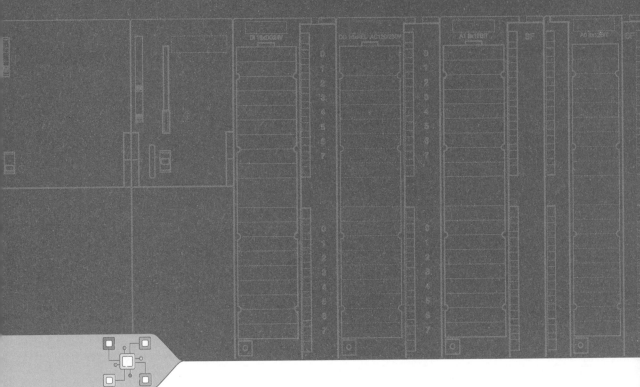

第 2 章
编程软件 GX Works3

 2.1 编程软件 GX Works3 简介

编程软件 GX Works3 与 GX Works2 名称相似，但它并不是 GX Works2 的升级软件，而是另外一种完全不同的编程软件。这两款软件可以安装在同一台计算机上，它们支持不同的三菱 PLC 产品。

GX Works2 支持大家所熟悉的三菱 FX2N、FX3U、FX3G 等 PLC，以及三菱 Q 系列和 A 系列的大型 PLC。它秉承三菱公司 PLC 的风格，具有简单工程和结构化工程两种编程模式，默认的模式是简单工程，其梯形图直观易懂，初学者比较容易接收。

GX Works3 则是三菱电机新一代的综合 PLC 编程软件，是专门用于三菱 FX5U（MELSEC iQ-F）系列，以及 MELSEC iQ-R 系列 PLC 模块组态、程序编制、调试、维护的工具。支持 LD（梯形图）、SFC（顺序功能图）、ST（结构化语言）、FBD/ LD（功能块图 / 梯形图语言）等编程语言。可以进行模块组态、程序编辑、参数设定、网络设定、程序监控、调试及在线更改、智能功能模块设置。

对 FX5U PLC 进行编程时，编程软件只能使用 GX Works3。

与 GX Works2 相比较，GX Works3 的功能更为强大，它的特点如下所述。

① 大幅度增加了内部软元件的数量。例如输入继电器（X）和输出继电器（Y）都增加到 1024 点，内部继电器（M）增加到 32768 点，定时器和计数器都增加到 2048 点。增加了锁存继电器、链接继电器。此外，在内部继电器中，可以根据工程项目的需要，对多种软元件的

点数进行调整和更改。

② 兼容了 FX3U 的所有指令，并且在 FX3U 指令的基础上添加了许多新的指令。专用功能指令由原来的 510 种增加到 1113 种。其中有 MELSEC iQ-R 内部的互换指令、内置功能的专用指令。在 FX3U 中用 GX Developer 软件和 GX Works2 软件编写的所有程序，都可以直接导入到 FX5U 中，并进行修改、编辑或其他各种操作。

③ 具有模块硬件组态功能。在导航栏和编程界面中，通过模块配置图和部件库，可以快速选择工程项目所需要的 CPU 模块，以及各种 I/O 模块、智能功能模块。

④ 具有多种程序创建功能。编程界面比 GX Developer 软件和 GX Works2 软件更为直观，可以进行图表化的操作。可以根据工程需要，编制符合工艺路线的梯形图、顺序功能图、结构化语言、功能块图 / 梯形图语言程序。在一种程序中使用的标签和软元件，可以在其他不同语言的程序中共享使用。

⑤ 具有更为方便的结构化编程功能。在导航栏中，通过在主程序"MAIN"下面新建数据，可以建立一系列的子程序文件，在各个子程序文件中，分别编辑某一功能。这样程序的总体结构更为清晰，调试更为方便。

⑥ 具有参数设置功能。可以设置各种 CPU 模块的参数、扩展单元的参数、扩展模块的参数、智能功能模块的参数。

⑦ 具有多种 FB 功能模块。其中 CPU 输入和输出 FB 有 15 种，定位 FB（FX5-20PG-P、FX5-20PG-D 等）有 14 种，以太网 FB 有 21 种，简单运动 FB 有 30 种，模拟量 FB（FX5-4AD、FX5-4DA 等）有 10 种。

⑧ 具有性能更高的内置高速计数器。可以进行 3 种模式（通用模式、脉冲密度测量模式、旋转速度测量模式）的输入和测量。

在高速比较表中，可以设置 32 个表格。在多点输出高速比较表中，可以设置 128 个表格。还可以根据 DHCMOV 指令，将最新值读取到特殊寄存器中。

⑨ 强化了内置定位功能。通过表格运行指令，可以轻松地实现定位控制。此外，使用多个表格运行指令（DRVTBL）、多轴表格运行指令（DRVMUL），也可以轻松地实现简易线性插补定位。

⑩ 具有简单运动控制的编程功能。可以设定简单运动模块的参数、定位数据、伺服参数，轻松地实现伺服电动机的启动和调整。

⑪ 具有写入 / 读取功能。通过菜单或工具栏中的"写入至可编程控制器"，可以将 GX Works3 中编制的程序写入到 FX5U PLC 中。反过来，通过菜单或工具栏中的"从可编程控制器读取"，也可以将 PLC 中的程序读取到编程计算机的 GX Works3 软件中。此外，通过"在 RUN 中写入"功能，可以在 CPU 模块处于运行的状态下更改控制程序。

⑫ 具有监视和调试功能。当 CPU 运行时，可以对软元件的值进行监视。在没有连接 PLC 的情况下，通过使用编程软件中的 GX Simulator3，可以使用虚拟的 PLC 来进行程序的模拟调试。即使没有伺服放大器和伺服电动机，也可以模拟实机的动作。

⑬ 具有模块诊断功能。可以对错误状态和错误信息进行诊断，以缩短诊断故障的时间。此外，通过系统监视功能，可以识别智能功能模块的详细信息，甄别故障的具体原因。

2.2 编程软件 GX Works3 的下载和安装

2.2.1 编程软件 GX Works3 的下载

初学 PLC 编程的电气技术人员，一般不熟悉 FX5U 编程软件的下载途径，有时为此颇费周折，所以很有必要进行一步一步的引导。

① 打开"三菱电机自动化（中国）有限公司"官方网站，先进行注册，使自己成为会员，然后进行登录。如果原来已经注册，就可以直接登录。

② 点击其中的"资料中心"→"控制器"→"可编程控制器 MELSEC"→"软件"，弹出三菱 PLC 编程软件的列表，如表 2-1 所示。

表 2-1　三菱 PLC 的编程软件

文件标题	文件类型	更新日期	操作
iQ-F 安全模块配置指南	可编程控制器 MELSEC	2020 年 02 月 26 日	查看
iQ-L 选型软件	可编程控制器 MELSEC	2020 年 02 月 26 日	查看
iQ-R 在线选型软件	可编程控制器 MELSEC	2021 年 01 月 08 日	查看
iQ-F 选型软件（中文）	可编程控制器 MELSEC	2020 年 06 月 22 日	查看
SW1DNN-EIPXTFX5-ED 00A	可编程控制器 MELSEC	2020 年 01 月 22 日	查看
GX Works3	可编程控制器 MELSEC	2020 年 12 月 07 日	查看
GX Works2	可编程控制器 MELSEC	2020 年 03 月 09 日	查看

③ 从表 2-1 中找到 GX Works3，点击这一行最右边的"查看"，弹出"软件下载"的界面，如图 2-1 所示。

软件下载				
GX Works3				获取该软件免费序列号
软件介绍：	.			
适用产品：	iQ-F系列/iQ-L系列/iQ-R系列			
软件语言：	中文			
适用系统：	Windows® 10、Windows® 8.1、Windows® 8、Windows® 7、Windows Vista®、Windows® XP			

名称	版本号	大小	更新日期	下载
GX Works3	1.070Y	4.39GB	2020年12月07日	云盘

图 2-1　GX Works3 编程软件下载的提示界面

④ 从图中可以看到，这个软件的版本号是 1.070Y，4.39GB，需要使用"云盘"下载。

⑤ 点击图中的"云盘",弹出登录界面,输入自己的用户名和密码,出现压缩文件的符号"ZIP"。再点击这个符号,弹出"新建下载任务"的界面,如图 2-2 所示。

图 2-2　新建下载任务界面

⑥ 选择存放软件压缩包的下载路径,再点击图 2-2 中的"下载"按钮,执行编程软件 GX Works3 的下载,如图 2-3 所示。

图 2-3　编程软件 GX Works3 的下载

2.2.2　编程软件 GX Works3 的安装

GX Works3 软件安装(或更新)的步骤如下所述。

① 软件 GX Works3 是以压缩文件的形式下载的,在安装之前,首先要对其进行解压。解压后的文件目录如图 2-4 所示。

名称	修改日期	类型
Disk1	2021/3/22 9:34	文件夹
SUPPORT	2021/1/30 11:38	文件夹
Autorun	2009/11/20 11:29	安装信息
sw1dnd-gxw3-c_1070y_f	2020/11/10 5:43	ZIP 文件

图 2-4　GX Works3 安装包解压后的文件目录

② 点击图中的文件夹 Disk1,再点击其中的安装文件 setup,并指定一个存放 GX Works3 软件的文件夹,如图 2-5 所示。默认的安装文件夹是 C∶\Program Files（x86）\MELSOFT\,如果改用 C 盘以外的其他驱动器,可能会影响编程软件的正常工作。

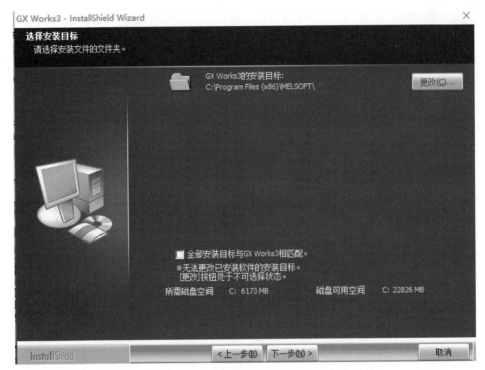

图 2-5 指定存放编程软件 GX Works3 的文件夹

③ 点击图 2-5 中的"下一步"按钮，进行具体的安装，或者对原来安装的编程软件进行更新，如图 2-6 所示。

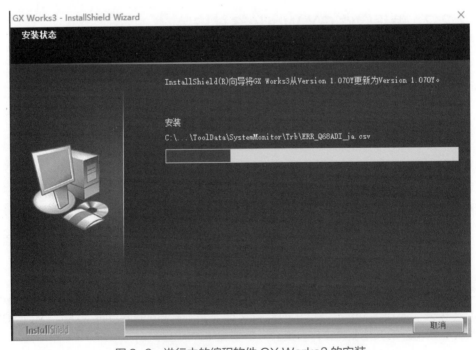

图 2-6 进行中的编程软件 GX Works3 的安装

④ 安装或更新结束时，会出现提示，如图 2-7 所示。

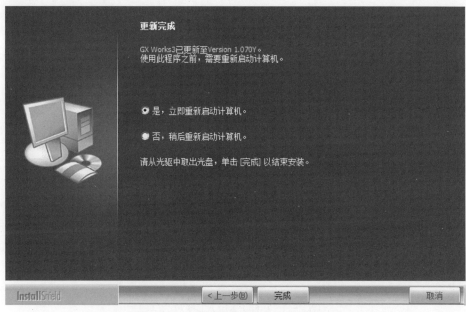

图 2-7　安装或更新结束时出现的提示

　　点击图 2-7 中的"完成"按钮，重新启动计算机，桌面上会出现 GX Works3 的快捷方式，此时就可以运行编程软件 GX Works3。

2.3 GX Works3 的梯形图编辑环境

　　双击计算机桌面上的快捷图标，弹出 GX Works3 初始启动界面，如图 2-8 所示。

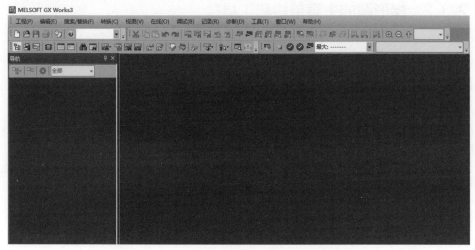

图 2-8　GX Works3 编程软件的初始启动界面

在初始启动界面中，除了主菜单之外，其他各种工具大多数都是灰色的，不能进行操作。但是不要着急，按照下述的步骤操作，就会进入到 GX Works3 的编辑界面。

2.3.1　新建 FX5U PLC 的设计工程

在初始界面中，执行菜单"工程（P）"→"新建（N）"，弹出"新建"工程项目的对话框，如图 2-9 所示。

图 2-9　新建 FX5U 工程对话框

在图 2-9 中，需要对所设计的 FX5U 工程进行一些定义。

① 系列（S）：选择"FX5CPU"。

② 机型（T）：选择"FX5U"，或"FX5UJ"。

③ 程序语言（G）：选择"梯形图"，或"ST（结构化语言）""SFC（顺序功能图）""FBD/LD（功能块图 / 梯形图语言）"。

在图 2-9 中，也可以对先前设置的 PLC 系列、机型、程序语言进行修改。

完成上述的各项定义之后，点击图 2-9 中的"确定"按钮，弹出图 2-10 所示的 GX Works3 梯形图编程主界面。

2.3.2　梯形图的主菜单栏和工具条

在图 2-10 所示的编程主界面中，包括主菜单栏、各种工具条、导航栏、编辑区、工程数据列表、状态区等。

（1）主菜单栏

主菜单栏如图 2-11 所示。它以菜单的形式展示各种编程功能，包括工程（P）、编辑（E）、搜索 / 替换（F）、转换（C）、视图（V）、在线（O）、调试（B）、记录（R）、诊断（D）、工具（T）、窗口（W）、帮助（H）这 12 个主菜单。

点击主菜单后，还会弹出一系列的子菜单。有些子菜单中又嵌套着下一级的子菜单，可以根据编程的需要，一步一步地选用。

（2）工具条

在 GX Works3 中，工具条的种类比较多，下面分别介绍。

① 标准工具条。如图 2-12 所示，它包括 7 个标准工具。从左至右依次是：文档的新建、

打开、保存、打印、更新履历、GX Works3 帮助、GX Works3 帮助搜索。

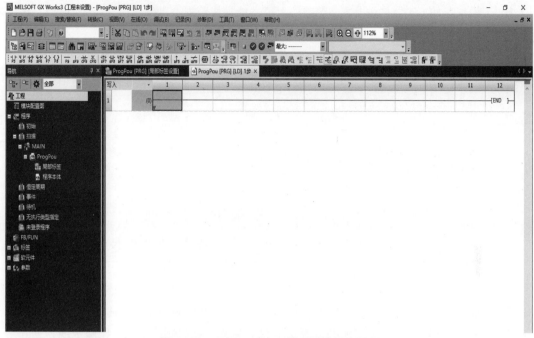

图 2-10　GX Works3 梯形图编程主界面

图 2-11　GX Works3 的主菜单栏

图 2-12　GX Works3 的标准工具条

② 程序通用工具条。如图 2-13 所示，包括 28 个程序通用工具。从左至右依次是：编程元件的剪切、编程元件的复制、编程元件的粘贴、编程操作的撤销、编程操作的恢复、软元件搜索、指令搜索、触点和线圈搜索、后退、前进、写入至可编程控制器、从可编程控制器读取、监视开始（全窗口）、监视停止（全窗口）、监视开始、监视停止、软元件 / 缓冲存储器批量监视、当前值更改、转换、转换 +RUN 中写入、全部转换、模拟开始、模拟停止、系统模拟启动、放大、缩小、编辑器与窗口宽度匹配、缩放比例。

图 2-13　程序通用工具条

③ 折叠窗口工具条。如图 2-14 所示，包括 21 个工具。从左至右依次是：导航、连接目

标、书签、部件选择、输出、进度、搜索／替换、搜索结果、交叉参照、软元件使用一览、数据流解析、软元件分配确认、FB 属性、标签注释、配置详细信息输出、电源容量 /I/O 点数检查结果、模块起始 I/O 号关联内容、监看、智能功能模块监视、事件履历（离线监视）、进度条（离线监视）。

图 2-14　折叠窗口工具条

④ 梯形图工具条。如图 2-15 所示，包括 47 个工具。它们在窗口中是一整排，为了便于展示，在图中将它们分为上下两排。

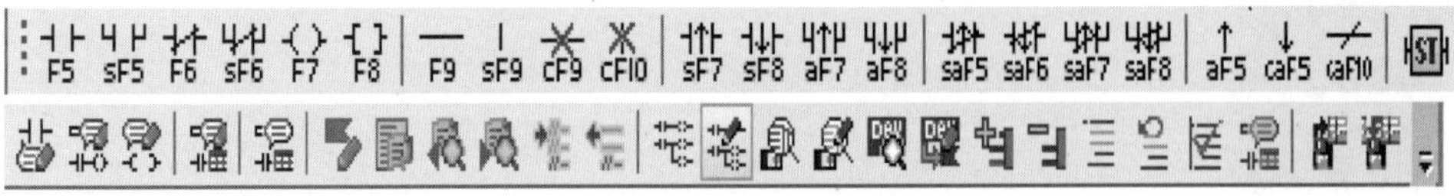

图 2-15　梯形图工具条

在上面一排中，有 22 个工具。从左至右依次是：常开触点、常开触点并联、常闭触点、常闭触点并联、输出线圈、应用指令、输入横线、输入竖线、删除横线、删除竖线、上升沿脉冲、下降沿脉冲、并联上升沿脉冲、并联下降沿脉冲、非上升沿脉冲、非下降沿脉冲、非并联上升沿脉冲、非并联下降沿脉冲、运算结果上升沿脉冲化、运算结果下降沿脉冲化、运算结果反转、插入内嵌 ST 框。

在下面一排中，有 25 个工具。从左至右依次是：软元件 / 标签注释编辑、声明编辑、注解编辑、声明 / 注解批量编辑、行间声明一览、登录标签、模板显示、模板参数选择（左）、模板参数选择（右）、选择范围的注释化、选择范围的注释解除、读取模式、写入模式、监视模式、监视（写入模式）、软元件显示、标签输入时使用分配软元件、添加参数、删除参数、梯形图暂时更换、撤销更改、应用更改的梯形图、梯形图暂时更改一览、导入文件、导出至文件。

⑤ 监视状态工具条。如图 2-16 所示，共有 7 个工具。从左至右分别是：连接状态（连接目标指定）、CPU 运行状态（远程操作）、ERROR 状态（模块诊断）、USER 状态（模块诊断）、可否从可编程控制器读取、扫描时间、监视对象选择。

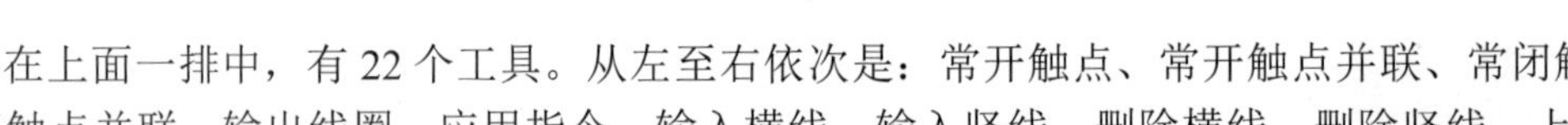

当前: 0.312ms

图 2-16　监视状态工具条

⑥ 过程控制扩展工具条。如图 2-17 所示，共有 4 个工具。从左至右分别是：过程控制扩展设置、标记 FB 设置、程序文件设置、导出分配信息数据库文件。

图 2-17　过程控制扩展工具条

以上工具条的种类和数量较多，可能挤占较多的编程界面位置。而在实际编程时，总有一部分工具按钮暂时不需要使用。可以点击工具条最右边的三角箭头，对工具按钮进行勾选，将不使用的工具按钮暂时隐藏起来，这样可以少占用一些编程界面的位置。当需要使用这些工具按钮时，再进行添加。

2.3.3 梯形图编辑界面的导航栏

执行菜单"视图"→"折叠窗口"→"导航"，或者点击折叠窗口工具条最左边的"导航"按钮，就可以打开或关闭"导航"窗口，如图 2-18 所示。它位于编辑界面的最左边，其作用是显示程序的结构，在编程或浏览程序时，可以引导我们进入各种不同的项目。

点击导航窗口中的项目，就可以在模块配置图、程序、标签、软元件、参数等界面之间进行切换。

例如：点击"工程"下面的"模块配置图"，在编辑区就会出现与工程有关的 CPU 模块。右击该模块并点击"属性"，就会显示 PLC 的型号、工作电源、输入端电源、输出类型、程序容量、通信端口、I/O 点数等，如图 2-19 所示。

右击模块配置图后，依次点击"检查"→"电源容量/I/O 点数"→"执行"，可以查看到有关的 FX5U 基本单元的电源容量、消耗电流、剩余容量，如图 2-20 所示。

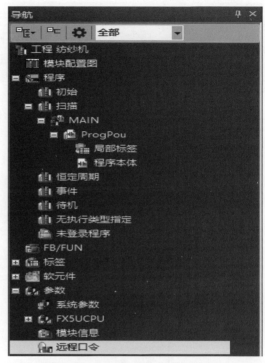

图 2-18 GX Works3 的导航窗口

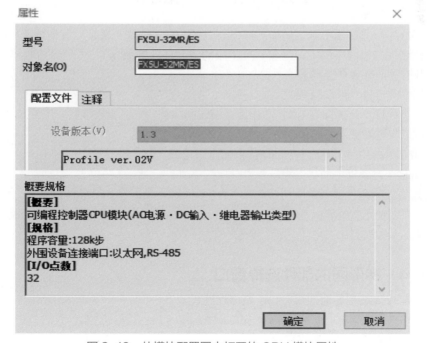

图 2-19 从模块配置图中打开的 CPU 模块属性

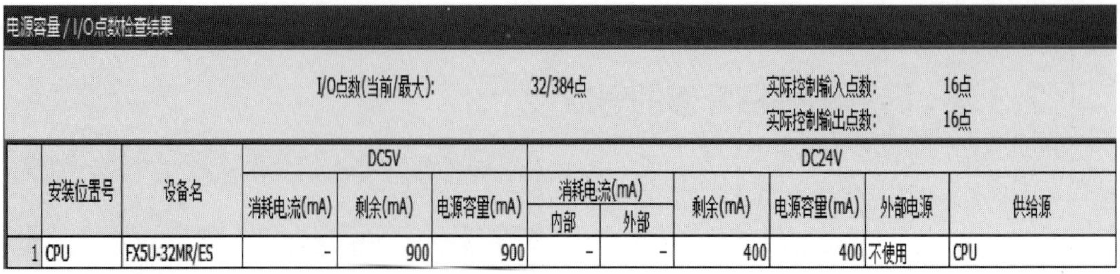

电源容量 / I/O点数检查结果

I/O点数(当前/最大): 32/384点　　实际控制输入点数: 16点
实际控制输出点数: 16点

	安装位置号	设备名	DC5V 消耗电流(mA)	DC5V 剩余(mA)	DC5V 电源容量(mA)	DC24V 消耗电流(mA) 内部	DC24V 消耗电流(mA) 外部	DC24V 剩余(mA)	DC24V 电源容量(mA)	外部电源	供给源
1	CPU	FX5U-32MR/ES	-	900	900	-	-	400	400	不使用	CPU

图 2-20　从模块配置图中查看电源容量等信息

如果需要打开梯形图的编程界面，在导航栏中可以依次点击“程序”→“扫描”→“MAIN”→“ProgPou”→“程序本体”。

如果需要对通用软元件添加注释，在导航栏中可以依次点击“软元件”→“软元件注释”→“通用软元件注释”，出现软元件注释表格，在这里对软元件进行注释，如图 2-21 所示。

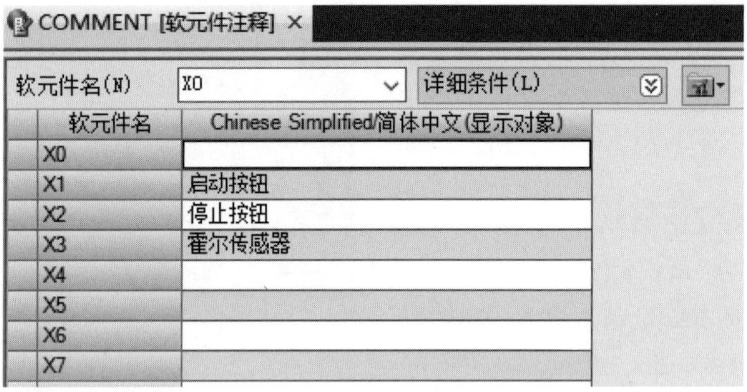
COMMENT [软元件注释] ×
软元件名(N)
X0
详细条件(L)
软元件名
Chinese Simplified/简体中文(显示对象)
X0
X1
启动按钮
X2
停止按钮
X3
霍尔传感器
X4
X5
X6
X7

图 2-21　从导航栏中打开的软元件注释表

在图 2-21 中，只显示了数字量输入继电器 X 的注释表。如果需要对其他软元件添加注释，在“软元件名”右边的方框中，键入一个相应的软元件（例如 Y0、M1 等），再点击回车键，就可以打开有关的软元件注释表。

导航栏中的项目，可以隐藏或添加。例如，在“程序”→“扫描”→“MAIN”→“MAIN”下面，有一个栏目“局部标签”，它的作用是编辑结构化程序、功能块等，而在梯形图中使用得较少，可以将它隐藏起来。操作方法是：

① 点击菜单中的“工具”→“选项”，弹出“选项”对话框，如图 2-22 所示；

② 点击这个对话框中的“工程”→“导航”→“显示设置”→“显示标签”；

③ 通过右边的黑色小三角箭头，选择“否”，即可隐藏这个“局部标签”。

以后如果要使用“局部标签”，可以再打开这个对话框，在这个选项中选择“是”，将“局部标签”添加到导航栏中。

2.3.4　梯形图的部件选择窗口

在 GX Works3 编程界面的最右边，是部件选择窗口。

点击菜单“视图”→“折叠窗口”→“部件选择”，就会弹出这个部件选择窗口，其中有多个选项。随着编辑区中工作内容的不同，窗口中的内容也在变化。

图 2-22　导航窗口中显示项目的设置

例如：当编辑区显示模块配置图时，窗口中就会出现 FX5 系列的各种扩展模块，如图 2-23 所示，从中可以选取所需要的扩展模块。

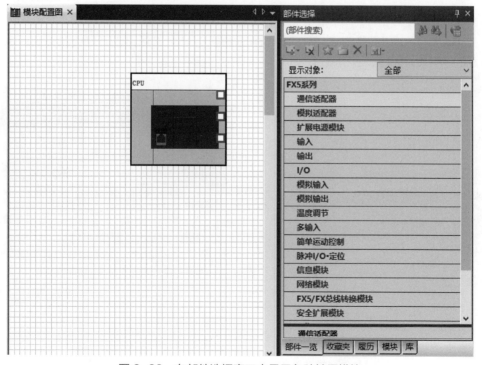

图 2-23　在部件选择窗口中显示各种扩展模块

在进行梯形图编程时，窗口中就会出现各种编程指令，从中可以选取所需要的编程指令，如图 2-24 所示。

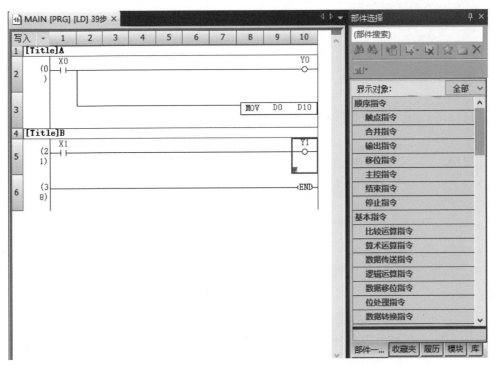

图 2-24　在部件选择窗口中显示各种编程指令

在部件选择窗口中，可以快捷地进行软元件、编程指令的搜索和替换。

执行菜单"搜索 / 替换"→"软元件 / 标签搜索"，就会出现图 2-25 所示的窗口，从中进行搜索，搜索的结果将显示在编辑区的下方。

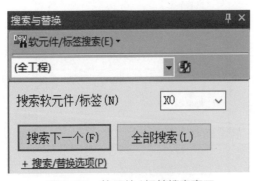

图 2-25　软元件 / 标签搜索窗口

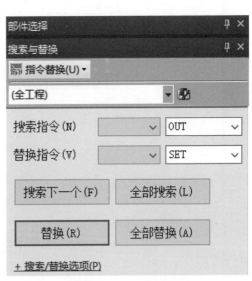

图 2-26　指令替换窗口

执行菜单"搜索 / 替换"→"指令替换",就会出现图 2-26 所示的窗口,从中将某一个指令替换为另一个指令,替换的结果也会显示在编辑区的下方。

2.4 FX5U PLC 控制系统的程序设计

在了解并掌握 FX5U PLC 的基本工作原理,以及 GX Works3 编程技术的基础上,就可以结合电气控制中的具体任务,运用 FX5U 进行实际的工业自动控制设计。

2.4.1 编程的前期准备工作

(1)现场调研,确定技术方案

在设计之前,要进入工程现场,进行实地调研考察,全面地、详细地了解被控制对象的实际情况和生产工艺。与此同时,要搜集各种技术资料,与其他各个专业的工程技术人员、现场操作人员进行沟通和交流,了解工艺过程,明确控制任务和设计要求,拟定出电气控制方案。例如手动、半自动、全自动、单机运行、多机联动运行等。还要明确系统的其他功能,例如诊断检测、故障检测、故障报警、管理、通信、紧急情况的处理和保护。根据这些具体情况,选择最佳的 PLC 控制方案。

(2)进行 PLC 和外围设备的选型

选择 FX5U 机型的基本原则,是在满足各项功能的前提下,寻求最高的性价比,并能够在一定的范围内升级。具体选择时要考虑到以下几个方面。

① 控制功能的选择。对于以开关量为主,带有少量模拟量控制的电控设备,一般小型的 FX5U PLC 就可以满足要求。对于以模拟量为主,具有很多闭环控制的系统,可以按照规模的大小和复杂程度,选用中档和高档机。

② 输入输出点数的选择。先列出输入输出元件表,统计出 I/O 元件所需要的点数,据此,确定 PLC 的 I/O 总点数。总点数要比当前的实际点数多出 20% 左右,以预备日后的设备改造升级。

③ 存储容量的选择。选择存储容量时,通常采用以下公式:

存储容量(字节)= 开关量 I/O 点数 ×10+ 模拟量 I/O 通道数 ×100

在一般情况下,FX5U 均能满足存储容量的要求。

④ 其他方面的技术要求。例如诊断和报警功能、PID 控制功能、特殊控制功能、通信功能、网络功能、外接端口等。

综合考虑以上各个方面的因素,就可以针对性地选择出合适的 FX5U 机型。

PLC 的外围设备主要是供电电源(交流或直流、电压等级)、输入设备(如按钮、转换开关、接近开关、限位开关、模拟量输入元器件)、输出设备(如继电器、接触器、电磁阀、信号灯)等。这些外围设备,也要根据具体的控制要求,进行选择和定型。

(3)分配 I/O 地址,进行 FX5U PLC 控制系统的硬件设计

对输入端子、输出端子进行合理的安排后,列出 I/O 地址分配表,并对输入单元、输出单元进行地址分配。

① 在对输入单元进行地址分配时,可以将所有的控制元件进行集中配置,相同类型的输

入端子尽可能地分配在同一个组。对每一种类型的控制元件，按顺序定义输入端子的地址。如果有多余的输入端子，可以将各个输入组（或输入扩展模块）分别配置给同一台设备。如果有噪声大的输入模块，要尽量摆放到远离 CPU 的插槽内，以避免交叉干扰。

② 在对输出单元进行地址分配时，也要尽量将同类型设备的输出端子集中在一起。按照设备的类型，顺序地定义输出地址。如果有多余的输出端子，可以将各输出组（或输出扩展模块）分别配置给同一台设备。对彼此有关联的输出器件，如电动机的正转和反转接触器，其输出地址尽可能地连续分配。

③ FX5U 控制系统的硬件设计，包括电气主回路接线图、输入接线图、输出接线图、辅助电路接线图、设备安装图等。它们与 PLC 的外围元件一起，构成一个完整的电气控制系统。

2.4.2　在编程软件中进行模块配置

模块配置包括 CPU 主模块和各种扩展模块，具体步骤如下所述。

① 打开 GX Works3 编程软件，新建一个设计工程，弹出图 2-27 所示的对话框，提示"添加模块"。

② 在导航栏中，点击"参数"→"系统参数"，弹出系统参数表，如图 2-28 所示，从中选择所需要的 CPU 模块。

③ 选择 CPU 模块后，这个模块便显示在编程界面中。

④ 执行菜单"编辑"→"模块信息显示"，就会在 CPU 主模块中间显示这个模

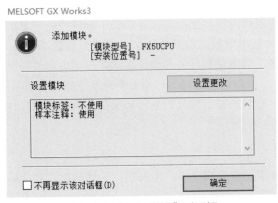

图 2-27　"添加模块"对话框

图 2-28　选择 CPU 模块

块的型号,例如"FX5U-32MR/ES"。将光标放在模块中间,还会显示模块的 I/O 点数。

⑤ 如果这个模块不符合要求,就需要重新配置。可以右击 CPU 模块,在弹出的菜单中,点击"CPU 型号更改",弹出更改对话框,从中选择所需要的 CPU 模块,如图 2-29 所示。

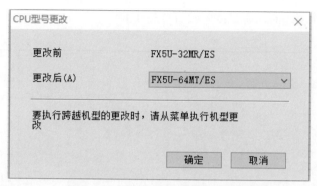

图 2-29　更改 CPU 型号的对话框

⑥ 添加扩展模块。在导航栏中,点击"参数"菜单,再用右键点击"模块信息"→"添加新模块",弹出"添加新模块"对话框,如图 2-30 所示。

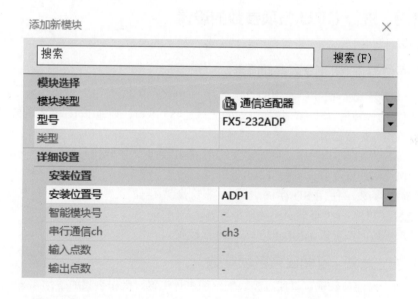

图 2-30　添加新模块对话框

⑦ 在图 2-30 中,在"模块类型"一栏中查找扩展模块的类型,在"型号"栏目中选择所

需要的扩展模块的型号。

⑧ 所添加的各种扩展模块，按先后顺序自动添加到模块配置图中，并和 CPU 主模块排列成一排。在图 2-31 中，在 CPU 主模块左边添加了通信模块 FX5-232ADP，在右边添加了模拟量输入模块 FX5-4AD、输入扩展模块 FX5-16EX/ES、输出扩展模块 FX5-8EYR/ES。选取输入、输出扩展模块的类型时，需要参照 CPU 主模块的类型。

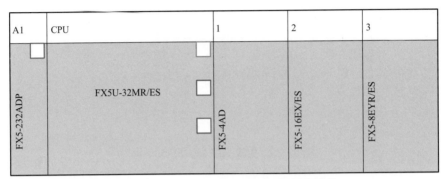

图 2-31　在 CPU 主模块两侧添加扩展模块

2.4.3　进行 CPU 各项参数的设置

在添加各种模块后，需要设置系统参数和各个模块的参数。

（1）通过导航窗口设置各项参数

① CPU 模块参数：在导航栏中的"参数"→"FX5U CPU"→"模块参数"中设置。其中有 CPU 模块的各种内置功能，包括以太网端口、485 串口、高速 I/O、输入响应时间、模拟输入、模拟输出、扩展插板。

例如，在"以太网端口"中，可以设置 CPU 的 IP 地址、子网掩码等。在"模拟输入"中，可以设置比例缩放的上限值、下限值等。

② 存储卡参数：使用 SD 存储卡时，需要设置存储卡参数。它在导航栏中的"参数"→"FX5U CPU"→"存储卡参数"中设置。

其他各项参数，都可以采用类似的方法进行设置。

（2）通过模块配置图设置各项参数

CPU 参数、模块参数也可以通过模块配置图进行设置，操作步骤如下：

① 在导航栏中，点击"模块配置图"，将 CPU 模块显示在编辑区中；

② 在菜单栏中，依次点击"视图"→"折叠窗口"→"部件选择"，将各种模块参数显示在编程窗口的右侧，从中选择所需要的模块，添加到 CPU 模块的两侧；

③ 右击所添加的 CPU 模块或其他扩展模块，在弹出的菜单中，选择"参数"→"配置详细信息输入窗口"，在这里可以看到 CPU 的 IP 地址、I/O 点数等。

2.4.4　进行程序设计的步骤

FX5U 的所有控制功能，都是以程序的形式表达的，最大的工作量是进行程序的设计。在一般情况下，使用 GX Works3 进行程序设计的步骤是：

① 打开 GX Works3 编程软件；

② 新建工程，或打开某个类似的工程；

③ 绘制程序流程图；

④ 设置各项参数；

⑤ 创建程序部件；

⑥ 创建注释表、全局标签、局部标签；

⑦ 编辑各个程序块的具体程序；

⑧ 转换，纠正程序中存在的语法错误；

⑨ 通过模拟调试软件"GX Simulator3"进行模拟调试；

⑩ 将编程计算机连接到 FX5U PLC 上，并进行连接设置；

⑪ 将程序和参数写入到 CPU 模块中；

⑫ 进行实际调试，完善控制程序；

⑬ 编写程序的文字说明书；

⑭ 对设计文件进行存档、打印。

在上述内容中，有几处需要补充说明。

绘制程序流程图：这里所说的流程图可以是 SFC 流程图，也可以是程序方框图，它以功能单元的结构形式来表示，其用途是描述系统控制流程的走向，据此可以了解各个控制单元在整个程序中的功能和作用。一个详细的程序流程图，非常有利于程序的编写和调试。

设置各项参数：主要是对参数表进行定义。参数表包括输入继电器的定义、输出继电器的定义、各个内部继电器的定义、有关数据寄存器、文件寄存器的定义等。参数表的定义因人而异，但总的原则是简洁、明确、便于使用。

编辑各个程序块的具体程序：在梯形图的编程界面中，默认为"写入模式"。如果在主菜单"编辑"→"梯形图编辑模式"中，选择了"读取模式"，则不能进行编程，也不能对原来的程序进行任何修改。

编辑程序是整个工程中的核心内容，一般都是采用梯形图形式的程序。以编程软件 GX Works3 为平台，结合一系列编程指令、一系列编程元件、各种数据，编制出符合实际需要的控制程序。

2.4.5 梯形图程序文件的规划

对于比较复杂的梯形图程序，可以划分为若干个程序块，每个程序块完成一项任务。

梯形图的程序块，可以分为主程序块、子程序块、中断程序块。在每个程序块中，还可以进一步划分为若干个程序段。

在导航栏中，可以对程序文件进行规划，将一个工程的控制程序拆分为多个程序文件。操作步骤如下所述。

① 点击"程序"→"扫描"→"MAIN"，其下方出现"ProgPou"，它的中文含义就是"项目"。右击"ProgPou"，在弹出的菜单中，选择"数据名更改"，将"ProgPou"更改为"ProgPou1"，这样便建立了第 1 个程序文件。

② 右击"扫描"或"MAIN"，在弹出的菜单中，选择"新建数据"，弹出"新建程序文件"对话框，如图 2-32 所示。

③ 在图 2-32 中，将数据名"ProgPou"更改为"ProgPou2"，程序语言选择"梯形图"。

予以确定后,在导航栏的"程序"→"扫描"→"MAIN"下方,出现了"ProgPou2",这样便建立了第 2 个程序文件。

④ 采用同样的方法,可以建立更多的程序文件 ProgPou3、ProgPou4 等。实际上它们就是主程序 MAIN 下面的一些子程序,也可以将它们更改为中文名称,比如手动部分、自动部分、循环扫描等。

在编程之前,这些程序文件以红色字体显示在导航栏中。在完成梯形图的编程和转换后,则以白色字体显示在导航栏中,如图 2-33 所示。

图 2-32 新建程序文件的对话框

图 2-33 建立多个程序文件

程序文件的执行顺序,不一定是从小编号开始,到大编号结束,可以通过设置予以改变。执行菜单"转换"→"程序文件设置",弹出"程序文件设置"对话框,如图 2-34 所示。

在图中,可以设置这 3 个程序文件的执行顺序。例如,选中"ProgPou1",并点击右边的"向下移动"按钮,就可以改变 ProgPou1 的执行顺序。

2.4.6 FX5U PLC 程序的调试

为了安全起见,在通电调试之前,要将主回路断开,进行预调,确认没有故障之后,再接入主回路。

PLC 程序一般都是在计算机中编制的。编制完毕后,可以先在 GX Works3 编辑环境中,通过模拟调试软件"GX Simulator3"进行模拟调试,详见第 3.5 节所述。

通过模拟调试,基本上可以检查出程序中是否存在语法错误。如果没有发现问题,就可以通过编程电缆,将计算机中的程序下载到 FX5U PLC 中。然后将 FX5U 连接输入元件、输出元件、主回路,进行"真刀真枪"的实际调试。在调试过程中,让 PLC 驱动所控制的设备,并修改不合理的部分,直到各部分的功能正常,构成一个完整的自动控制系统。

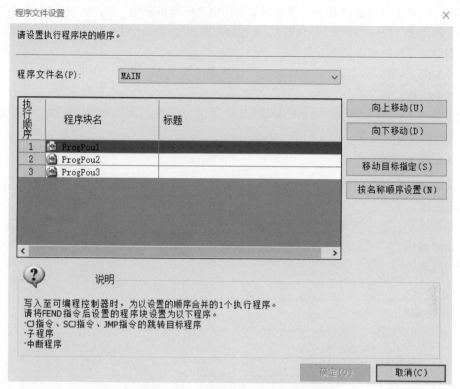

图 2-34 设置程序文件的执行顺序

2.4.7 在梯形图中添加声明、注解

为了使读图更加方便，更容易理解，还可以在梯形图中添加声明和注解。

（1）添加声明

有些梯形图程序的容量太大，不便于阅读理解、分析调试。此时可以在梯形图中添加"行间声明"，也就是梯形图的分段注释，使程序的阅读和调试得以简化。

声明包括行间声明、P声明、I声明。行间声明是对梯形图对某一行添加注释或说明，P声明是对指针编号添加注释，I声明是为中断指针的编号添加注释。在这里主要介绍行间声明的编辑方法。

在梯形图中，点击需要添加声明的某一行，再单击右键，在弹出的菜单中，依次点击"编辑"→"创建文档"→"声明编辑"，出现图 2-35 所示的对话框，从中可以添加行间声明。

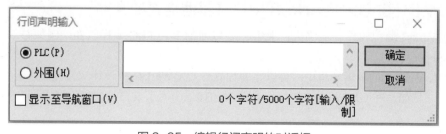

图 2-35 编辑行间声明的对话框

例如，在第 3 章图 3-13 所示的"仓库卷闸门自动开闭梯形图"中，可以为第 1、2 行梯形图添加行间声明"卷闸门上升"；为第 3、4 行梯形图添加行间声明"卷闸门下降"；为第 5、6行梯形图添加行间声明"状态指示"。

所添加的声明注释，自动显示在这一行梯形图的左上方。此时，原来的行编号会发生变化，自动地添加。

在图 2-35 中，如果选中"显示至导航窗口"的左边选框，所添加的声明就会自动进入到导航栏中，显示在梯形图"程序本体"的下方。

（2）添加注解

注解是对软元件进行进一步的诠释，一般是作用于输出线圈之类的软元件，对触点等软元件则不能添加。

在梯形图中，点击需要添加注解的某一个线圈或指令，再单击右键，在弹出的菜单中，依次点击"编辑"→"创建文档"→"注解编辑"，出现图 2-36 所示的对话框，从中可以添加线圈的注解。

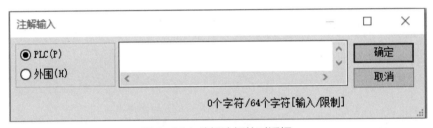

图 2-36　编辑注解的对话框

例如，在本例中，可以为输出线圈 Y0 添加注解"控制 KM1"；为输出线圈 Y1 添加注解"控制 KM2"。

在图 3-13 所示的梯形图中添加行间声明和注解后，演变为图 2-37。

添加行间声明后，在导航栏的"程序本体"下面，如果点击某个行间声明的标签，在梯形图中就只能显示有关的内容，其他的内容则全部隐藏了。例如点击"卷闸门上升"标签，就只能显示梯形图中的第 1～4 行，如图 2-38 所示。此时，读图和调试就限定在这个范围中。

在进行注释、注解、声明的编辑之后，在"视图"菜单中，分别勾选"注释显示""注解显示""声明显示"，就可以将它们显示在梯形图中，如果不勾选，则这些内容处于隐藏状态。

2.4.8　在 GX Works3 中打开其他格式的文件

GX Works3 编程软件功能强大，兼容三菱以前的多种 PLC 编程软件，例如 GX Works2、GX Developer 等。

在 GX Works3 的编辑环境中，可以将编程软件 GX Works2 的设计文件打开，进行修改并加以利用。例如，在 GX Works2 的编程界面中，有一个"水泵自动控制"梯形图，如图 2-39所示。

现在，需要在 GX Works3 中将这个工程文件打开，具体操作步骤如下所述。

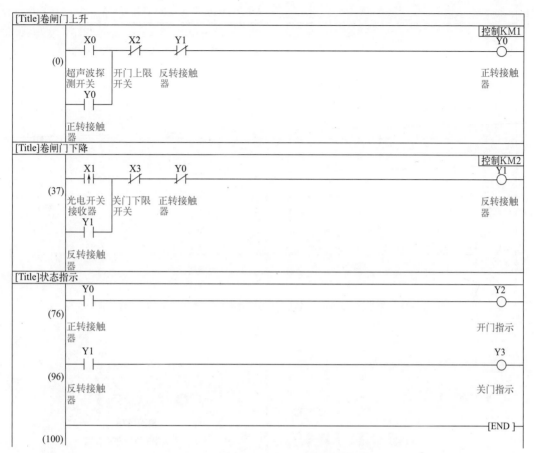

图 2-37　添加行间声明和注解后的梯形图

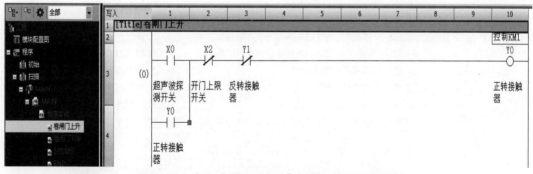

图 2-38　点击"卷闸门上升"标签后显示的梯形图

① 在编程软件 GX Works2 的梯形图界面中，将需要转换的工程——"水泵自动控制"的
PLC 类型更改为 FX3U 等类型，如果是 FX2N 等类型，就不能直接转换。

② 将编程软件 GX Works2 关闭。

③ 在编程软件 GX Works3 的梯形图界面中，执行菜单"工程"→"打开其他格式文
件"→"GX Works2 格式"→"打开工程"，弹出 GX Works2 格式的程序文件，如图 2-40 所示。

图2-39　在 GX Works2 的编程界面中的"水泵自动控制"梯形图

图2-40　GX Works2 格式的程序文件

④ 选择图中的"水泵自动控制梯形图",并点击"打开"按钮,出现"选择机型/转换方式"的对话框,如图 2-41 所示。

图 2-41 "选择机型/转换方式"对话框

⑤ 在图中的"更改目标机型"下面,将 PLC 的机型选择为 FX5U 或 FX5UJ,然后点击"执行"按钮开始转换。转换结束时,出现图 2-42 所示的对话框。

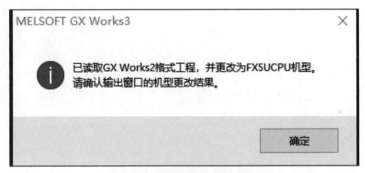

图 2-42 转换结束时的对话框

⑥ 点击图中的按钮"确定",就可以将设计文件"水泵自动控制"导入到 GX Works3 的梯形图编辑环境中,如图 2-43 所示。

从图中可以看到,导入到 GX Works3 中的"水泵自动控制"梯形图,与图 2-39 所示的GX Works2 的编程界面有一些区别。例如:

a. 输出线圈的图形标志不同。在图 2-39 中是括弧"( )",而在图 2-43 中是一个小圆圈"○"。

b. 在梯形图上方,可以显示每一行的触点数,触点数可以在 9 ～ 45 之间设置。在图 2-43 中,每一行有 10 个触点。

c. 在梯形图左边,可以显示梯形图的行数。

d. 程序步号不一致。内容完全相同的梯形图,在图 2-39 中一共有 12 个程序步,而在图 2-43 中一共有 22 个程序步。

对于 GX Developer 格式的文件,也可以用类似的方法,在 GX Works3 的编程环境中打开。

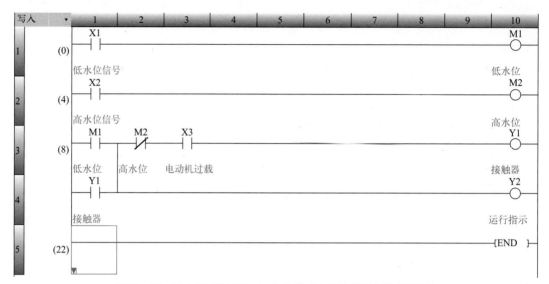

图 2-43 导入到 GX Works3 中的"水泵自动控制"梯形图

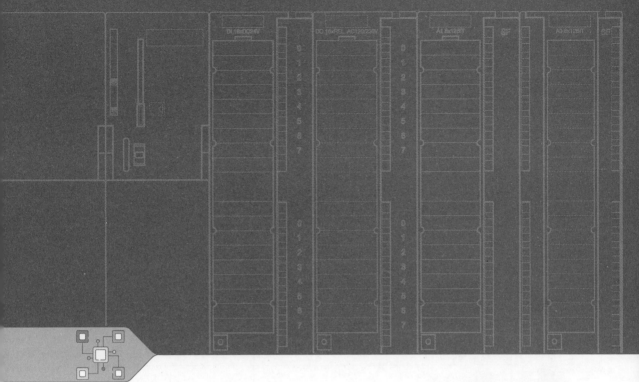

第 3 章

FX5U PLC 的编程语言和编程元件

PLC 是通过程序来实现具体的控制功能的，PLC 的厂家和供应商一般不提供用户程序，由用户根据工艺要求或生产流程自行设计，将工艺和流程编制成 PLC 能够识别的程序。

在第 2 章中，已经对 FX5U 的编程软件 GX Works3 进行了比较详细的介绍。除了编程软件之外，编制 FX5U 的用户程序还需要 3 个要素：一是编程语言；二是编程元件；三是编程指令。在本章里对编程语言和编程元件进行介绍。

3.1 FX5U PLC 的编程语言

在编程软件 GX Works3 中，为 FX5U PLC 提供了 4 种编程语言，分别是梯形图语言（LD）、结构化文本语言（ST）、顺序功能图语言（SFC）、功能块图 / 梯形图语言（FBD/LD）。

3.1.1 梯形图语言（LD）

LD 是一种图形化的编程语言，它使用符号化的触点及线圈等，表达逻辑控制回路。

梯形图是 PLC 程序设计中最常用的，与继电器电路类似的一种编程语言。由于电气技术人员对继电器控制电路非常熟悉，因此，梯形图编程语言很受欢迎，得到了广泛的应用。

梯形图编程语言的特点是：通过联机把 PLC 的编程软元件连接在一起，用以表达 PLC 指令及其顺序。梯形图沿用了电气工程技术人员熟悉的继电器控制原理图，以及相关的一些形式和概念，例如继电器线圈、常开触点、常闭触点、串联、并联等术语和图形符号，如图 3-1 所示。并与计算机的特点相结合，增加了许多功能强大、使用灵活的指令，使得编程容易。所以，梯形图具有直观、形象等特点，分析方法也与继电器控制电路类似，只要具备电气控制系统的基础知识，熟悉继电器控制电路，就很容易接受它。所以 LD 语言特别适合具备逻辑控制回路相关知识的工程师。

电路中的元器件	继电器符号	FX5U梯形图编程软件
继电器线圈		○
时间继电器		OUT　T10　K1000
常开触点		┤├
常闭触点		┤/├
触点串联		┤├┤├
触点并联		┤├／┤/├

图 3-1　继电器符号与梯形图编程软件

梯形图的连接有两种：一种是左侧和右侧的母线，另一种是内部的横线和竖线。母线是用来连接指令组的；内部的横线和竖线则把一个又一个的梯形图符号连接成指令组，每个指令组都是从放置 LD 指令开始，再加入若干个输入指令，以建立逻辑关系，最后为输出类指令，以实现对设备的控制。

梯形图编程语言与原有的继电器控制不同之处是：梯形图中的连接不是实际的导线，能流不是实际意义的电流，内部的继电器也不是实际存在的继电器。实际应用时，需要与原有继电器控制的概念区别对待。

用语句表达的 PLC 程序很不直观，较复杂的程序更是难以读懂，所以一般的程序都采用梯形图的形式，学习 PLC 技术的电气技术人员都需要掌握梯形图。图 3-2 是一个梯形图的实例，当控制信号 X0 接通时，输出线圈 Y0 得电，同时数据寄存器 D0 中的数据移送到 D10 中。

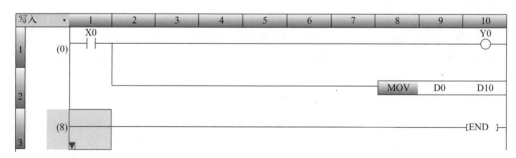

图 3-2　梯形图的实例

本书中所涉及的 PLC 控制程序，将以梯形图为主。

3.1.2 结构化文本语言（ST）

（1）ST 语言

在国际标准 IEC61131-3 中，规定了逻辑记述的方式。ST 语言就是在 IEC61131-3 中规定的程序语言，它具有与 C 语言相似的语法结构和文本形式。ST 使用 IF 语句或运算符等方式表达程序。在一个 ST 语言的程序部件中，最多可以创建 32 个工作表。

ST 语言通常用于大型的 PLC 控制工程。与梯形图语言相比，ST 语言可以对比较复杂的逻辑运算，进行简洁而直观的表达。因此它适用于复杂的算术运算、比较运算等。此外，它也可以与 C 语言等一样，通过条件语句选择分支。通过循环语句，对重复性的语句进行表达，从而简洁地编写程序。所以，ST 语言适合具备 C 语言等编程知识的工程师。

FX5U 的程序也可以采用 ST 语言表达，具体的编程方法是：

① 执行菜单"工程"→"新建"，弹出"新建"对话框；

② 在"程序语言"栏目中，选择"ST"，弹出"ST"语言的编程界面；

③ 在编程界面中，通过键盘直接输入有关的字符和标点符号。

例如，在图 3-3（a）所示的梯形图中，用 3 个按钮控制电动机正反转。按下正转启动按钮 X1 时，电动机正转（Y1 得电）。按下反转启动按钮 X2 时，电动机反转（Y2 得电）。按下停止按钮（X3）时，电动机停止。

同样的功能我们用 ST 来编程：当按下 X1 时，位软元件 Y1 的值为 TRUE（ON 或导通），Y2 的值为 FALSE（OFF 或断开）；X2 与 X1 的控制原理相同；按下 X3 时，输出 Y1 和 Y2 的值都为 FALSE。如图 3-3（b）所示。

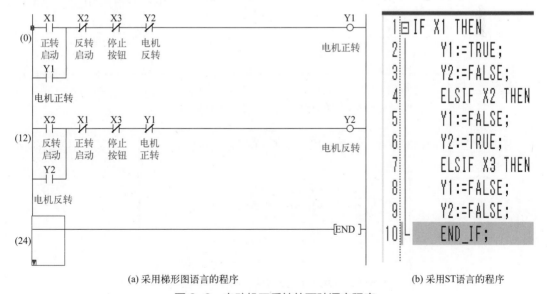

(a) 采用梯形图语言的程序　　　　　　(b) 采用ST语言的程序

图 3-3　电动机正反转的两种语言程序

在图 3-3（b）中：

"IF"的中文意思是"如果"，在程序中用于判断是否满足某种条件，当满足其中一个条件时，在这个条件下面可以进行一些操作，在所有条件都不满足时不操作。

"：="是 ST 语言的赋值符号，它既可以给开关量赋值，也可以给数字量赋值。既可以赋值常数，也可以赋值变量，类似于梯形图里面的 MOV 指令。

"；"是分号结束符，在每个赋值语句和结束指令后面都要添加。

在程序里所有的符号，都要用英文编写。

在 ST 语言中，软元件赋值后如果没有其他的赋值操作，就可以直接保持，类似于梯形图中的 SET/RST 指令。

（2）内嵌 ST 语言

内嵌 ST 语言是指在梯形图编辑器内，创建并编辑与线圈相当的指令，以显示程序的内嵌 ST 框功能。用这种方法，可以轻松地在梯形图程序内进行数据运算，或进行字符串处理。

图 3-4 是没有使用内嵌 ST 的梯形图程序。

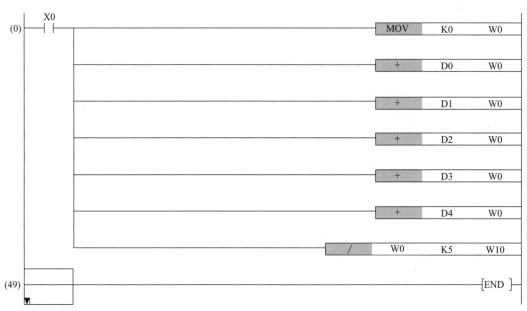

图 3-4 没有采用内嵌 ST 语言的梯形图程序

图 3-5 是同样的控制程序，但是采用内嵌了 ST 语言，使梯形图程序得到了大幅度的简化。

图 3-5 采用内嵌 ST 语言简化的梯形图程序

在使用内嵌 ST 语言时，要注意以下几个问题：

① 在梯形图程序的每一行中，只能创建一个内嵌 ST 框，而且不能同时使用内嵌 ST 框和 FB 块；

② 如果在触点相应的指令位置创建内嵌 ST 框，在线圈相应的指令位置也会自动创建内嵌 ST 框；

③ 在内嵌 ST 框内，最多可以输入的字符数为 2048 个；

④ 在内嵌 ST 框内，如果执行上升沿指令、下降沿指令、特殊定时器指令、通用 FB、边缘检测 FB、计数器 FB 等，有可能不能正常运行，因此不要使用这些指令；

⑤ 如果在内嵌 ST 框内使用"RETURN"语句，则不会结束程序块的处理，而是结束内嵌 ST 框程序的处理。

3.1.3　顺序功能图语言（SFC）

SFC 是为了满足顺序逻辑控制而设计的编程语言。在工业控制领域，有一些比较复杂的顺序控制过程，如果采用一般的梯形图编程，程序设计就比较复杂，也不容易读懂，调试也比较麻烦。在这种场合，用顺序功能图来编程，就显得比较简洁，既便于设计又容易读懂。

图 3-6 是顺序功能图的形式。

需要说明的是，在 FX5U PLC 中，不能运行用 SFC 语言编写的顺序功能图。但是可以用 SFC 语言编辑图 3-6 形式的流程图。在这种流程图的基础上，再为 FX5U 编辑其他形式的顺序功能图（步进指令方式、启 - 保 - 停方式、SET 和 RST 指令方式），就比较方便了。具体的编程方法将在第 4 章中详细叙述。

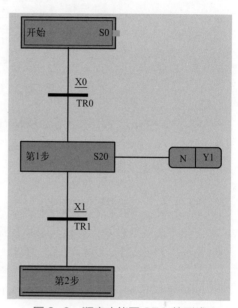

图 3-6　顺序功能图 SFC 的形式

3.1.4　功能块图 / 梯形图语言（FBD/LD）

FBD/LD 是采用功能部件、FB 部件、变量部件、常数部件等，沿着数据和信号的流动方向进行连接，以此来表达控制程序的图表语言。在梯形图编程时如果遇到较为复杂的程序，它能够轻松地创建这类程序，从而提高编程的效率。FBD/LD 语言也特别适合具有顺控程序、逻辑回路相关知识的工程师。

在一个 FBD/LD 语言的程序部件中，最多可以创建 32 个工作表。

对于图 3-2 所示的梯形图，也可以采用图 3-7 所示的 FBD/LD 语言来表达。

这个图形的编程方法是：

① 执行菜单"工程"→"新建"，弹出"新建"对话框；

② 在"程序语言"栏目中，选择"FBD/LD"，弹出"FBD/LD"语言的编程界面；

③ 在编程界面中，直接从"FBD/LD"工具条中选取输入继电器 X0、输出继电器 Y0，将它们添加到图中；

④ 在"折叠窗口"工具条中，点击"部件选择"按钮，在编程界面的右边，弹出"部件选择"对话框；

⑤ 从这个对话框中，依次查找到"基本指令"→"数据传送指令"→"MOV"（16 位数据传送），将"MOV"指令拖拽到编程界面的合适位置；

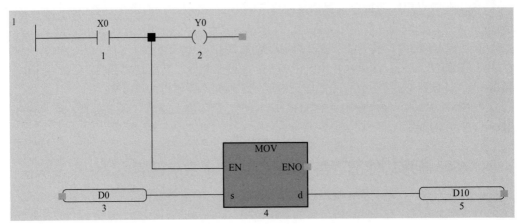

图 3-7　用 FBD/LD 语言表达图 3-2 所示的梯形图

⑥ 点击 "FBD/LD" 工具条中的按钮 "变量", 在 "MOV" 指令的 "s" 端子上连接变量 "D0", 在 "d" 端子上连接变量 "D10";

⑦ 用线条连接图中的各个元件。

3.1.5　程序块的划分

在一个工程文件中, 可以将总体程序划分为若干个程序块。在各个程序块中, 可以分别创建主程序、子程序、中断程序。这样, 程序的设计和修改就比较容易。

主程序从第 0 步开始, 到 "END" 指令结束。

子程序从指针 (P) 开始, 到 "END" 指令结束。它需要通过子程序调用指令 CALL、XCALL 来执行。

中断程序从中断指针 (I) 开始, 到 IRET 指令结束。如果发生中断原因, 则执行与该中断指针编号相对应的中断程序。

在执行程序时, 会按照指定的顺序执行。如果没有指定顺序, 则自动按照程序块名的顺序 (升序) 执行。

在梯形图中, 程序文件的规划见第 2.4.5 节。

　　FX5U PLC 的编程软元件

从本质上来说, PLC 的编程软元件就是电子组件和内存。考虑到 PLC 是从继电器控制系统发展而来的, 为了便于电气工程技术人员学习和掌握, 按照他们的专业工作习惯, 借用继电器控制系统中类似的元器件名称, 对编程软元件进行命名, 分别把它们称为输入继电器 (X), 输出继电器 (Y)、辅助继电器 (M)、步进继电器 (S)、定时器 (T)、计数器 (C)、数据寄存器 (D)、指针 (P、I)、常数 (K、H、E) 等。为了与硬器件区别, 又将这些软元件称为 "软继电器"。这些 "继电器" 与实际的继电完全不同, 它们本质上是与二进制数据相对应的, 没有实际的物理触点和线圈。我们在编程时, 必须充分熟悉这些软元件的符号、编号、特性、使用方法和技巧。

FX5U PLC 所用编程软元件，已经包含在表 1-2 中。它由字母和数字两部分组成，字母表示软元件的类型，数字表示软元件的编号。其中的输入继电器、输出继电器用八进制编号，其他均采用十进制编号。编程软元件有多种，可以分为 3 类。

第 1 类是位软元件，包括输入继电器（X）、输出继电器（Y）、辅助继电器（M）、锁存继电器（L）、链接继电器（B）、步进继电器（S）等。在存储单元中，一位表示一个继电器，其状态为"1"或"0"，"1"表示继电器得电，"0"表示继电器失电。

第 2 类是字软元件，例如数据寄存器（D）。一个数据寄存器可以存放 16 位二进制数，两个可以存放 32 位二进制数，以用于数据处理。

第 3 类是位与字混合的软元件，例如定时器（T）和计数器（C），其线圈和触点是位软元件，而设定值和当前值寄存器是字软元件。

熟悉 FX5U 和 GX Works3 的编程软元件，了解它们的特征和用途，是学习和使用 FX5U PLC 的重要基础。

3.2.1 输入继电器（X）

输入继电器是通过按钮、切换开关、限位开关、接近开关、数字开关等外部设备，向 CPU 模块发送控制指令及数据的软元件。

输入继电器是 PLC 接收外部开关量信号的唯一窗口。PLC 将输入信号的状态读入后，存储在对应的输入继电器中。外部组件接通时，对应的输入继电器的状态为"1"，也就是 ON。此时相应的 LED 指示灯亮，它表示输入继电器的常开触点闭合，常闭触点断开。输入继电器的状态取决于外部输入信号，不受用户程序的控制，因此在梯形图中绝对不能出现输入继电器的线圈。

在 PLC 内部，输入继电器就是电子继电器，它通过光电耦合器与输入端子相隔离，其常开、常闭触点可以无数次地反复使用。

FX5U 基本单元的输入继电器由字母 X 和八进制数字表示，其编号与输入接线端子的编号一致。编号系列是 X0～X7、X10～X17 等。在不带扩展模块时，输入点数可以达到 40 点。带上扩展模块之后，输入、输出继电器的总点数可以达到 384 点。如果再连接 CC-Link 远程输入和输出（I/O），I/O 点数之和则可以达到 512 点。在各种型号的基本单元中，输入继电器的编号和点数见表 3-1。

表 3-1　FX5U 基本单元中输入继电器的编号和点数

型号	输入端子	输入点数
FX5U-32M	X0～X17	16
FX5U-64M	X0～X37	32
FX5U-80M	X0～X47	40

3.2.2 输出继电器（Y）

输出继电器是将程序的控制结果取出，输送到外部的信号灯、继电器、接触器、电磁阀、数字显示器等受控设备的软元件。

输出继电器是 PLC 向外部负载发送控制信号的唯一窗口。它将输出信号传送给输出接口电路，再由接口电路驱动外部负载。输出接口电路通过继电器或光电耦合器件与外部负载隔离。

输出继电器的线圈由 PLC 的程序控制，一个线圈（Y）一般只能使用一次。其常开常闭触点供内部程序使用，使用次数不受限制。

FX5U 基本单元的输出继电器由字母 Y 和八进制数字表示，其编号与输出接线端子的编号一致。编号系列是 Y0 ～ Y7、Y10 ～ Y17 等。不带扩展模块时，输出点数可以达到 40 点。各种型号的基本单元中，输出继电器的编号和点数见表 3-2。

表 3-2　FX5U 基本单元中输出继电器的编号和点数

型号	输出端子	输出点数
FX5U-32M	Y0 ～ Y17	16
FX5U-64M	Y0 ～ Y37	32
FX5U-80M	Y0 ～ Y47	40

3.2.3　各种内部继电器

（1）辅助继电器（M）

辅助继电器相当于继电器控制系统中的中间继电器，它用于存储程序的中间状态或其他信息，与外部没有联系，只能在程序内部使用，不能直接驱动外部负载。

同输出继电器一样，辅助继电器的线圈由 PLC 内部编程软元件的触点驱动，一个线圈（M）一般只能使用一次。其常开、常闭触点供内部程序使用，使用次数不受限制。

辅助继电器的编号采用十进制，它没有断电保持功能。如果线圈得电时突然停电，线圈就会失电，再次来电时，线圈仍然失电。

（2）特殊继电器（SM）

特殊继电器用来执行 PLC 的某些特定功能。它具有两大类：

第一类的线圈由 PLC 自行驱动，如 SM400（常 ON）、SM402（初始脉冲）、SM412（1s 时钟脉冲）等，它们不需要编制程序，可以直接使用它们的触点；

第二类是可以对线圈进行驱动的特殊继电器，被用户程序驱动后，可以执行特定的动作，因此，特殊继电器不能像辅助继电器那样在程序中随意编程，但是，可以根据需要将它们设置为 ON 或 OFF 状态，以执行某些控制功能。

（3）锁存继电器（L）

锁存继电器是在 CPU 模块内部使用的，可以进行停电保持的辅助继电器。在停电或复位时，运算结果仍然存在。

（4）链接继电器（B）

在网络模块与 CPU 模块之间，当刷新"位"数据时，CPU 模块内部需要使用链接继电器。在 CPU 模块内的链接继电器（B），可以与网络模块的链接继电器（LB）相互收发数据。刷新范围在网络模块的参数中设置。未用于刷新的链接继电器，可以用于其他用途。

（5）链接特殊继电器（SB）

链接特殊继电器的作用是：使用网络内的链接特殊继电器刷新目标。网络模块的通信状态和异常检测状态，将被输出到网络内的链接特殊继电器中。未用于刷新的链接特殊继电器，可以用于其他用途。

（6）报警器（F）

报警器是由用户创建的，在检测设备故障的程序中使用的内部继电器。将报警器置为 ON 时，SM62（报警器检测）将为 ON。SD62 ～ SD79（报警器检测编号表）中将会存储变为 ON 的报警器的个数及编号。

（7）步进继电器（S）

步进继电器是在步进梯形图指令中使用的软元件。它与步进顺序控制指令配合使用，以编写 SFC 顺序控制程序，完成对某一工序的步进顺序控制。步进继电器没有用于步进梯形图时，可以作为辅助继电器使用。

3.2.4 定时器（T）、（ST）

同其他 PLC 一样，FX5U 中的定时器相当于继电器控制系统中的时间继电器，它通过对时钟脉冲的累计来计时。时钟脉冲一般有 1ms、10ms、100ms 三种，以适应不同的要求。

定时器可以分为两类：

① 通用定时器（T），它不具备断电保护功能，当停电或输入回路断开时，定时器清零（复位）；

② 累计型的定时器（ST），它具有计时累计的功能，如果停电或定时器线圈失电，能记忆当前的时间值。通电或线圈重新得电后，在原有数值的基础上继续累计。只有将它复位，当前值才能变为 0。

如果按速度划分，定时范围是 0.001 ～ 3276.7s，定时器又可以分为 3 种：

① 低速定时器，时钟脉冲为 100ms，定时范围是 0.1 ～ 3276.7s；

② 中速定时器，时钟脉冲为 10ms，定时范围是 0.01 ～ 327.67s；

③ 高速定时器，时钟脉冲为 1ms，定时范围是 0.001 ～ 32.767s。

定时器的设定值可以采用内存的常数 K，在 K0 ～ K32767 之间选择。也可以通过数据寄存器、文件寄存器等进行间接设置。

通用定时器和累计定时器均为 1024 点，编号按十进制分配。在 CPU 内置存储容量的范围之内，可以通过参数进行变更。

每个定时器只有一个输入，设定值由用户根据工艺要求确定。与常规的时间继电器一样，当所计的时间达到设定值时，线圈得电，常闭触点断开，常开触点闭合。但是 PLC 中的定时器没有瞬动触点，这一点有别于普通的时间继电器。

定时器的线圈一般只能使用一次，但触点的使用次数没有限制。

3.2.5 计数器（C）、（LC）

同其他 PLC 一样，FX5U 中常用的计数器是加法计数器，每一个计数脉冲上升沿到来时，原来的数值加 1。如果当前值达到设定值，便停止计数，此时触点动作，常闭触点断开，常开触点闭合。当复位信号的上升沿到来时，计数器被复位。此时计数器线圈失电，触点恢复到常态，常开触点断开，常闭触点闭合。如果计数脉冲上升沿再次到来，则计数器重新进入计数状态。

如果按计数范围划分，计数器又可以分为 2 种：

① 通用计数器（C），计数值为 16 位，设置范围为 1 ~ 65535；

② 超长计数器（LC），计数值为 32 位，设置范围为 1 ~ 4294967295。

通用计数器和超长计数器均为 1024 点，编号按十进制分配。在 CPU 内置存储容量的范围之内，可以通过参数进行变更。

计数器的设定值可以采用 CPU 内存中的常数 K，也可以通过数据寄存器、文件寄存器进行设置。多数计数器具有断电记忆功能，在计数过程中如果系统断电，当前值一般可以自动保存下来，通电后系统重新运行时，计数器延续断电之前的数值继续计数。也有一部分计数器没有断电记忆功能。

计数器的线圈一般只能使用一次，但触点的使用次数没有限制。

3.2.6　各种寄存器

（1）数据寄存器（D）

PLC 控制系统需要存储大量的工作参数和数据，数据寄存器就是存放各种数据的软元件。每一个数据寄存器都是一个字存储单元，都是 16 位（最高位是正 / 负符号位）。也可以将两个数据寄存器组合起来，存储 32 位数据（最高位是正 / 负符号位）。数据寄存器不能使用线圈和触点。

（2）链接寄存器（W）

链接寄存器是用于网络模块与 CPU 模块之间，在刷新"字"数据时，CPU 模块侧使用的软元件。在 CPU 模块内的链接寄存器（W），可以与网络模块的链接寄存器（LW）相互收发数据。通过网络模块的参数，可以设置刷新范围。未用于刷新的链接寄存器，可以用于其他用途。

（3）链接特殊寄存器（SW）

链接特殊寄存器的作用是：使用网络内的链接特殊寄存器刷新目标。网络模块的通信状态和异常检测状态，将被输出到网络内的链接特殊寄存器中。未用于刷新的链接特殊寄存器，可以用于其他用途。

（4）特殊寄存器（SD）

特殊寄存器是在 FX5U 内部明确定义的寄存器，因此不能像通常的内部寄存器那样用于程序中。但是，可以根据需要写入数据，以便执行某些控制功能。

（5）变址寄存器（Z）

变址寄存器是在软元件的地址修改中使用的软元件，它用于 16 位软元件的变址修饰。默认点数为 20 点，可以设置为 0 ~ 24 点。

（6）超长变址寄存器（LZ）

超长变址寄存器是在软元件的地址修改中使用的软元件，它用于 32 位软元件的变址修饰。默认点数为 2 点，可以设置为 0 ~ 12 点。

（7）文件寄存器（R）

文件寄存器是在 CPU 模块内置存储器中使用的寄存器。

（8）扩展文件寄存器（ER）

扩展文件寄存器是在 SD 存储卡中保持的软元件。通过某些应用指令，可以调用扩展文件寄存器的相应功能。

① ERREAD 指令：调用扩展文件寄存器的读取功能。将 SD 存储卡内存储的扩展文件寄存器的当前值，读取至 CPU 内置存储器内的文件寄存器。数据传送源的软元件编号，与数据传送目标的软元件编号相同（读取 ER0 ～ 100 时，存储在 R0 ～ 100 中）。可以从扩展文件寄存器中读取的软元件点数最多为 32768 点。

② ERWRITE 指令：调用扩展文件寄存器的写入（传送）功能。将 CPU 内置存储器中文件寄存器的当前值，写入到 SD 存储卡内的扩展文件寄存器。数据传送源的软元件编号，与数据传送目标的软元件编号相同（写入 R0 ～ 100 时，存储在 ER0 ～ 100 中）。可以向扩展文件寄存器中写入的软元件点数最多为 32768 点。

③ ERINIT 指令：调用扩展文件寄存器的批量初始化功能。将 SD 存储卡内的扩展文件寄存器全部初始化。

3.2.7 模块访问软元件、嵌套、指针

（1）模块访问软元件

模块访问软元件的功能是：对连接在 CPU 模块上的智能功能模块的缓冲存储器进行直接访问，需要访问的地址，通过 U（智能功能模块的编号）、G（缓冲存储器地址）进行指定，例如 U5/G11。

（2）嵌套（N）

嵌套是在主控指令 MC、MCR 中使用的软元件，它作用于嵌套结构，结合控制条件进行编程，以此提高编程的效率。嵌套结构的顺序是从 N0 至 N14。

（3）指针（P）

指针是在跳转指令（CJ）及子程序调用指令（CALL）中使用的软元件。指针可以分为两种类型：

① 全局指针：可以从正在执行的所有程序中调用子程序的指针。

② 标签分配用指针：是分配给标签使用的指针，指针编号由工程工具自动决定，因此用户无法指定要分配的指针编号。

指针有两种用途：一是指定跳转指令的目标和标签；二是指定子程序调用指令的目标和标签（子程序的起始）。

（4）中断指针（I）

中断指针是用于指示某一中断程序入口位置的软元件，可以在正在执行的所有程序中使用，具体内容如表 3-3 所示。

表 3-3 中断指针的类型和编号

中断原因	指针编号	说明
输入中断	I0 ～ I15	在 CPU 模块的输入中断时使用的中断指针，最多可使用 8 点
高速比较一致中断	I16 ～ I23	在 CPU 模块的高速比较一致中断时使用的中断指针
内部定时器的中断	I28 ～ I31	通过内部定时器进行的，在恒定周期中断时使用的中断指针
来自模块的中断	I50 ～ I177	在具备中断功能的模块内部使用的中断指针

3.2.8　常数和字符串

常数是在编程中进行数据处理不可或缺的软元件，用字母 K、H 和 E 表示。常数的类型详见第 1 章中的表 1-2。

（1）十进制常数（K）

十进制常数是在程序中，以大写字母"K"指定的十进制数据的软元件，例如 K1234。可用于设置定时器或计数器的设定值，以及应用指令中操作数的数值。设置范围取决于使用十进制常数的指令的自变量数据类型。

（2）十六进制常数（H）

十六进制常数是在程序中，以大写字母"H"指定的十六进制数据的软元件，例如 H1234。它主要用于设置应用指令中的操作数值，它包括 0～9 和 A～F 这 16 个数字。如果以 BCD 指定数据，应在 0～9 的范围内指定十六进制数的各位。指定范围取决于使用十六进制常数的指令的自变量数据类型，16 位常数的范围是 0～FFFF，32 位常数的范围是 0～FFFFFFFF。

（3）实数常数（E）

实数常数是在程序中指定实数的软元件。以大写字母"E"进行指定，例如 E1.234。指定的范围是：

$$-3.40282347^{+38} \sim -1.17549435^{-38}、0、1.17549435^{-38} \sim 3.40282347^{+38}$$

（4）字符串

字符串是指定字符串的软元件，可使用移位 JIS 代码字符串。任何一个字符串都是以 NULL 字符（00H）作为字符串的结尾。

3.3　GX Works3 环境中的编程实例

现在以一个简单的实例——仓库卷闸门自动开闭电路，说明怎样在 GX Works3 编程环境中进行梯形图主程序的编程。

3.3.1　仓库卷闸门控制原理

图 3-8 是仓库卷闸门自动开闭示意图。在仓库门的上方，安装有一个超声波探测开关 S01，当有人员、车辆或其他物体进入超声波发射范围时，S01 便检测出超声回波，从而产生控制信号，这个信号使接触器 KM1 得电吸合，卷闸电动机 M 正向运转，仓库卷闸门升起。

在仓库门的下方，安装有一套光电开关接收器 S02，用于检测物体是否通过仓库门。光电开关包括两个部件：一个是发光器，它安装在门的一侧，用于产生连续的光源；另一个是接收器，它安装在门的另外一侧，用于接收光束，并将其转换成电脉冲。当光束被物体阻断时，接收器检测不到光束，不产生电脉冲信号，此时仓库门保持打开的状态。当物体通过卷闸门之后，接收器检测到了光束，输出电脉冲信号，接触器 KM2 得电吸合，电动机 M 反向运转，仓库门下降并关闭。

图中有两只限位开关，其中一只是 XK1，用于检测仓库门的开门上限，使电动机正转开门停止，另一只是 XK2，用于检测仓库门的关门下限，使电动机反转关门停止。

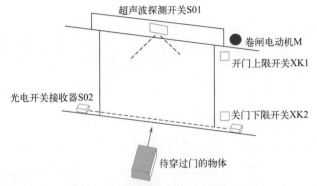

图 3-8　仓库卷闸门自动开闭示意图

3.3.2　I/O 地址分配和 PLC 选型、接线

（1）输入 / 输出元件的 I/O 地址分配

仓库卷闸门自动开闭电路 I/O 地址分配，见表 3-4。

表 3-4　仓库卷闸门自动开闭电路 I/O 地址分配表

I（输入）			O（输出）		
组件代号	组件名称	地址	组件代号	组件名称	地址
S01	超声波探测开关	X0	KM1	正转接触器	Y0
S02	光电开关接收器	X1	KM2	反转接触器	Y1
XK1	开门上限开关	X2	XD1	开门指示	Y2
XK2	关门下限开关	X3	XD2	关门指示	Y3

（2）PLC 的选型

本电路中，输入和输出端子都比较少，可以选用三菱 FX5U-32MT/ES PLC，从表 1-5 可知，它是 AC 电源，DC 24V 漏型·源型输入通用型，工作电源为交流 100 ～ 240V，现在设计为 AC 220V。总点数 32，输入端子 16 个，输出端子 16 个，晶体管漏型输出，负载电源为直流，本例选用 DC 24V。

（3）PLC 接线图

按照上述要求，结合 FX5U-32MT/ES PLC 的接线端子图（图 1-9），设计出卷闸门自动开闭电路的 PLC 接线图，如图 3-9 所示。

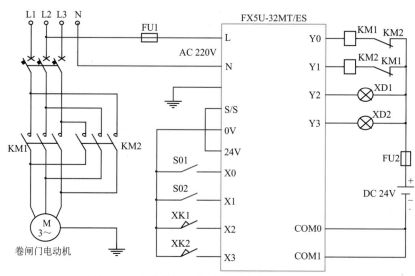

图 3-9　仓库卷闸门自动开闭电路 PLC 接线图

　　KM1与KM2必须互锁，以防止线圈同时得电，造成主回路短路。对于正反转控制电路，仅仅在梯形图程序中设置"软"互锁是不行的，必须在接线中加上"硬"互锁。将 KM2 的辅助常闭触点串联到 KM1 线圈上；将 KM1 的辅助常闭触点串联到 KM2 线圈上。

3.3.3　在编程软件中创建 PLC 新工程

　　双击桌面上的 GX Works3 图标，弹出图 2-8 所示的 GX Works3 编程软件的初始启动界面，执行菜单"工程（P）"→"新建（N）"，弹出图 2-9 所示的"新建"对话框。

　　在"系列（S）"中，选择"FX5CPU"；

　　在"机型（T）"中，选择"FX5U"；

　　在"程序语言（G）"中，选择"梯形图"或其他语言。

　　点击图 2-9 中的"确定"按钮之后，弹出图 2-10 所示的 GX Works3 梯形图编程主界面，就可以进行梯形图的编程。

3.3.4　为软元件添加注释

　　在梯形图中，软元件如果没有添加注释，读图就比较困难，读懂复杂的梯形图更不容易。注释就是为软元件添加一个名称，通过这个名称对它的功能进行解释，有了注释之后，就容易读懂梯形图，所以添加注释是很有必要的。

　　在图 2-18 中，点击 GX Works3 的导航窗口中的"软元件"→"软元件注释"→"通用软元件注释"，弹出图 2-21 所示的软元件注释表。这个注释表是在新建工程时自动生成的，从中可以添加各种软元件的注释。

　　另外一种方法是：在梯形图中，选中需要添加注释的软元件，再单击右键，在弹出的菜单中，依次点击"编辑"→"创建文档"→"软元件 / 标签注释编辑"，也可以为这个元件添加注释。

在本例中，要用到两种软元件，一是输入继电器 X，二是输出继电器 Y。

（1）输入继电器的注释

在图 2-21 左上角的“软元件名”中，写入“X0”，并点击“显示”，则显示输入继电器 X0 ～ X1777 的列表，可依次为各个输入元件添加注释。现在为 X0 加上注释“超声波探测开关”；为 X1 加上注释“光电开关接收器”；为 X2 加上注释“开门上限开关”；为 X3 加上注释“关门下限开关”。如图 3-10 所示。

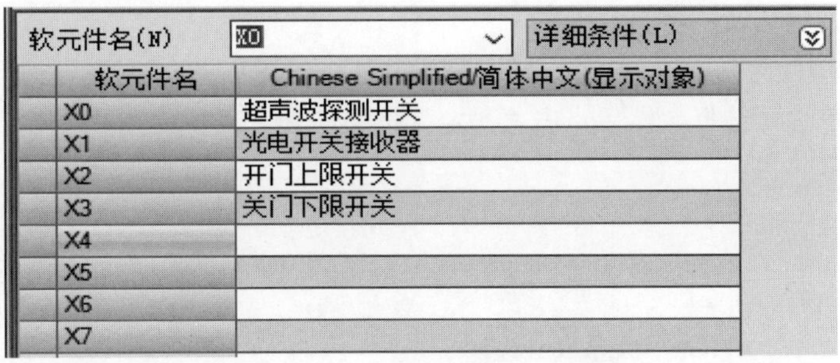
软元件名(N) X0 详细条件(L)

软元件名	Chinese Simplified/简体中文(显示对象)
X0	超声波探测开关
X1	光电开关接收器
X2	开门上限开关
X3	关门下限开关
X4	
X5	
X6	
X7	

图 3-10　输入继电器 X 的注释

（2）输出继电器的注释

接着，按照同样的方法，在左上角“软元件名”中，写入“Y0”，并点击“显示”，则显示输出继电器 Y0 ～ Y1777 的列表。现在为 Y0 加上注释“正转接触器”；为 Y1 加上注释“反转接触器”；为 Y2 加上注释“开门指示”；为 Y3 加上注释“关门指示”。如图 3-11 所示。

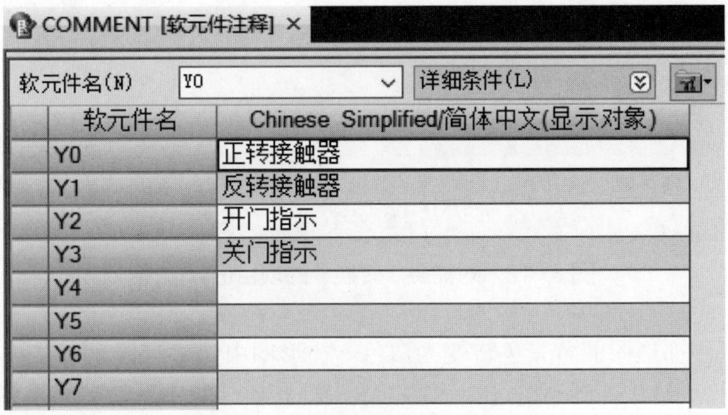
COMMENT [软元件注释] ×

软元件名(N) Y0 详细条件(L)

软元件名	Chinese Simplified/简体中文(显示对象)
Y0	正转接触器
Y1	反转接触器
Y2	开门指示
Y3	关门指示
Y4	
Y5	
Y6	
Y7	

图 3-11　输出继电器 Y 的注释

其他各种软元件，都可以采用这种方法添加注释。

3.3.5　梯形图的编程和转换

（1）梯形图的编程

为编程元件加上注释后，点击图 2-18 导航窗口中的“程序”→“扫描”→“MAIN”→

"ProgPou"→"程序本体"，回到图 2-10 的 GX Works3 梯形图编程主界面，就可以在操作编辑区中添加各种编程指令、软元件，正式进入编程。

在梯形图编程界面中，左侧母线、右侧母线已经自动添加了，其他元件必须一个一个地添加。在本例中，需要添加输入继电器 X0 ~ X3、输出继电器 Y0 ~ Y3、横向连线、竖向连线，构成仓库卷闸门自动开闭梯形图。

（2）梯形图的转换

完成梯形图的编程之后，梯形图的背景色是浅灰色的，需要进行"转换"，"转换"是对梯形图进行查错的一个过程。如果没有转换，则不能进行某些项目的编程，例如不能显示程序步号，不能进行触点数的更改。

依次点击菜单中的"转换"→"全部转换"→"选项设置"，弹出图 3-12 所示"选项"界面，可以对其中的项目进行选择，然后点击"确定"按钮。

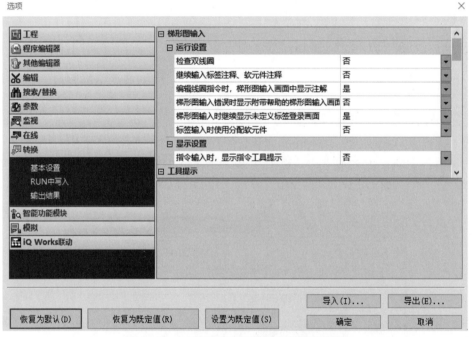

图 3-12　对需要"转换"的项目进行选择

"转换"之后，梯形图的背景色转变为白色。梯形图中如果有错误，在转换时出错区将保持灰色，需要进行改错，否则不能进行转换。本工程转换后的梯形图如图 3-13 所示。

（3）梯形图控制原理

在图 3-8 中，当超声波开关检测到某一物体时，输入继电器 X0 接通，正转接触器 Y0 得电吸合，其常开触点闭合自锁，电动机正转，仓库卷闸门上升，让物体通过。开门上限开关 X2 原来的状态是常开触点断开，常闭触点闭合。卷闸门上升到位时，X2 的状态转换，常开触点闭合，常闭触点断开，Y0 失电，电动机正转停止。

当物体进入卷闸门时，光电开关发射器发出的光源被物体遮断，接收器不能接收光源，X1 没有信号。物体通过卷闸门后，接收器接收到光信号，X1 输出上升沿脉冲，反转接触器

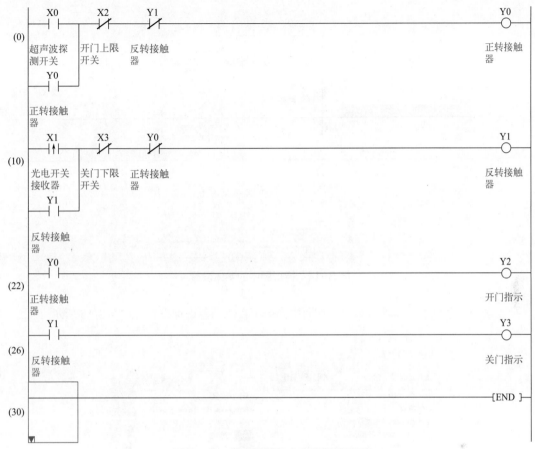

图 3-13　仓库卷闸门自动开闭梯形图

Y1 得电吸合，其常开触点闭合自锁，电动机反转，仓库卷闸门下降后关闭。关门下限开关 X3 原来的状态是常开触点断开，常闭触点闭合。卷闸门下降到位时，X3 的状态转换，常开触点闭合，常闭触点断开，Y1 失电，电动机反转停止。

　　Y2 是开门指示灯，Y3 是关门指示灯。

　　图 3-13 的控制原理，与图 3-8 的要求完全吻合。

3.4　梯形图编程的其他问题

3.4.1　梯形图的个性化设计

　　在梯形图编程界面中，打开"视图"菜单，执行某些子菜单的功能，或者在工具栏中点击某些工具按钮，可以根据自己的喜好，对梯形图编程界面进行个性化设计。

　　① 点击子菜单"颜色及字体"，可以对梯形图中的字体、大小进行设置，如图 3-14 所示。其中的字体一般选择"宋体"，字形一般选择"常规"，大小可以选择四号～五号。字符集采用"中文 GB2312"。

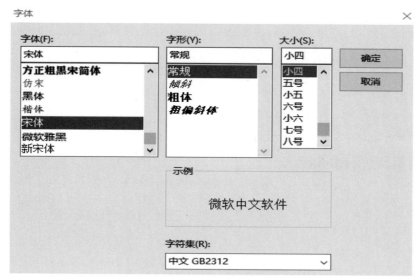

图 3-14　梯形图中的字体设置

在这个子菜单中，还可以对编程界面中多个项目的颜色进行设置，如图 3-15 所示。

图 3-15　编程界面中颜色的设置

② 点击工具栏中的任何一个按钮，都可以打开或关闭各种工具条。这样可以把暂时不需要使用的工具条关闭。

③ 点击子菜单"放大 / 缩小"，或者点击"程序通用"工具条中的"缩放"按钮，就可以调整梯形图界面的大小，默认的选项是"自动倍率"。在一般情况下，选用 100% 的倍率比较合适。

④ 点击子菜单"注释显示"，可以使梯形图中显示出元件的注释，或者不显示注释（将元件的注释隐藏起来）。

⑤ 点击子菜单"栅格显示"，可以使梯形图编程界面中显示栅格，或者隐藏栅格。

⑥ 点击子菜单"软元件注释显示格式"，会弹出图 3-16 所示的画面，对显示格式的多个项目进行设置。

图 3-16　软元件注释显示格式的设置

a. 对"注释显示"所占用的行数和字符数进行设置。在"注释显示"中，文字的行数可以在 1 ～ 4 行之间选择。占用行数越少，梯形图越紧凑。但是如果选择 1 行，注释显示可能不完整。字符数可以在 5、8、单元格宽度这 3 个选项中进行选择。

b. 对"梯形图的显示触点数"进行设置。这项设置需要在梯形图转换之后进行，可以使梯形图每一行所显示的触点数在 9 ～ 45 之间进行选择。

c. 对"触点显示宽度"进行设置，设置范围是 1 ～ 4。

3.4.2　用标签进行梯形图的编程

编程软件 GX Works3 还有一个亮点，就是可以通过标签进行编程，类似于西门子 S7-1200 PLC 中的符号地址编程。在使用范围上，标签可以分为局部标签和全局标签。局部标签只能在某一个程序段内使用，在不同的程序段中，可以建立名称相同的标签，不会互相影响。而全局标签可以在同一工程之下所有的程序段内使用。

用局部标签和全局标签对梯形图、语句表、时序图进行编程，可以方便记忆，不需要查看注释。

在三菱的结构化工程中，每建立一个程序段，就会自动地生成一个相应的局部标签文件。

这里仍以本章 3.3 节的仓库卷闸门控制装置为例，说明用标签进行梯形图编程的一些具体方法。

首先对标签名进行列表。在导航栏中，每一个程序段下面都带有"局部标签"。依次点击"程序"→"扫描"→"MAIN"→"ProgPou"→"局部标签"，弹出局部标签设置图表，如图 3-17 所示。

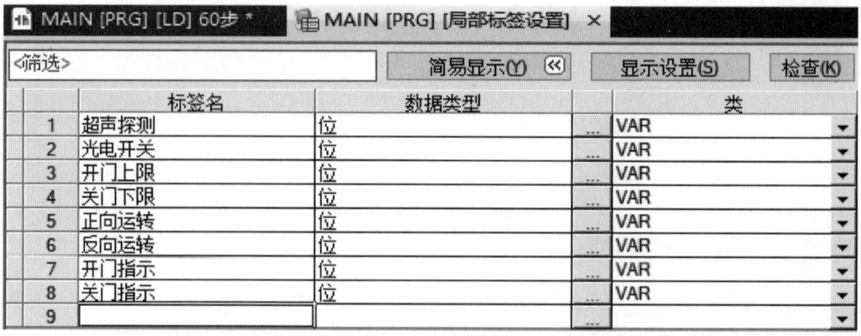

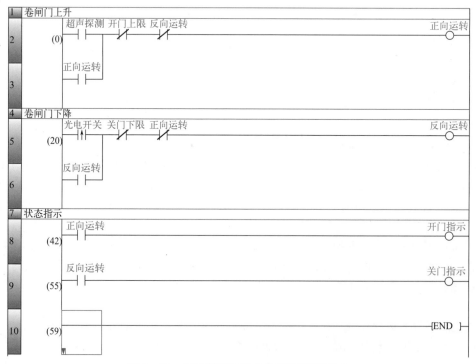

图 3-17　仓库卷闸门控制装置的标签名列表

表中最左边一列是"标签名"，可以任意编写，FX5U 支持写中文，但要注意不要写一些 PLC 保留字，比如 bit、int、word 等。

标签名右边的一列是"数据类型"，可以是位、字、双字、单精度实数、时间、字符串、指针、定时器、计数器等。

"数据类型"右边的一列是"类"，其中包括：

① VAR：中间变量，可以在任意时刻进行判断和赋值；

② VAR_CONSTANT：常数变量，设定常数后不能被程序赋值；

③ VAR_RETAIN：保持变量，它比 VAR 多一个掉电数据保持功能。

现在将图3-13中的输入元件X0～X3、输出元件Y0～Y3分别用标签表示，写入到图3-17 中，注意不要把数据类型弄错。

接着，根据表中的标签名，就可以进行梯形图的编程，如图 3-18 所示。

图 3-18　用标签编程的仓库卷闸门梯形图

从图中可知，使用标签进行编程时，编程指令中所显示的不是软元件的具体地址，而是文字标签。而标签所表示的内容，是编程工程师定义的，在连接外部的输入、输出元件时，还需要将标签与软元件的地址对应起来，也就是需要分配软元件的地址。

在局部标签中，不能分配软元件的地址。而全局标签中，具有分配软元件地址的功能。如果需要同时使用软元件和标签，就应当使用全局标签。

在导航栏中，依次点击"标签"→"全局标签"→"Global"，就会弹出设置图表。

为仓库卷闸门中的软元件所设置的全局标签，如图 3-19 所示，在其中分配了软元件的输入和输出地址。

	标签名	数据类型		类		分配(软元件/标签)
1	超声探测	位	...	VAR_GLOBAL	▼	X0
2	光电开关	位	...	VAR_GLOBAL	▼	X1
3	开门上限	位	...	VAR_GLOBAL	▼	X2
4	关门下限	位	...	VAR_GLOBAL	▼	X3
5	正向运转	位	...	VAR_GLOBAL	▼	Y0
6	反向运转	位	...	VAR_GLOBAL	▼	Y1
7	开门指示	位	...	VAR_GLOBAL	▼	Y2
8	关门指示	位	...	VAR_GLOBAL	▼	Y3
9			...		▼	

图 3-19 仓库卷闸门中的全局标签（分配了软元件的地址）

分配软元件地址后，执行菜单"视图"→"软元件显示"，在梯形图中就可以同时显示软元件和标签，如图 3-20 所示。

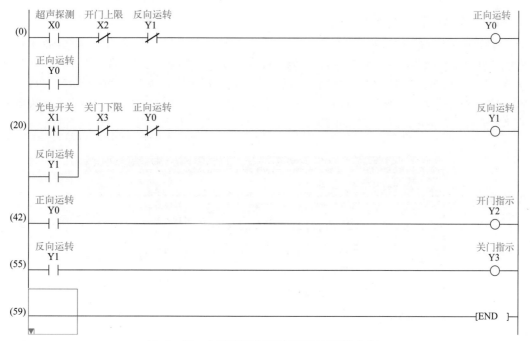

图 3-20 在梯形图中同时显示软元件和标签

从这个程序来看，好像标签没有起到任何便利的作用，反而多此一举。这是因为这个程序太简单，还不能体现出标签的便捷。如果在大型工程中使用，就可以提高编程的效率。

3.4.3 搜索和替换

（1）软元件/标签指令的搜索和替换

在实际编程过程中，经常需要对软元件/标签、指令、字符串等进行替换。点击菜单中的"搜索/替换"，就可以进行有关的操作。

例如，需要将某个梯形图中的输入继电器 X0 全部更换为 X5。点击菜单中的"搜索/替换"→"软元件/标签替换"，弹出图 3-21 所示的界面。在"搜索软元件/标签"右边的方框中，输入"X0"；在"替换软元件/标签"右边的方框中，输入"X5"。然后点击"全部替换"按钮，就可以将 X0 全部更换为 X5。

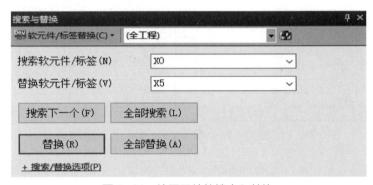

图 3-21　编程元件的搜索和替换

（2）软元件/标签的批量替换

有时需要进行批量替换。例如在图 3-13 中，需要将 X0 全部更换为 X10、X1 全部更换为 X11、Y0 全部更换为 Y10、Y1 全部更换为 Y11。点击菜单中的"搜索/替换"→"软元件批量替换"，弹出图 3-22 所示的"搜索与替换"表。在"搜索软元件"一列中，输入 X0、X1、Y0、Y1；在"替换软元件"一列中，对应地输入 X10、X11、Y10、Y11。然后点击图表底部的"全部替换"按钮，就可以完成替换。

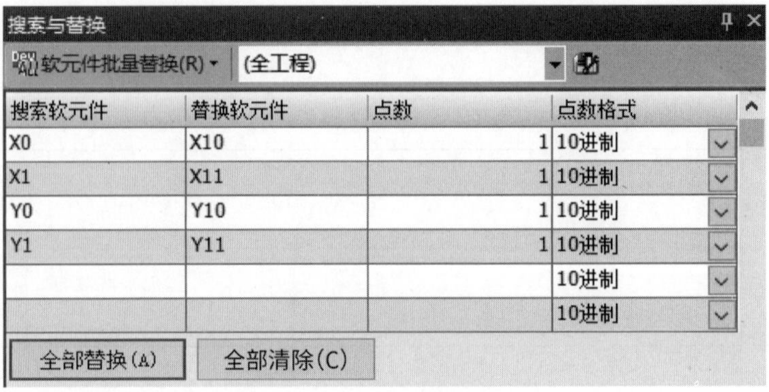

搜索与替换

软元件批量替换(R) ▾	(全工程)			
搜索软元件	替换软元件	点数	点数格式	
X0	X10	1	10进制	∨
X1	X11	1	10进制	∨
Y0	Y10	1	10进制	∨
Y1	Y11	1	10进制	∨
			10进制	
			10进制	∨

全部替换(A)　　全部清除(C)

图 3-22　软元件的批量替换

3.4.4 设计文件的保存、查找、打印

（1）文件的保存

在保存文件之前，先在电脑的某一磁盘驱动器（例如 D 盘）中创建一个新的文件夹，可以将它命名为"FX5U 设计文件"。

点击菜单栏中的"工程"→"保存"，或点击图 2-12 标准工具条中的"保存"按钮，弹出图 3-23 所示的"工程另存为"画面，在保存路径中找到 D 盘下面的"FX5U 设计文件"，在"文件名"中，将这项设计命名为"仓库卷闸门自动开闭电路"。再点击图中的"保存"按钮，这个设计文件便自动保存到 D 盘下面的"FX5U 设计文件"中。

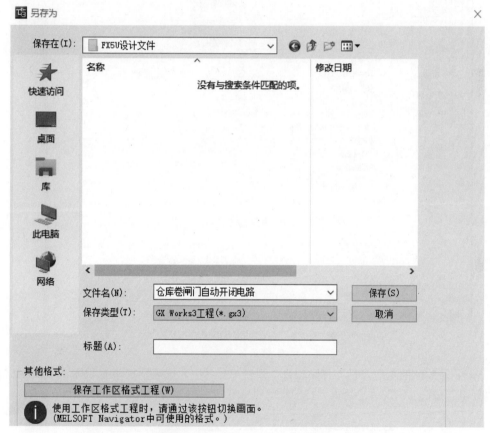

图 3-23 设计文件的命名和保存

（2）文件的查找

在保存文件的磁盘驱动器中，打开这个文件夹，就能找到这个文件。可以再进行查看、编辑、修改、打印，或下载到 PLC 中进行实际运行。

再次打开图 2-10 所示的梯形图编程主界面后，如果没有看到原来编制的梯形图，可以点击导航窗口中的"程序"→"扫描"→"MAIN"→"ProgPou"→"程序本体"，将梯形图显示在编程界面中。

（3）文件的打印

在实施工程项目的过程中，有时需要对 FX5U 的设计文件进行打印，以便于存档和管理，操作步骤如下：

① 点击菜单"工程"→"打印"，或点击图 2-12 标准工具条中的"打印"按钮，出现图 3-24 所示的"打印"界面，从中进行打印项目和内容的设置；

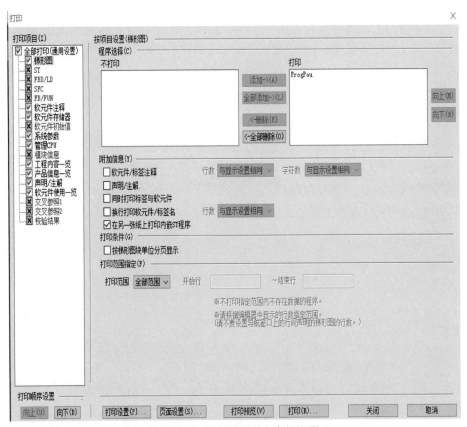

图 3-24　打印项目和内容的设置

② 在图 3-24 的左边，是"打印项目"列表，在其中勾选需要打印的项目，然后点击底部的"打印"按钮，出现"是否执行打印"的对话框，如图 3-25 所示；

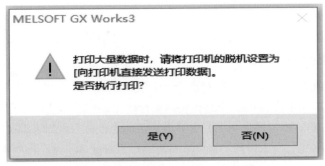

图 3-25　"是否执行打印"的对话框

③ 点击图中的"是",出现另一外打印对话框,在其中可以对打印方法、打印范围等项目进行设置,如图 3-26 所示;

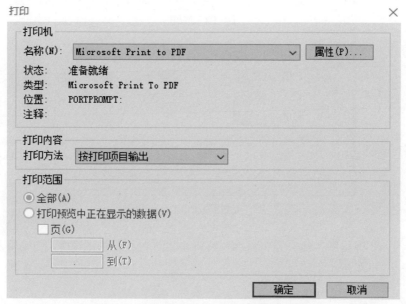

图 3-26　对打印方法、打印范围等进行设置

④ 点击图中的"确定"按钮,就可以进行打印;

⑤ 打印完毕后,一般需要对打印的文件进行命名和保存。

3.5　GX Works3 编程环境中的模拟调试

当 PLC 和程序编制完毕后,需要进行调试,检查程序是否符合实际工程的控制要求。依照传统的方法,必须将 PLC 机器连接到输入元件、输出元件、工作电源、输出电源,然后通过编程电缆,把程序下载到 PLC 机器中,才能进行调试和检验。这样调试比较麻烦,要把所有的设备都准备好,如果程序中出错,还可能造成事故。

在 GX Works3 编程软件中,Ver.1.025B 以上的版本带有模拟调试软件"GX Simulator3",它具有模拟仿真功能,可以将编写好的程序在虚拟的 FX5U PLC 中运行,以便对所设计的程序进行模拟调试,而不需要连接实际的 PLC。万一程序中存在错误,出现异常的输出信号,也能够保证安全。

现在,以图 3-13 所示的"仓库卷闸门自动开闭梯形图"程序为例,在 GX Works3 编程环境中进行模拟调试,具体操作步骤如下所述。

(1)进入"模拟调试"环境

对编辑完毕的梯形图进行转换后,执行菜单"调试"→"模拟"→"模拟开始",或点击"程序通用"工具条中的"模拟开始"按钮,弹出图 3-27 所示的"GX Simulator3"简图,提示可以进行模拟调试。

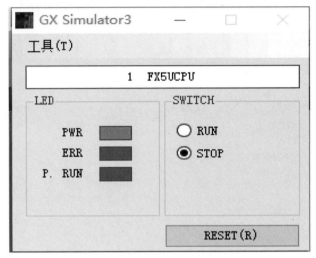

图 3-27　GX Simulator3 的简图

与此同时，还弹出图 3-28 所示的画面，将所编制的 PLC 梯形图程序，自动写入到用于模拟调试的 FX5U PLC 中。

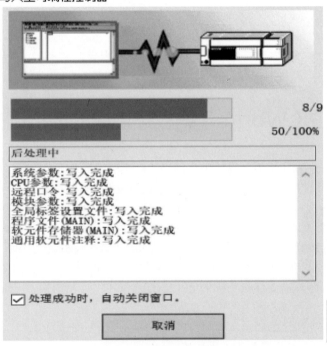

图 3-28　程序自动写入到模拟 PLC 中

"写入"完成后，点击图 3-27 中的最小化按钮，将图 3-27 放入编程计算机的任务栏中，以免影响程序画面。

此时，梯形图进入模拟调试状态，如图 3-29 所示。原来已经闭合的触点、已经得电的输出线圈，都是深蓝色，而没有闭合的触点和没有得电的输出线圈，都保持原来的白色。从图中可以看到，X2、X3、Y0、Y1 的常闭触点都是深蓝色，表示它们处于闭合状态；而其他触点和输出线圈 Y0 ~ Y3 都没有得电，保持原来的白色。

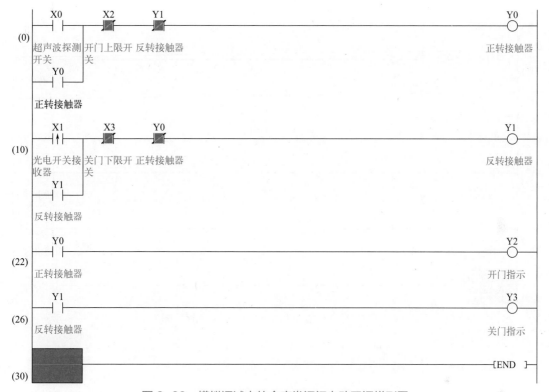

图 3-29　模拟调试中的仓库卷闸门自动开闭梯形图

（2）对软元件强制 ON/OFF，观察程序运行的结果

例如，需要将输入继电器 X0 强制 ON。用鼠标选中图 3-29 中的 X0，再执行菜单中的"调试"→"当前值更改"，X0 便从原来的白色转变为深蓝色，即由断开状态强制为接通状态。

与此同时，梯形图的状态由图 3-29 转变为图 3-30，其中的输出继电器 Y0 亦呈现深蓝色，说明它得电并自锁，同时 Y2 也得电（深蓝色），而 Y1、Y3 均不得电（保持为白色），这与设计要求是吻合的。

用同样的方法，可以将 X1 上升沿脉冲强制 ON，观察 Y1 和 Y3 是否得电，Y0 和 Y2 是否失电。注意：此时 X1 上升沿脉冲不会长时间保持深蓝色，因为它只是在瞬间接通。

在梯形图中，其他软元件都可以用这种方法，强制其"ON"或"OFF"，然后观察程序的变化，该得电的软元件是否都得电了，不该得电的是否不得电，以此检验所设计的程序是否符合要求。

（3）退出模拟调试环境

执行菜单"调试"→"模拟"→"模拟停止"，或执行"程序通用"工具条中的"模拟停止"按钮，就可以退出模拟调试的环境，此时软元件中的深蓝色标记都消失，梯形图恢复到原来的状态。

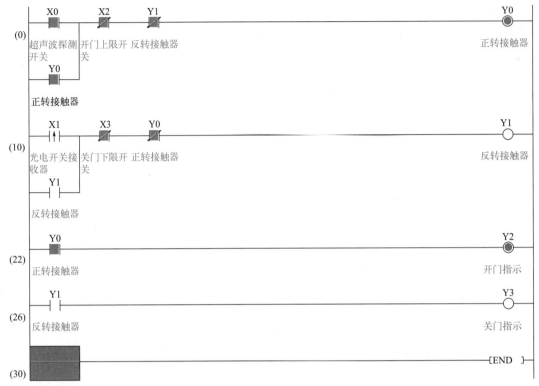

图 3-30　X0 强制 ON 时的模拟调试梯形图

3.6　PLC 程序在运行中的监视

在实际工作中，经常需要对运行中的 PLC 程序进行监视，以检验所编辑的程序有无错误之处，程序是否合乎工艺要求，输入/输出元件之间的逻辑关系是否正确，程序的运行是否正常。当 PLC 出现某些故障时，有时也需要通过监视查找产生故障的具体原因。

在监视状态下，PLC 内部和外部触点闭合，以及线圈得电（即状态为"1"）的元件，以深蓝色显示。而触点没有闭合或线圈没有得电（即状态为"0"）的元件，以白色（即原来的颜色）显示。反过来说，如果某一触点或输出线圈显示为深蓝色，说明触点已经接通或线圈已经得电；如果某一触点或输出线圈显示为白色，说明触点没有接通或线圈没有得电。

图 3-31 是电动机正反转控制梯形图，其功能与第 4.3.3 节的"电动机正反转可逆控制"电路相同。注意，在 PLC 的接线图中，停止按钮 X3、过载保护 X4 都是以常闭触点连接（见图 4-11），所以在图 3-31 中要采用 X3、X4 的常开触点。现在以图 3-31 为例，说明监视的具体方法和步骤。

在监视之前，要做好下列准备工作：

① 通过编程电缆将计算机与 FX5U PLC 连接起来；

② 接通 PLC 的电源，将其运行开关置于"RUN"位置，即让 PLC 程序进行运行；

③ 在编程软件 GX Works3 中，打开左侧的导航窗口，依次点击"程序"→"扫

描"→"MAIN"→"程序本体",打开图 3-31 所示的梯形图界面,为了提高插图的清晰度,此时可以关掉了左边的导航栏,因为它与监视无关;

④ 执行菜单"在线"→"监视"→"监视模式"(或"监视开始")。

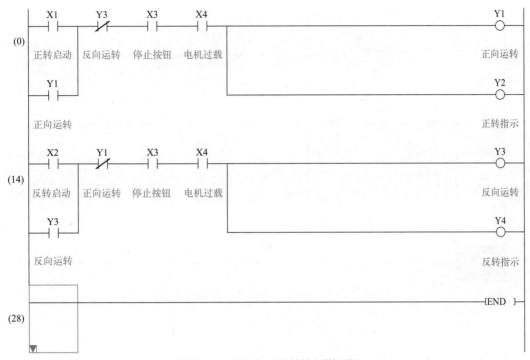

图 3-31　电动机正反转控制梯形图

3.6.1　对整个梯形图进行监视

① 未按下启动按钮 X1、X2 时的监视画面。此时的画面如图 3-32 所示。

从图 3-32 中可以看到,X3(停止按钮)、X4(热继电器常闭触点)呈现深蓝色,说明这两个元件的触点平时是接通的。而 X1、X2 的常开触点呈现白色,说明这两个启动按钮都没有接通。此时 Y1 ～ Y4 的线圈也是白色,说明这 4 个线圈都没有得电,电动机既不能正向运转,也不能反向运转。由于 Y1 的线圈没有得电,其常闭触点接通(呈现深蓝色),允许电动机反向运转;由于 Y3 的线圈没有得电,其常闭触点接通(呈现深蓝色),允许电动机正向运转。

② 按下"正转启动"按钮 X1 瞬间的监视画面。此时的监视画面如图 3-33 所示。

从图 3-33 中可以看到,X1 的常开触点呈现深蓝色,说明正转启动按钮已经按下,其常开触点已经接通。此时 Y1 和 Y2 的线圈也是深蓝色,说明这两个线圈已经得电,电动机正向运转。由于 Y1 的线圈得电,Y1 的常开触点(呈现深蓝色)接通进行自保,Y1 的常闭触点(呈现白色)断开,对 Y3(反向运转)进行联锁,使 Y3 不能得电。

③ 松开 X1 后的监视画面。松开"正转启动"按钮 X1 后,图 3-33 中的 X1 的常开触点会恢复为白色。但是,由于 Y1 的常开触点已经接通,具有"自保"功能,Y1 的线圈仍然是深蓝色,线圈仍然得电,电动机保持正向运转。所以除了 X1 的常开触点变为白色之外,其余部

分的监视画面仍然如图 3-33 所示。

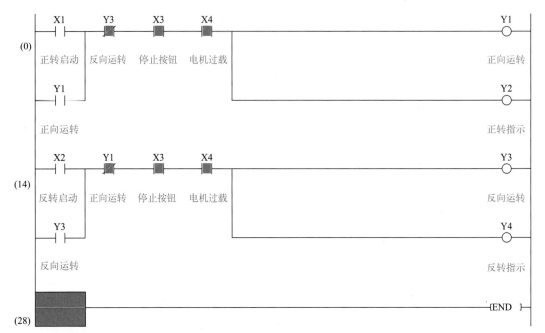

图 3-32　未按下启动按钮时的监视画面

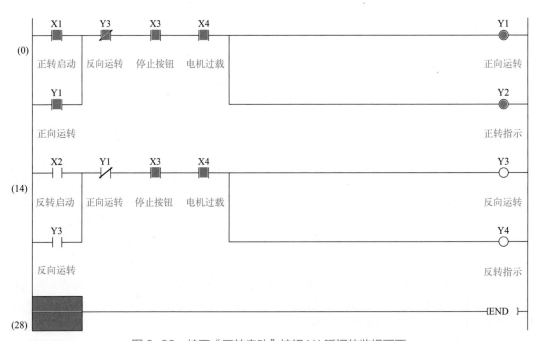

图 3-33　按下"正转启动"按钮 X1 瞬间的监视画面

④ 按下"停止"按钮 X3 之后的监视画面。此时正向运转停止，画面与图 3-32 相同。

⑤ 按下"反转启动"按钮 X2 瞬间的监视画面。此时的监视画面如图 3-34 所示。

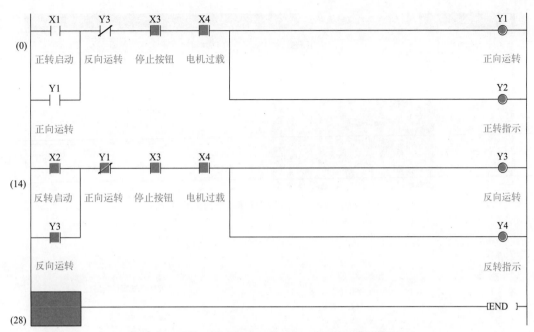

图 3-34 按下"反转启动"按钮 X2 瞬间的监视画面

从图 3-34 中可以看到，X2 的常开触点呈现深蓝色，说明"反转启动"按钮已经按下，其常开触点已经接通。此时 Y3 和 Y4 的线圈也是深蓝色，说明这两个线圈已经得电，电动机反向运转。由于 Y3 的线圈得电，Y3 的常开触点（呈现深蓝色）接通进行自锁，Y3 的常闭触点（呈现白色）断开，对 Y1（正向运转）进行联锁，使 Y1 不能得电。

⑥ 松开 X2 后的监视画面。松开"反转启动"按钮后，图 3-34 中 X2 的常开触点会恢复为白色。但是，由于 Y3 的常开触点已经接通，具有"自锁"功能，Y3 的线圈仍然是深蓝色，线圈仍然得电，电动机保持反向运转。所以除了 X2 的常开触点变为白色之外，其余部分的监视画面仍然如图 3-34 所示。

⑦ 按下"停止"按钮 X3 之后的监视画面。此时反向运转停止，画面与图 3-32 相同。

从以上的监视画面可知，在采用监视功能后，哪些元件的状态为"0"，哪些元件的状态为"1"，一目了然地展现在梯形图画面中。

3.6.2 对指定元件的状态进行监视

在 GX Works3 编程软件中，通过"监视"功能，可以检验各个元件的状态是否与控制要求完全相符。

例如，在图 3-31 中，X1 控制输出继电器 Y1 和 Y2，X2 控制输出继电器 Y3 和 Y4。停止按钮 X3 和电机过载 X4 平时都处于接通状态。通过编程软件的"监视"功能，可以验证这些元件的工作状态是否正确。

① 执行菜单栏中的"在线"→"监视"→"软元件 / 缓冲存储器批量监视"，弹出图 3-35 所示的画面。此时画面中的所有栏目都是空白的。

② 点击图中的"打开显示格式"按钮，弹出显示格式的选择界面，如图 3-36 所示。在这里对显示格式进行设置。对于图 3-31 所示的梯形图程序，将"显示单位格式"设置为"位"，"数据显示格式"设置为"16 位整数［有符号］（1）"，其他选项采用默认值。

图 3-35　软元件 / 缓冲存储器批量监视画面

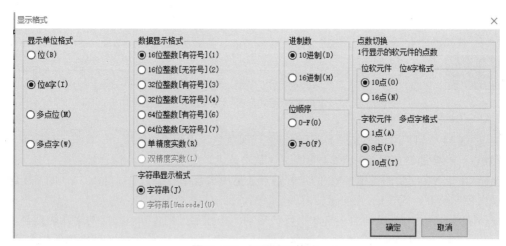

图 3-36　设置显示格式

③ 在图 3-35 的"软元件名"中，键入"X0"。

④ 按下"启动按钮"X1 不要松开，同时点击最右边的"监视开始"按钮，就开始对数字量的输入 X 进行批量监视（从 X0 ～ X1777），如图 3-37 所示。

图 3-37　对数字量的输入 X 进行批量监视

⑤ 从图 3-37 中可以看到，此时 X1、X3、X4 这 3 个元件处于 "1" 状态，蓝色，表示它们接通。而 X2 和其他的 X 元件都处于 "0" 状态，白色，表示没有接通。

⑥ 在 "软元件名" 中键入 "Y1"，对数字量的输出元件 Y 进行批量监视，监视的结果如图 3-38 所示。此时 Y1（正向运转）、Y2（正转指示）都处于得电的状态，而其他的 Y 元件都没有得电。这些 Y 元件的状态都是正确的。

图 3-38　对数字量的输出 Y 进行批量监视

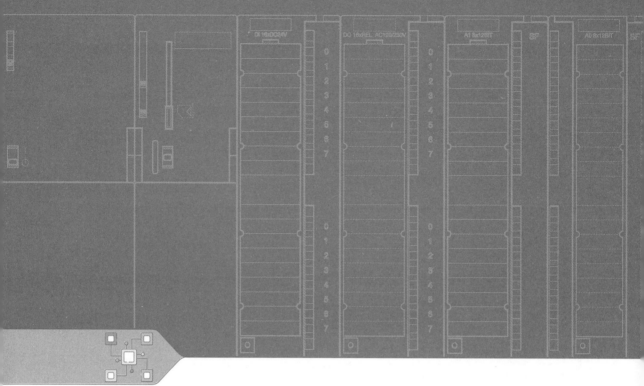

第 4 章
基本指令解析与经典应用实例

FX5U PLC 的指令系统是一个大家族，其中有很多是基本指令，它们是对开关量和二进制位进行逻辑操作的指令。这些指令一般都比较容易理解，本章对其中的一些基本指令进行解析，并列举一些比较经典的工程实例。

触点指令 LD、LDI、AND、ANI、OR、ORI

4.1.1 LD、LDI、AND、ANI、OR、ORI 指令解析

（1）指令的作用

LD、LDI、AND、ANI、OR、ORI 指令如图 4-1 所示。

① LD：常开触点运算开始指令，也就是将常开触点连接到梯形图左侧的母线上，例如图中的 X0。

② LDI：常闭触点运算开始指令，也就是将常闭触点连接到梯形图左侧的母线上，例如图中的 X1。

③ AND：常开触点串联连接指令，例如图中的 X2、X3，也可以将多个常开触点连续地串联。

④ ANI：常闭触点串联连接指令，例如图中的 X4、X5，也可以将多个常闭触点连续地串联。

⑤ OR：常开触点并联连接指令，例如图中的 M2，也可以再将其他的常开触点连续地并联。

⑥ ORI：常闭触点并联连接指令，例如图中的 M3，也可以再将其他的常闭触点连续地并联。

图 4-1　LD、LDI、AND、ANI、OR、ORI 指令

（2）LD、LDI、AND、ANI、OR、ORI 指令使用的软元件

这 6 条指令使用的软元件如表 4-1 所示。

表 4-1　LD、LDI、AND、ANI、OR、ORI 指令使用的软元件

软元件		
位元件	字元件	双字元件
X、Y、M、L、SM、F、B、SB、S	T、ST、C、D、W、SD、SW、R、U □ \G □	LC

4.1.2　经典应用实例——正反转自动循环电路

（1）控制要求和 I/O 地址分配

采用两只交流接触器，对电动机进行正转、反转自动循环控制。电动机的正转限位、反转限位均由行程开关控制。为了安全起见，通常还需要设置正转极限保护、反转极限保护，它们也是由行程开关来执行。

根据上述要求，需要采用按钮、限位开关、热继电器、交流接触器、指示灯等元器件，它们的名称、编号、I/O 地址分配见表 4-2。

表 4-2 自动循环电路 I/O 地址分配

I（输入）			O（输出）		
元件编号	元件名称	地址	元件编号	元件名称	地址
SB1	正转启动按钮	X0	KM1	正转接触器	Y0
SB2	反转启动按钮	X1	XD1	正转运行指示	Y1
SB3	停止按钮	X2	KM2	反转接触器	Y2
KH1	热继电器	X3	XD2	反转运行指示	Y3
SQ1	正转限位开关	X4			
SQ2	反转限位开关	X5			
SQ3	正转极极限保护	X6			
SQ4	反转极极限保护	X7			

（2）PLC 的选型和接线图

在本例中，采用三菱 FX5U-32MR/ES PLC。从表 1-5 可知，它是 AC 电源，DC 24V 漏型·源型输入通用型，工作电源为交流 100 ~ 240V，现在设计为 AC 220V。总点数 32，输入端子 16 个，输出端子 16 个，继电器输出，负载电源采用交流，本例选用通用的 AC 220V。

由行程开关控制的自动循环电路 PLC 接线图，见图 4-2。

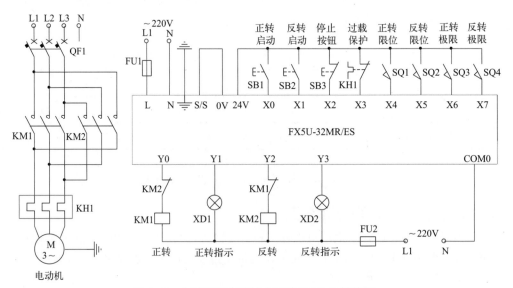

图 4-2 自动循环电路的主回路和 PLC 接线图

（3）PLC 的梯形图编程

梯形图的编程见图 4-3。图中使用了触点指令 LD、LDI、AND、ANI、OR、ORI。

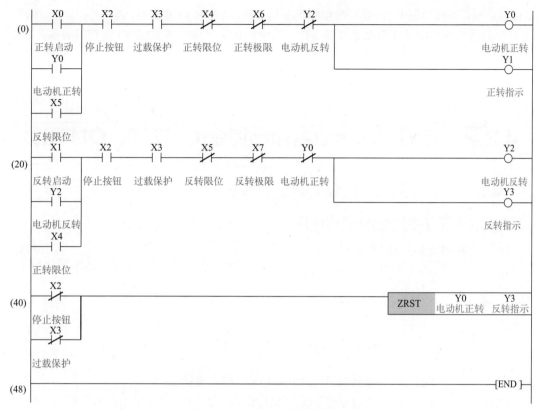

图 4-3 自动循环电路的梯形图

（4）梯形图控制原理

① 按下正转启动按钮 SB1，输入继电器 X0 接通，输出继电器 Y0 线圈得电，接触器 KM1 吸合，电动机正向运转。Y1 线圈也得电，XD1 发出正转指示。

② 电动机正转到达"正转限位"位置时，行程开关 SQ1（X4）接通，其常闭触点断开，Y0 和 Y1 的线圈都失电，电动机正向运转停止。与此同时，X4 的常开触点闭合，Y2 线圈得电，接触器 KM2 吸合，电动机反向运转。Y3 线圈也得电，XD2 发出反转指示。反向运转也可以由按钮 SB2（X1）来启动。

③ 电动机反转到达"反转限位"位置时，行程开关 SQ2（X5）接通，其常闭触点断开，Y2 和 Y3 线圈都失电，电动机反向运转停止。与此同时，X5 的常开触点闭合，Y0 线圈得电，KM1 吸合，电动机再次正向运转。XD1 再次发出正转指示。

④ 安全保护：如果正向运转到达"正转极限"位置，则 SQ3 闭合，X6 接通，Y0 和 Y1 线圈均失电，电动机正向运转停止。如果反向运转到达"反转极限"位置，则 SQ4 闭合，X7 接通，Y2 和 Y3 线圈均失电，电动机反向运转停止。

⑤ 电动机的停止：在图 4-2 中，停止按钮 SB3 以常闭触点连接。在梯形图中，X2 常开触点平时的状态为"1"，不影响电动机的运转。按下停止按钮 SB3，其常闭触点断开，梯形图中 X2 的常开触点状态为"0"，电动机停止运转。

⑥ 过载保护：由热继电器 KH1 执行，其控制触点的连接方式与停止按钮相同，梯形图中 X3 常开触点平时的状态为"1"，不影响电动机的运转。如果电动机过载，则图 4-2 中 KH1 的

常闭触点断开，梯形图中 X3 常开触点的状态为 "0"，Y0 ～ Y3 均失电，电动机停止运转。

⑦ 为了表达 ORI（常闭触点并联连接）指令，在梯形图中将 X2、X3 的常闭触点并联连接。这两个触点平时是断开的。当按下停止按钮时，X2 的常闭触点闭合；当电动机过载时，X3 的常闭触点也闭合。它们都执行区间复位指令 ZRST，使 Y0 ～ Y3 全部复位。

4.2 定时器和计数器输出指令 OUT T、OUT C

4.2.1 定时器输出指令 OUT T 解析

（1）OUT T 指令的格式和作用

OUT T 指令的格式，如图 4-4 所示。

图 4-4 定时器输出指令 OUT T 的格式

在图 4-4 中，（d）是定时器的编号，Value 是定时器的设置值。

OUT T 指令的作用是：当前方的控制信号接通时，（d）中所指定的定时器的线圈将得电，并进行计时，如果到达设定的时限 Value，则定时器的常开触点闭合，常闭触点断开。

（2）OUT T 指令使用的软元件

OUT T 指令的操作数使用的软元件，如表 4-3 所示。

表 4-3 OUT T 指令的操作数使用的软元件

操作数	软元件		常数
	字元件		
（d）	T、ST		—
Value	D、W、SD、SW、R、U □ \G □		K

（3）FX5U 定时器的使用要点

按照功能划分，定时器输出线圈指令一共有 6 条，它们分别是：

① OUT T，低速定时器输出，时间单位是 100ms；

② OUT ST，低速累计定时器输出，时间单位是 100ms；

③ OUTH T，中速定时器输出，时间单位是 10ms；

④ OUTH ST，中速累计定时器输出，时间单位是 10ms；

⑤ OUTHS T，高速定时器输出，时间单位是 1ms；

⑥ OUTHS ST，高速累计定时器输出，时间单位是 1ms。

在本节中，只对低速定时器输出指令 OUT T 进行解析和应用。

4.2.2 计数器输出指令 OUT C 解析

(1) OUT C 指令的格式和作用

OUT C 指令的格式，如图 4-5 所示。

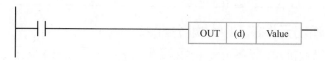

图 4-5 计数器输出指令 OUT C 的格式

图 4-5 的形式与图 4-4 完全一致，但是（d）和 Value 的含义不同。在图 4-4 中，（d）是定时器的编号，Value 是定时器的设置值；而在图 4-5 中，（d）是计数器的编号，Value 是计数器的设置值。

OUT C 指令的作用是：如果前方的控制信号接通，每一个计数脉冲上升沿到来时，原来的计数值加 1。如果当前值达到设定值 Value，便停止计数，此时触点动作，常闭触点断开，常开触点闭合。当复位信号的上升沿到来时，计数器被复位。此时计数器线圈失电，触点恢复到常态，常开触点断开，常闭触点闭合。如果计数脉冲上升沿再次到来，则计数器重新进入计数状态。

FX5U 中常用的计数器是加法计数器。

(2) OUT C 指令使用的软元件

OUT C 指令的操作数使用的软元件，如表 4-4 所示。

表 4-4　OUT C 指令的操作数使用的软元件

操作数	软元件	
	字元件	常数
（d）	C	—
Value	D、W、SD、SW、R、U □ \G □	K

(3) FX5U 计数器的使用要点

按照功能划分，计数器输出线圈指令一共有 2 条，它们分别是：

① 通用计数器输出指令 OUT C，计数值为 16 位，设置范围为 1 ～ 65535；

② 超长计数器输出指令 OUT LC，计数值为 32 位，设置范围为 1 ～ 4294967295。

在本节中，只对通用计数器输出指令 OUT C 进行解析和应用。

通用计数器和超长计数器均为 1024 点，编号按十进制分配。在 CPU 内置存储容量的范围之内，可以通过参数进行变更。

计数器的设定值可以采用 CPU 内存中的常数 K，也可以通过数据寄存器 D、文件寄存器 R 进行设置。多数计数器具有断电记忆功能，在计数过程中如果系统断电，当前值一般可以自动保存下来，通电后系统重新运行时，计数器延续断电之前的数值继续计数，也有一部分计数器没有断电记忆功能。

计数器的线圈一般只能使用一次，但触点的使用次数没有限制。

4.2.3　经典应用实例1——两台设备间隔启动电路

控制要求：按下启动按钮，定时器 T1 通电延时，到达设定的时间（5s）后，设备 A 启动。与此同时，定时器 T2 的线圈通电延时，到达设定的时间（10s）后，设备 B 启动。

按下停止按钮，设备 A 和设备 B 同时停止。

（1）输入 / 输出元件的 I/O 地址分配

输入元件是启动按钮 SB1、停止按钮 SB2。输出元件是接触器 KM1、KM2。两只定时器都是 PLC 内部的继电器，不需要输出端子。元件的 I/O 地址分配如表 4-5 所示。

表 4-5　两台设备间隔定时启动电路 I/O 地址分配

I（输入）			O（输出）		
元件代号	元件名称	地址	元件代号	元件名称	地址
SB1	启动按钮	X1	KM1	接触器	Y1
SB2	停止按钮	X2	KM2	接触器	Y2

（2）PLC 梯形图的编程

两台设备间隔启动电路的 PLC 梯形图见图 4-6。图中的定时器编号是 T1 和 T2，其时钟脉冲都是 100ms（即 0.1s），因此两只定时器的设定值分别为 50 和 100。

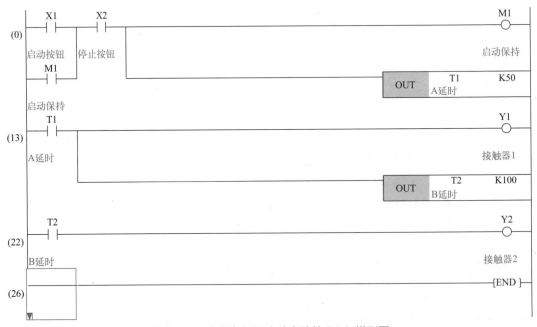

图 4-6　两台设备间隔启动电路的 PLC 梯形图

（3）梯形图控制原理

① 按下启动按钮 SB1，X1 接通，M1 线圈得电并自锁。与此同时，定时器 T1 线圈得电，开始延时 5s。

② 5s 后，T1 定时时间到，其延时闭合的常开触点接通，输出单元中 Y1 线圈得电，接触器 KM1 吸合。与此同时，定时器 T2 线圈得电，开始延时 10s。

③ 10s 后，T2 定时时间到，其延时闭合的常开触点接通，输出单元中 Y2 线圈得电，接触器 KM2 吸合。

④ 按下停止按钮 SB2，X2 断开，T1、T2、Y1、Y2 的线圈均失电，KM1 和 KM2 释放。请注意，停止按钮 SB2 与 PLC 的输入端连接时，要以常闭触点接入，使梯形图中的 X2 平时处于闭合状态。

4.2.4　经典应用实例 2——120min 长延时电路

控制要求：在 FX5U 的定时器中，最长的定时时间为 3276.7s，而 120min 等于 7200s，单独一个定时器无法实现，但是可以采用多个定时器进行组合，一级一级地进行接续延时。

（1）输入 / 输出元件的 I/O 地址分配

输入元件是启动按钮 SB1、停止按钮 SB2。输出元件是接触器 KM1。3 只定时器都是 PLC 内部的继电器，不需要输出端子。I/O 地址分配见表 4-6。

表 4-6　120min 长延时电路 I/O 地址分配

I（输入）			O（输出）		
元件代号	元件名称	地址	元件代号	元件名称	地址
SB1	启动按钮	X1	KM1	接触器	Y1
SB2	停止按钮	X2			

（2）PLC 梯形图的编程

在图 4-7 中，采用 3 个定时器（T1、T2、T3）组合，实现 120min 的长延时。3 个定时器的时间分别设置为 3000s、3000s、1200s。

图 4-7

图 4-7　三个定时器组合的 120min 长延时电路梯形图

（3）梯形图控制原理

① 按下启动按钮 SB1，T1 定时器线圈得电，开始延时 3000s。

② 到达 3000s 时，T1 延时闭合的常开触点接通，T2 线圈得电，再延时 3000s。

③ 到达 6000s（从 SB1 接通时算起）时，T2 延时闭合的常开触点接通，T3 线圈得电，进行 1200s 的延时。

④ 到达 7200s（从 SB1 接通时算起）时，T3 延时闭合的常开触点接通，输出继电器 Y1 线圈得电。

⑤ 在运行过程中，可以按下停止按钮 SB2，使延时停止，Y1 线圈不得电。

4.2.5　经典应用实例 3——定时器与计数器联合电路

控制要求：将一个定时器和一个计数器组合，构成 5000s 长延时电路。

（1）输入 / 输出元件的 I/O 地址分配

输入元件是启动按钮 SB1、停止按钮 SB2。输出元件是接触器 KM1。定时器和计数器都是 PLC 内部的继电器，不需要输出端子。I/O 地址分配见表 4-7。

表 4-7　定时器与计数器联合的延时电路 I/O 地址分配

I（输入）			O（输出）		
元件代号	元件名称	地址	元件代号	元件名称	地址
SB1	启动按钮	X1	KM1	接触器	Y1
SB2	停止按钮	X2			

（2）PLC 的梯形图的编程

定时器和计数器组合的 5000s 长延时电路梯形图见图 4-8。

（3）梯形图控制原理

① T1 是一个设定值为 100s 的自复位定时器。它与计数器 C1 联合后，形成倍乘定时器。

② 按下启动按钮 SB1 后，内部继电器 M1 线圈得电并自锁，T1 的线圈得电开始延时，到达 100s 时，T1 延时闭合的常开触点接通，送出第一个脉冲。

③ 当 T1 延时闭合的常开触点接通时，其延时断开的常闭触点也断开，T1 线圈失电，使

脉冲消失。

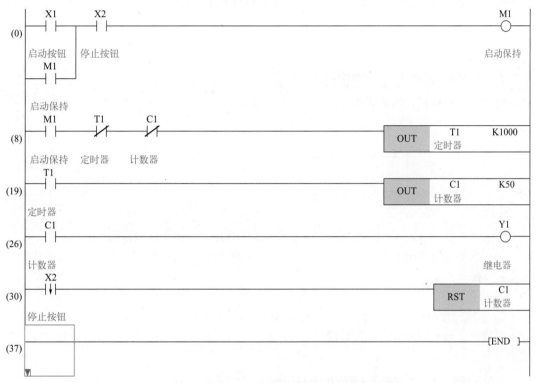

图 4-8　定时器与计数器联合的延时电路梯形图

④ T1 线圈失电后，其延时断开的常闭触点又恢复到接通状态，T1 线圈再次得电延时，100s 之后，送出第二个脉冲。如此反复循环，连续不断地送出计数脉冲。

⑤ 计数器 C1 对 T1 送出的脉冲进行计数，当计数值达到设定值 50 后，C1 的线圈得电，其常开触点闭合，使输出继电器 Y1 线圈得电。总体延时时间：

$$T_z = (\Delta t + t_1) \times 50$$

式中，Δt 为脉冲持续时间；t_1 为定时器设定时间（100s）。由于脉冲持续时间很短，可以忽略不计，因此

$$T_z \approx t_1 \times 50 = 100s \times 50 = 5000s$$

⑥ 电路功能检查：按下启动按钮 SB1，5000s 后，Y1 线圈得电，其指示灯亮。再按停止按钮 SB2，Y1 线圈失电，其指示灯熄灭。

注意

停止按钮 SB2（X2）与 PLC 的输入端连接时，要以常闭触点接入。此外，用停止按钮对计数器 C1 进行复位时，要按图 4-8 所示，使用 X2 的下降沿。如果使用 X2 的常开触点，则 C1 始终处于复位状态，不能进行计数，无法实现控制功能。

4.3 置位指令 SET 和复位指令 RST

4.3.1 置位指令 SET 解析

（1）置位指令 SET 的格式和作用

SET 指令的格式，如图 4-9 所示。

图 4-9 置位指令 SET 的格式

在图 4-9 中，（d）是被设置为置位状态的位软元件编号，或字软元件的位编号。

置位指令 SET 的作用是：当前方的控制信号接通时，将（d）所指定的位软元件的线圈和触点置位。

① 位软元件：将线圈、触点置位为 ON；

② 字软元件的位指定：对指定的位进行置位（置为"1"）。

在置位之后，即使前方的控制信号断开，(d)所指定的软元件也仍然保持置位（ON 或"1"）状态。

（2）置位指令 SET 使用的软元件

SET 指令的操作数使用的软元件，如表 4-8 所示。

表 4-8 置位指令 SET 使用的软元件

操作数	软元件	
	位元件	字元件
（d）	X、Y、M、L、SM、F、B、SB、S	D、W、SD、SW、R

4.3.2 复位指令 RST 解析

（1）复位指令 RST 的格式和作用

复位指令 RST 的格式，如图 4-10 所示。

图 4-10 复位指令 RST 的格式

在图 4-10 中，（d）是被设置为复位（OFF）状态的位软元件编号，或字软元件的位编号。

复位指令 RST 的作用是：当前方的控制信号接通时，将（d）所指定的软元件复位。

① 位软元件：将线圈、触点复位为 OFF；

② 定时器、计数器：将输出线圈 OFF，将常闭触点闭合，将常开触点断开；

③ 字软元件的位指定：将指定的位复位为"0"；

④ 字软元件、模块访问软元件、变址寄存器：将内容复位为"0"。

在复位之后，即使前方的控制信号断开，（d）所指定的软元件也仍然保持复位（OFF 或 "0"）状态。

注意

> RST 指令不能将报警器复位。

（2）RST 指令使用的软元件

RST 指令的操作数使用的软元件，如表 4-9 所示。

表 4-9　RST 指令使用的软元件

操作数	软元件		
	位元件	字元件	双字元件
（d）	X、Y、M、L、SM、F、B、SB、S	T、ST、C、D、W、SD、SW、R、Z、U□\G□	LC、LZ

4.3.3　经典应用实例——电动机正反转可逆控制

（1）控制要求和 I/O 地址分配

通过 3 只按钮对电动机进行正反转可逆运转控制。

输入元件是正转启动按钮 SB1、反转启动按钮 SB2、停止按钮 SB3、电动机过载保护热继电器 KH1；输出元件是正转接触器 KM1、反转接触器 KM2、正转指示灯 XD1、反转指示灯 XD2。I/O 地址分配见表 4-10。

表 4-10　正反转可逆控制电路 I/O 地址分配

I（输入）			O（输出）		
元件代号	元件名称	地址	元件代号	元件名称	地址
SB1	正转启动按钮	X1	KM1	正转接触器	Y1
SB2	反转启动按钮	X2	XD1	正转指示灯	Y2
SB3	停止按钮	X3	KM2	反转接触器	Y3
KH1	热继电器	X4	XD2	反转指示灯	Y4

（2）PLC 的选型和接线图

在本例中，采用三菱 FX5U-32MT/ES PLC。从表 1-5 可知，它是 AC 电源，DC 24V 漏

型·源型输入通用型，工作电源为交流 100～240V，现在设计为 AC 220V。总点数 32，输入端子 16 个，输出端子 16 个，晶体管（漏型）输出，负载电源为直流，本例选用通用的 DC 24V。

正反转控制电路的主回路和 PLC 接线图，见图 4-11。

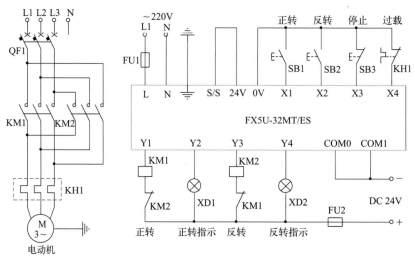

图 4-11　正反转控制电路的主回路和 PLC 接线

（3）PLC 的梯形图的编程

采用置位 - 复位指令的电动机正反转控制梯形图，如图 4-12 所示。

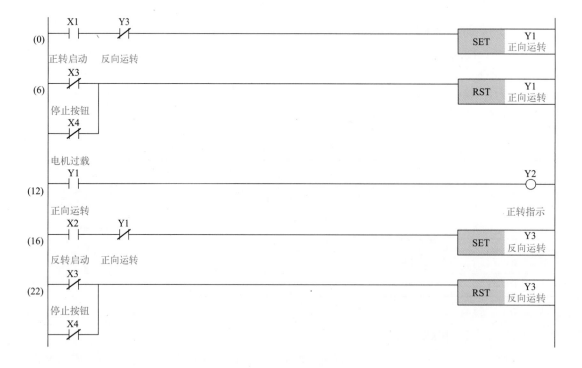

图 4-12　采用置位－复位指令的电动机正反转控制梯形图

（4）梯形图控制原理

① 需要正转时，按下正转启动按钮 SB1，X1 接通，Y1 线圈被置位，接触器 KM1 吸合，电动机通电正向运转，指示灯 XD1（Y2，正转指示）亮起。松开按钮后，KM1 保持吸合。

② 需要停止正转时，按下停止按钮 SB3，X3 断开，Y1 和 Y2 线圈均复位，接触器 KM1 释放，指示灯 XD1 熄灭。

③ 需要反转时，按下反转启动按钮 SB2，X2 接通，Y3 线圈被置位，接触器 KM2 吸合，电动机通电反向运转，指示灯 XD2（Y4，反转指示）亮起。松开按钮后，KM2 保持吸合。

④ 需要停止反转时，按下停止按钮 SB3，X3 断开，Y3 和 Y4 线圈均复位，接触器 KM2 释放，指示灯 XD2 熄灭。

⑤ 联锁环节：在梯形图程序中，Y1 的常闭触点串联在 Y3 线圈的控制回路中，Y3 的常闭触点串联在 Y1 线圈的控制回路中。在图 4-11 所示的接线中，还设置了"硬接线联锁"。而且这是更重要的联锁——KM1 的辅助常闭触点，串联在 KM2 的线圈回路中；KM2 的辅助常闭触点，也串联在 KM1 的线圈回路中。

⑥ 过载保护：由热继电器执行。当电动机过载时，图 4-11 中 KH1（X4）的常闭触点断开，而图 4-12 中 X4 的触点闭合，Y1 ～ Y4 均被复位，KM1、KM2 释放。

注意

① SET（置位）就是使输出线圈得电；RST（复位）就是使输出线圈失电。采用 SET 指令后，如果 Y1（Y3）线圈已经吸合，即使启动按钮 X1（X2）断开，Y1（Y3）线圈仍然保持吸合，不需要再加"保持"。

② 由于在图 4-11 的接线中，停止按钮 X3 是以常闭触点连接，如果需要执行复位功能，则在图 4-12 中也必须使用常闭触点。按下停止按钮时，图 4-11 中 X3 的实际触点是断开的，图 4-12 中的 X3（常闭触点）则闭合，使 Y1（或 Y3）线圈复位断电。

③ X4 也是如此，在图 4-11 的接线中它是以常闭触点连接，在正常状态下它是接通的，此时图 4-12 中的 X4（常闭触点）则是断开的，不执行复位功能。在过载时，图 4-11 中的实际触点是断开的，而图 4-12 中的 X4（常闭触点）则闭合，使 Y1（或 Y3）线圈复位断电。

4.4 加、减、乘、除四则算术运算指令

4.4.1 加法和减法指令 ADD（P）、SUB（P）解析

（1）加法运算指令 ADD（P）的格式和作用

ADD（P）指令的格式，如图 4-13 所示。

图 4-13 加法运算指令 ADD（P）的格式

图 4-13 中的（s1）和（s2）都是 BIN16 位数据，或存储数据的软元件，（d）是存放运算结果的数据寄存器。

加法指令的作用是：当控制信号接通时，将（s1）中指定的数据与（s2）中指定的数据相加，并将运算结果存储到（d）所指定的软元件中。

（2）ADD（P）指令使用的软元件

ADD（P）指令的操作数使用的软元件，如表 4-11 所示。

表 4-11 ADD（P）指令使用的软元件

操作数		软元件			
符号	用途	位元件	字元件	常数	指定方式
（s1）、（s2）	源操作数	X、Y、M、L、SM、F、B、SB、S	T、ST、C、D、W、SD、SW、R、Z、U□\G□	K、H	间接指定
（d）	目标操作数			—	

注：表中所有的位元件都不能直接使用，必须将它们与十进制常数 Kn（n=1、2、3、4）组合，构成字元件。

（3）减法运算指令 SUB（P）的格式和作用

SUB（P）指令的格式，如图 4-14 所示。

图 4-14 减法运算指令 SUB（P）的格式

图 4-14 中的（s1）和（s2）都是 BIN16 位数据，或存储数据的软元件，（d）是存放运算结果的数据寄存器。

减法指令的作用是：当控制信号接通时，从（s1）所指定的数据中，减去（s2）所指定的数据，并将运算结果存储到（d）所指定的软元件中。

（4）SUB（P）指令使用的软元件

SUB（P）指令的操作数使用的软元件，与表 4-11 相同。

4.4.2 乘法和除法指令 MUL（P）、DIV（P）解析

（1）乘法运算指令 MUL（P）的格式和作用

MUL（P）指令的格式，如图 4-15 所示。

图 4-15 乘法运算指令 MUL（P）的格式

在图 4-15 中，操作数（s1）和（s2）都是 BIN16 位数据，或存储数据的软元件，（d）是存储运算结果的软元件。

MUL（P）指令的作用是：当控制信号接通时，（s1）与（s2）中的数据进行乘法运算，并将运算结果（乘积）存储到（d）所指定的软元件中。

（2）MUL（P）指令使用的软元件

MUL（P）指令的操作数使用的软元件，如表 4-12 所示。

表 4-12 MUL（P）指令使用的软元件

操作数		软元件				
符号	用途	位元件	字元件	双字元件	常数	指定方式
（s1）、（s2）	源操作数	X、Y、M、L、SM、F、B、SB、S	T、ST、C、D、W、SD、SW、R、Z、U□\G□	—	K、H	间接指定
（d）	目标操作数			LC、LZ	—	

注：表中所有的位元件都不能直接使用，必须将它们与十进制常数 Kn（n=1、2、3、4）组合，构成字元件。

（3）除法运算指令 DIV（P）的格式和作用

DIV（P）指令的格式，如图 4-16 所示。

图 4-16 除法运算指令 DIV（P）的格式

在图 4-16 中，操作数（s1）和（s2）都是 BIN16 位数据，或存储数据的软元件。其中（s1）是被除数，（s2）是除数。（d）是存储运算结果的软元件。

DIV（P）指令的作用是：当控制信号接通时，（s1）与（s2）中的数据进行除法运算，并将运算结果（商）存储到（d）所指定的软元件中。

（4）DIV（P）指令使用的软元件

DIV（P）指令的操作数使用的软元件，与表 4-12 相同。

4.4.3 经典应用实例 1——展厅人数限制装置

（1）控制要求

某展厅内最多只能容许 20 人同时参展。在展厅的进口和出口分别安装一只红外传感器，以便于统计进入和出去的人数。当厅内不足 20 人时，绿灯亮，门栏抬起，允许参展者进入；当厅内达到 20 人时，红灯亮，门栏放下，禁止其他参展者进入。

（2）输入 / 输出元件的 I/O 地址分配

根据控制要求，FX5U 的输入、输出端需要按表 4-13 配置元件，并分配 I/O 地址。

表 4-13　控制元件和 I/O 地址分配

I（输入）			O（输出）		
元件编号	元件名称	地址	元件编号	元件名称	地址
SQ1	进门感应开关	X1	KM1	门栏接触器	Y1
SQ2	出门感应开关	X2	XD1	绿灯	Y2
			XD2	红灯	Y3

（3）PLC 梯形图的编程

展厅人数限制装置的梯形图编程，如图 4-17 所示。

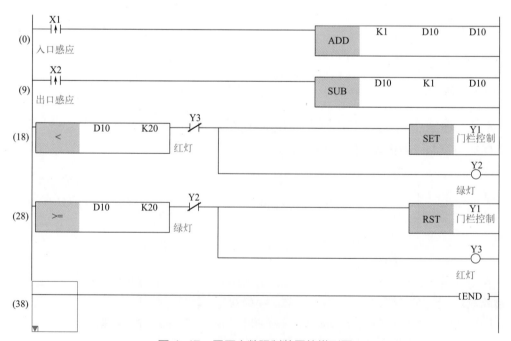

图 4-17　展厅人数限制装置的梯形图

（4）梯形图控制原理

① 本例中采用了加法运算指令 ADD、减法运算指令 SUB、触点比较指令 LD ＜、LD ＞＝。LD ＜和 LD ＞＝指令可以参照第 4.6 节的内容进行解析。

② 每进入一人时，X1 发出感应信号，执行加法指令 ADD，数据寄存器 D10 中的数据增加 1。每出去一人时，X2 发出感应信号，执行减法指令 SUB，数据寄存器 D10 中的数据减少 1。

③ 当 D10 中的数据小于 20 时，绿灯亮，Y1 置位，门栏抬起并保持，允许参展者进入。当 D10 中的数据达到 20 时，红灯亮，Y1 复位，门栏放下，禁止其他参展者进入。

4.4.4 经典应用实例 2——用拨码开关进行四则运算

（1）PLC 接线图

按图 4-18 所示，将 BCD 码数字拨码开关连接到 FX5U-64MT/ES PLC 上，输入端子 X 外接 2 组 BCD 码数字拨码开关。在 FX5U 中执行整数算术运算，算式是：$y=(x+30)\div 4\times 2-10$。运算结果由端子 Y 输出，其外部连接 LED 数码管，数码管为 4 位 BCD 码形式。

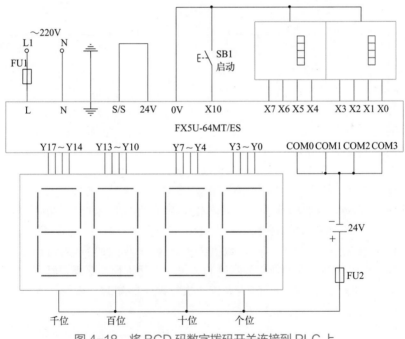

图 4-18 将 BCD 码数字拨码开关连接到 PLC 上

（2）执行四则运算的梯形图编程

执行上述运算的梯形图程序，如图 4-19 所示。

（3）梯形图控制原理

① 本例中使用了加法运算指令 ADD、减法运算指令 SUB、乘法运算指令 MUL、除法运算指令 DIV、BINP 码转换指令、BCD 码转换指令。

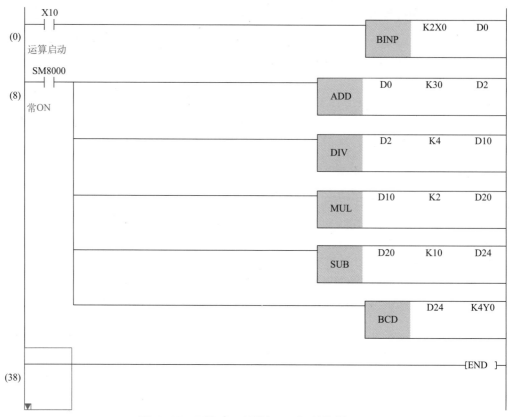

图 4-19　用拨码开关进行四则运算的梯形图

② 将数字拨码开关输入的数值暂时存放到数据寄存器中，但是数据寄存器只能存放 BIN 码，因此需要执行 BINP 指令，将 BCD 码转换为 BIN 数值，再送入到 D0 中。

③ 执行 ADD 指令，将 D0 中的内容与 K30 相加，得到的结果送入到 D2 中。

④ 执行 DIV 指令，将 D2 中的数值除以 K4，得到的商送入到 D10 中。

⑤ 执行 MUL 指令，将 D10 中的数值乘以 K2，得到的结果送入到 D20 中。

⑥ 执行 SUB 指令，将 D20 中的数值减去 K10，得到的结果送入到 D24 中。

⑦ 执行 BCD 转换指令，将 D24 中的数值转换为 BCD 码，然后送入到 K4Y0 中。

⑧ 由于数字拨码开关输入的数值为二进制 8 位，因此执行加法操作时，数据长度不会超过 16 位；执行除法操作后，商的长度为 8 位；执行乘法操作时，积的长度不会超过 16 位；执行减法操作后，数值仍然不会超过 16 位。

4.5 数据传送指令 MOV（P）

4.5.1 数据传送指令 MOV（P）解析

（1）MOV（P）指令的格式和作用

MOV（P）指令的格式，如图 4-20 所示。如果采用"MOV"，则表示连续执行型，在前方的控制信号接通时，指令在每个扫描周期都执行一次。如果采用"MOVP"，则表示脉冲型，指令仅在控制信号的上升沿（即控制信号由 OFF → ON 时）执行一次。

图 4-20　数据传送指令 MOV（P）的格式

在图 4-20 中，（s）是传送源数据或存储了数据的软元件编号，也称为源操作数。（d）是传送目标软元件编号，也称为目标操作数。

MOV（P）指令的作用是：当控制信号接通时，将（s）所指定的软元件的 BIN16 位数据，传送到（d）所指定的软元件中。

（2）MOV（P）指令使用的软元件

MOV（P）指令的操作数使用的软元件，如表 4-14 所示。

表 4-14　MOV（P）指令使用的软元件

操作数		软元件			
符号	用途	位元件	字元件	常数	指定方式
（s）	源操作数	X、Y、M、L、SM、F、B、SB、S	T、ST、C、D、W、SD、SW、R、Z、U□\G□	K、H	间接指定
（d）	目标操作数			—	

注：表中所有的位元件都不能直接使用，必须将它们与十进制常数 Kn（n=1、2、3、4）组合，构成字元件。

在 MOV（P）指令传送的数据中，可以使用十进制数（K），也可以使用十六进制数（H），但是不能使用二进制数（B）。这 3 种进制的数码对应关系如表 4-15 所示。

表 4-15　3 种进制的数码对应关系

二进制数（B）	十进制数（K）	十六进制数（H）	二进制数（B）	十进制数（K）	十六进制数（H）
0000	0	0	1001	9	9
0001	1	1	1010	10	A
0010	2	2	1011	11	B
0011	3	3	1100	12	C
0100	4	4	1101	13	D
0101	5	5	1110	14	E
0110	6	6	1111	15	F
0111	7	7	10000	16	10
1000	8	8	10001	17	11

4.5.2 经典应用实例——多只指示灯的控制

（1）控制要求和接线图

选用三菱 FX5U-32MR/ES PLC，按图 4-21 接线，通过 4 只按钮控制 8 只指示灯，具体要求是：

按下 X0，8 只指示灯全部点亮；

按下 X1，奇数指示灯全部点亮，偶数指示灯全部熄灭；

按下 X2，偶数指示灯全部点亮，奇数指示灯全部熄灭；

按下 X3，8 只指示灯全部熄灭。

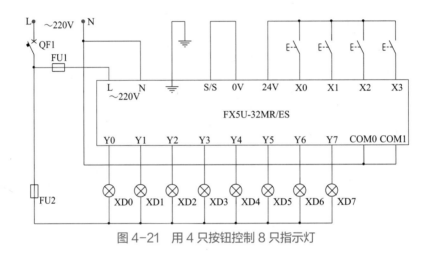

图 4-21　用 4 只按钮控制 8 只指示灯

（2）控制关系表

根据控制要求，列出 4 只按钮与 8 只指示灯的控制关系，如表 4-16 所示。

表 4-16　4 只按钮与 8 只指示灯的控制关系

输入端子	输出端子（字元件 K2Y0）								控制数据		
	Y7	Y6	Y5	Y4	Y3	Y2	Y1	Y0	二进制	十进制	十六进制
X0	*	*	*	*	*	*	*	*	1111 1111	255	H0FF
X1	*		*		*		*		1010 1010	170	H0AA
X2		*		*		*		*	0101 0101	85	H55
X3									0000 0000	0	H0

在表格中，"*"表示灯亮，相应的数据为二进制数码"1"；空格表示灯熄灭，相应的数据为二进制数码"0"。例如，在表格第二行中，当 X1 接通时，奇数灯（Y7、Y5、Y3、Y1）全部点亮，偶数灯（Y6、Y4、Y2、Y0）全部熄灭。对应的二进制数据为 1010 1010，转换为十进制数据为 170，转换为十六进制数据为 H0AA。由此可见，当二进制数据超过 4 位时，将二进制数据转换为十六进制数据更为方便。

（3）采用 MOV（P）指令控制 8 只指示灯的梯形图

梯形图程序如图 4-22 所示。要求灯熄灭具有优先权，所以灯熄灭采用 MOV 指令，执行连续方式；灯亮采用 MOV（P）指令，执行脉冲方式。

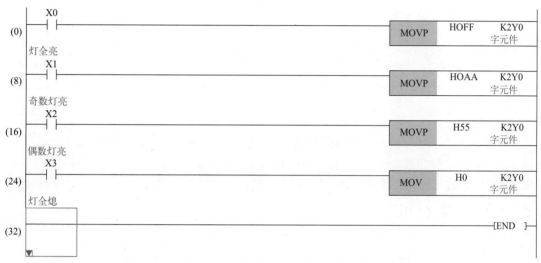

图 4-22　采用 MOV（P）指令控制 8 只指示灯的梯形图

（4）梯形图控制原理

由表 4-16 可知，K2Y0 包含了 2 组数据，每组包括 4 个位元件 Y，Y0 是最低位，Y7 是最高位，也就是 Y7～Y0。

① 当按钮 X0 接通时，控制数据 H0FF 被传送到字元件 K2Y0 中。由表 4-16 可知，H0FF 对应的二进制数据是 1111 1111，所以此时 Y7～Y0 全部得电，8 只指示灯全部亮起。

② 当按钮 X1 接通时，控制数据 H0AA 被传送到字元件 K2Y0 中。由表 4-16 可知，H0AA 对应的二进制数据是 1010 1010，所以此时 Y7、Y5、Y3、Y1 得电，Y6、Y4、Y2、Y0 失电。4 只奇数指示灯全部亮起，4 只偶数指示灯全部熄灭。

③ 当按钮 X2 接通时，控制数据 H55 被传送到字元件 K2Y0 中。由表 4-16 可知，H55 对应的二进制数据是 0101 0101，所以此时 Y6、Y4、Y2、Y0 得电，Y7、Y5、Y3、Y1 失电。4 只偶数指示灯全部亮起，4 只奇数指示灯全部熄灭。

④ 当按钮 X3 接通时，控制数据 H0 被传送到字元件 K2Y0 中。由表 4-16 可知，H0 对应的二进制数据是 0000 0000，所以此时 8 只指示灯全部熄灭。

4.6 BIN16 位数据比较运算指令

BIN16 位数据比较运算指令是使用触点符号进行触点比较，它分为 LD 触点比较、AND 串联触点比较、OR 并联触点比较这 3 大类。本节中介绍其中的 LD= 指令、LD ＞ = 指令、AND= 指令、AND ＞ = 指令，并具体介绍"LD ＞ ="指令的应用。在第 4.8 节和第 7.7 节中，再具体介绍"AND=""AND ＞ ="指令的应用。

4.6.1 BIN16位数据比较运算指令解析

（1）数据比较指令 LD=

LD= 指令的格式，如图 4-23 所示。

图 4-23 "LD="比较指令的格式

在梯形图中，LD= 指令直接与左侧的母线相连。在编程时，指令的符号"LD="自动地简化为"="。在操作数（s1）和（s2）中，各指定一个 BIN16 位数据，或存储 BIN16 位数据的软元件。它们进行比较运算。如果（s1）中的数据与（s2）中的数据相等，则输出线圈得电。

（2）数据比较指令 LD ＞ ＝

LD ＞ ＝ 指令的格式，如图 4-24 所示。

图 4-24 "LD ＞ ＝"比较指令的格式

在梯形图中，LD ＞ ＝ 指令直接与左侧的母线相连。在编程时，指令的符号"LD ＞ ＝"自动地简化为" ＞ ＝ "。在操作数（s1）和（s2）中，各指定一个 BIN16 位数据，或存储 BIN16 位数据的软元件。它们进行比较运算。如果（s1）中的数据大于或等于（s2）中的数据，则输出线圈得电。

（3）数据比较指令 AND=

AND= 指令的格式，如图 4-25 所示。

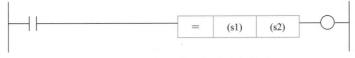

图 4-25 "AND="比较指令的格式

在梯形图中，AND= 指令通过控制触点与左侧的母线相连。指令的符号"AND="自动地简化为"="。在操作数（s1）和（s2）中，各指定一个 BIN16 位数据，或存储 BIN16 位数据的软元件。当控制信号接通时，进行比较运算。如果二者相等，则输出线圈得电。

（4）数据比较指令 AND ＞ ＝

AND ＞ ＝ 指令的格式，如图 4-26 所示。

在梯形图中，AND ＞ ＝ 指令通过控制触点与左侧的母线相连。指令的符号"AND ＞ ＝"

自动地简化为"＞＝"。在操作数（s1）和（s2）中，各指定一个 BIN16 位数据，或存储 BIN16 位数据的软元件。当控制信号接通时，进行比较运算。如果（s1）中的数据大于或等于（s2）中的数据，则输出线圈得电。

图 4-26 "AND ＞＝"比较指令的格式

（5）BIN16 位数据比较运算指令使用的软元件

BIN16 位数据比较运算指令使用的软元件，如表 4-17 所示。

表 4-17　BIN16 位数据比较运算指令使用的软元件

操作数		软元件			
符号	用途	常数	位元件	字元件	指定方式
（s1）	操作数	K、H	X、Y、M、L、SM、	T、ST、C、D、W、SD、	间接指定
（s2）			F、B、SB、S	SW、R、Z、U □ \G □	

注：表中所有的位元件都不能直接使用，必须将它们与十进制常数 Kn（n=1、2、3、4）组合，构成字元件。

4.6.2　经典应用实例——4 台电动机间隔启动

（1）控制要求

某自动化流水生产线上有 4 台电动机，要求各台电动机间隔 10s 启动。

在 FX5U PLC 中，按表 4-18 分配输入和输出元件的 I/O 地址。

表 4-18　4 台电动机间隔启动的 I/O 地址分配

输入				输出			
元件代号	元件名称	用途	地址	元件代号	元件名称	用途	地址
SB1	按钮	启动	X1	KM1	接触器 1	控制 M1	Y1
SB2	按钮	停止	X2	KM2	接触器 2	控制 M2	Y2
KH1	热继电器	过载保护	X3	KM3	接触器 3	控制 M3	Y3
				KM4	接触器 4	控制 M4	Y4

（2）PLC 的选型和接线图

根据控制要求和表 4-18，可选用三菱 FX5U-32MR/ES PLC。

主回路和 PLC 接线图见图 4-27。4 只热继电器 KH1 ～ KH4 的常闭触点串联在一起，连接到 X3。

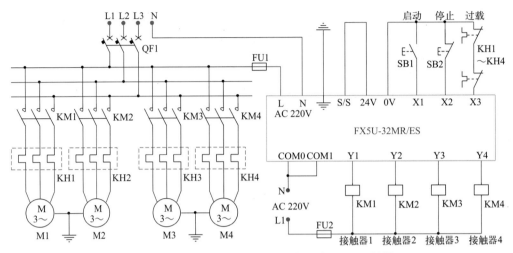

图 4-27　4 台电动机间隔启动的主回路和 PLC 接线

（3）PLC 梯形图的编程

4 台电动机间隔启动的 PLC 梯形图，如图 4-28 所示，其中采用了数据比较指令"LD＞＝"。

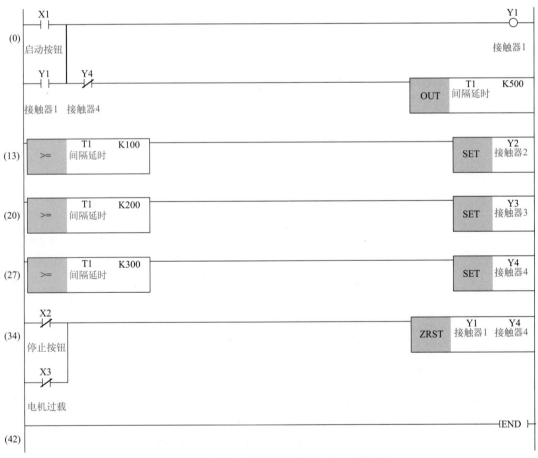

图 4-28　4 台电动机间隔启动的 PLC 梯形图

（4）梯形图控制原理

① 按下启动按钮 X1，Y1 和 KM1 得电并保持，第 1 台电动机启动运转，T1 开始延时。

② 当 T1 的当前值等于或大于设定值 100（10s）时，Y2 置位，第 2 台电动机启动。

③ 当 T1 的当前值等于或大于设定值 200（20s）时，Y3 置位，第 3 台电动机启动。

④ 当 T1 的当前值等于或大于设定值 300（30s）时，Y4 置位，第 4 台电动机启动。

⑤ 在图 4-27 中，停止按钮和过载保护的触点都是使用常闭触点，所以梯形图中的常闭触点 X2 和 X3 平时是处于断开状态，此时 Y1 ～ Y4 不会复位。当按下停止按钮或过载时，梯形图中的常闭触点 X2 和 X3 闭合，Y1 ～ Y4 复位，4 台电动机全部停止运转。

4.7 BIN16 位数据比较输出指令 CMP（P）

4.7.1 比较输出指令 CMP（P）解析

（1）CMP（P）指令的格式和作用

CMP（P）指令的格式，如图 4-29 所示。

图 4-29　CMP（P）比较输出指令的格式

在图 4-29 中：

（s1），源操作数，在它所指定的软元件中放置一个 BIN16 位数据；

（s2），源操作数，在它所指定的软元件中放置另外一个 BIN16 位数据；

（d），目标操作数，表示输出比较结果的起始位软元件。

CMP（P）指令的作用是将（s1）的值与（s2）的值进行比较，所得的结果输出至目标操作数（d）所指定的软元件：

当（s1）＞（s2）时，（d）=1，[（d）+1] =0，[（d）+2] =0；

当（s1）=（s2）时，[（d）+1] =1，（d）=0，[（d）+2] =0；

当（s1）＜（s2）时，[（d）+2] =1，（d）=0，[（d）+1] =0。

（2）CMP（P）指令使用的软元件

CMP（P）指令的操作数使用的软元件，如表 4-19 所示。

表 4-19　CMP（P）指令使用的软元件

操作数		软元件			
符号	用途	位元件	字元件	常数	指定方式
（s1）、（s2）	源操作数	X、Y、M、L、SM、F、B、SB、S	T、ST、C、D、W、SD、SW、R、Z、U □ \G□	K、H	间接指定

续表

操作数		软元件			
符号	用途	位元件	字元件	常数	指定方式
（d）	目标操作数	X、Y、M、L、SM、F、B、SB、S	D、W、SD、SW、R、Z、U □ \G □	—	—

注：1. 对于操作数（s1）、（s2），表中所列的位元件都不能直接使用，必须将它们与十进制常数 Kn（n=1、2、3、4）组合，构成字元件。

    2. 对于操作数（d），表中所有的位元件都可以直接使用，不能将它们与十进制常数 Kn（n=1、2、3、4）组合为字元件。

4.7.2　经典应用实例——星－三角降压启动电路

（1）控制要求

对一台 55kW 的电动机进行"星-三角"降压启动控制。启动时，首先将电动机绕组接成"星形"，各相绕组上加上～ 220V 相电压，以降低启动电流。延时 10s 后，将电动机绕组转换为"角形"，各相绕组上加上～ 380V 线电压，电动机转入全压运转。

（2）输入 / 输出元件的 I/O 地址分配

根据工艺流程和控制要求，PLC 系统中需要配置以下元件：

①2 只按钮，一只用于启动，另一只用于停止；

②3 只接触器，第 1 只为主接触器，第 2 只为"星形启动"接触器，第 3 只为"角形运转"接触器；

③2 只指示灯，分别用于启动指示和运转指示；

④1 只热继电器，用于电动机的过载保护。

PLC 的 I/O 地址分配见表 4-20。

表 4-20　电动机星－三角降压启动电路的 I/O 地址分配

I（输入）				O（输出）			
元件代号	元件名称	地址	用途	元件代号	元件名称	地址	用途
SB1	启动按钮	X1	启动	KM1	接触器 1	Y1	主接触器
SB2	停止按钮	X2	停止	KM2	接触器 2	Y2	星形启动
KH1	热继电器	X3	过载保护	KM3	接触器 3	Y3	角形运转
				XD1	指示灯 1	Y4	启动指示
				XD2	指示灯 2	Y5	运转指示

（3）PLC 的选型和接线图

根据控制要求和表 4-20，可以选用三菱 FX5U-32MR/ES PLC。

主回路和 PLC 接线图见图 4-30，要注意几个问题。

① KM2 是"星形启动"接触器，KM3 是"角形运转"接触器，它们不能同时得电，必

须加上互锁。除了程序中的联锁之外，还必须有硬接线联锁，将交流接触器辅助常闭触点与对方的线圈串联。

② KM1 ～ KM3 是 3 只功率较大的交流接触器，在实际接线中，PLC 的输出端不宜直接连接这类功率较大的交流接触器，应该用中间继电器进行转换。此处为了便于学习梯形图的编程，省略了这个环节。

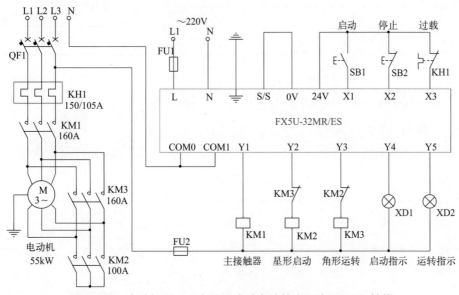

图 4-30　电动机星 – 三角降压启动电路的主回路和 PLC 接线

（4）FX5U 梯形图的编程

电动机星 - 三角降压启动电路的梯形图，见图 4-31。图中通过比较输出指令 CMP，执行电动机由星形启动向角形运转的转换。

（5）梯形图控制原理

① 按下启动按钮 SB1，Y1 线圈得电，主接触器 KM1 吸合。与此同时，定时器 T1 开始计时。

② T1 的时间小于 10s 时，M1 的状态为 ON，Y2 得电，星启动接触器 KM2 吸合，系统处于"星启动"状态。

③ T1 的时间达到 10s 时，M2 的状态为 ON，Y3 得电，角运转接触器 KM3 吸合，"星启动"结束，转入"角运转"状态。

④ T1 的时间大于 10s 时，M3 的状态为 ON，Y3 保持得电，角运转接触器 KM3 保持吸合，系统继续处于"角运转"状态。

⑤ 按下停止按钮 SB2，则梯形图中 X2 的常闭触点闭合，M1 ～ M3、Y1 ～ Y5 全部复位，电动机停止运转。

⑥ 过载保护：由热继电器 KH1 执行。如果电动机过载，则梯形图中 X3 的常闭触点闭合，M1 ～ M3、Y1 ～ Y5 全部复位，电动机停止运转。

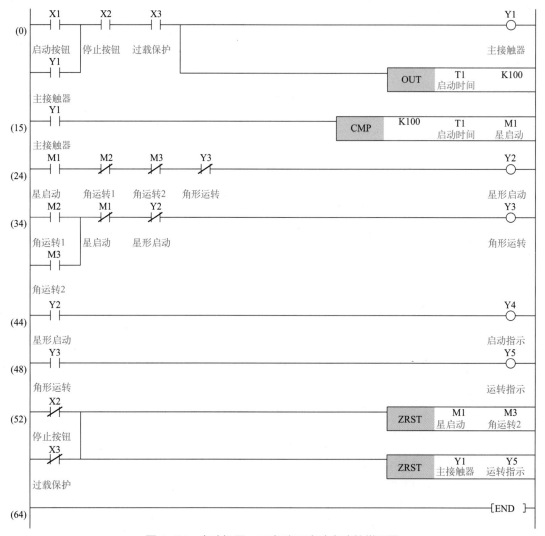

图 4-31　电动机星 - 三角降压启动电路的梯形图

4.8 区间比较指令 ZCP（P）

区间比较指令 ZCP（P）是判断数据在一个区间内的位置，并根据判断结果控制操作对象。例如：

判断工件的大、中、小，对工件进行分类；

判断温度的低、中、高，以实行温度控制。

4.8.1　区间比较指令 ZCP（P）的解析

（1）区间比较指令 ZCP（P）的格式和作用

ZCP（P）指令的格式，如图 4-32 所示。

图 4-32　区间比较指令 ZCP（P）的格式

在图 4-32 中：

（s1），源操作数，表示区间的下限值，或存储了下限值的软元件；

（s2），源操作数，表示区间的上限值，或存储了上限值的软元件；

（s3），源操作数，表示比较源数据，或存储比较源数据的软元件；

（d），目标操作数，表示输出比较结果的起始位软元件。

在一般情况下，下限值（s1）小于上限值（s2）。

ZCP（P）指令的作用是将（s3）的值与（s1）～（s2）的区间数据进行比较，所得的结果输出至目标操作数（d）所指定的软元件：

当（s3）<（s1）时，（d）=1，[（d）+1]=0，[（d）+2]=0；

当（s1）≤（s3）≤（s2）时，[（d）+1]=1，（d）=0，[（d）+2]=0；

当（s3）>（s2）时，[（d）+2]=1，（d）=0，[（d）+1]=0。

（2）ZCP（P）指令使用的软元件

ZCP（P）指令的操作数使用的软元件，如表 4-21 所示。

表 4-21　区间比较指令 ZCP（P）使用的软元件

操作数	软元件			
	位元件	字元件	常数	指定方式
（s1）～（s3）	X、Y、M、L、SM、F、B、SB、S	T、ST、C、D、W、SD、SW、R、Z、U□\G□	K、H	间接指定
（d）		D、W、SD、SW、R	—	—

注：1. 对于操作数（s1）、（s2）、（s3），表中所列的位元件都不能直接使用，必须将它们与十进制常数 Kn（n=1、2、3、4）组合，构成字元件。

　2. 对于操作数（d），表中所有的位元件都可以直接使用，不能将它们与十进制常数 Kn（n=1、2、3、4）组合为字元件。

4.8.2　采用区间比较指令 ZCP 的梯形图

图 4-33 是采用区间比较指令 ZCP 的梯形图。

在图中，当按下启动按钮 X1 时，M0 得电，保持启动状态。在特殊继电器 SM8013（1s 时钟脉冲）的作用下，计数器 C1 的当前值从 0 开始，每秒增加 1。在程序的第 16 步，C1 的值与 K100 和 K200 所在的区间进行比较，再将比较结果写入到相邻的 3 个标志位 M1、M2、M3 中。3 个标志位中必定有一个是"1"，其他两个是"0"：

如果（C1）<100，即（C1）小于区间的下限值，则 M1 置 1；

如果 100≤（C1）≤200，即（C1）在区间之内，则 M2 置 1；

如果（C1）>200，即（C1）大于区间上限值，则 M3 置 1。

例如，计数器 C1 的当前值为 150，则标志位 M2 置 1，输出端子 Y2 得电。此时 M1 和 M3 均置为 0，Y1 和 Y3 不能得电。

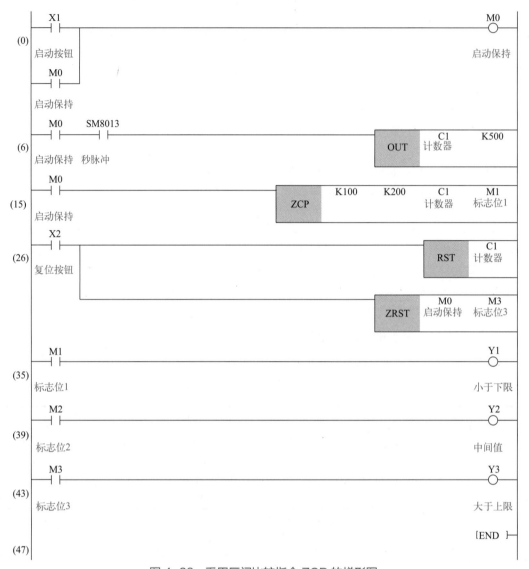

图 4-33　采用区间比较指令 ZCP 的梯形图

X2 是复位端子，其触点接通时，M0 ～ M3 均复位，输出停止。

4.8.3　经典应用实例——道路照明灯时钟控制装置

（1）控制要求

将照明灯平均分配为 A、B 两组，间隔安装。在 1 ～ 3 月、10 ～ 12 月，从 18 时 0 分至 0 时 0 分，两组灯具全开，0 时 0 分到 7 时 0 分关闭 B 组，只开 A 组；在 4 ～ 9 月，从 19 时 0 分至 0 时 0 分，两组灯具全开，从 0 时 0 分至 5 时 30 分关闭 A 组，只开 B 组。要求采用三菱 FX5U-32MR/ES PLC 对照明灯进行控制。

（2）FX5U 梯形图的编程

图 4-34 是有关的梯形图程序的编程。

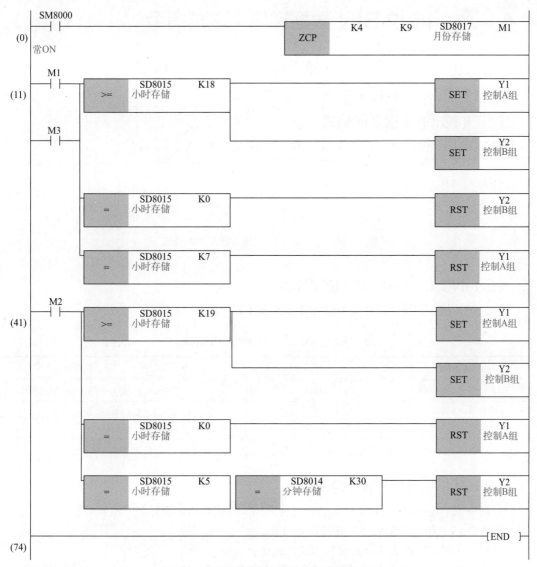

图 4-34　道路照明灯时钟控制程序

（3）梯形图控制原理

① 采用区间比较指令 ZCP 和特殊寄存器 SD8017（月份存储），将 1 ～ 12 月划分为 3 段。1 ～ 3 月，M1=1；4 ～ 9 月，M2=1；10 ～ 12 月，M3=1。

② 采用触点比较指令 AND=、AND ＞ = 和特殊寄存器 SD8015（小时存储）、SD8014（分钟存储），对 24 小时制的时间段进行准确的划分。

③ 在 1 ～ 3 月和 10 ～ 12 月，M1 和 M3 得电，从 18 时 0 分至 0 时 0 分两组全开，0 时 0 分关闭 B 组，保留 A 组，7 时 0 分关闭 A 组。

④ 在 4 ～ 9 月，M2 得电，从 19 时 0 分至 0 时 0 分两组全开，0 时 0 分关闭 A 组，保留 B 组，5 时 30 分关闭 B 组。

⑤ 在 FX5U 的输出端子中，由 Y1 控制 A 组照明灯；由 Y2 控制 B 组照明灯。

4.9 16 位 BIN 数据递增 / 递减指令

4.9.1 16 位 BIN 数据递增指令 INC（P）解析

INC（P）又称为"加 1"指令。

（1）INC（P）指令的格式

INC（P）指令的格式，如图 4-35 所示，P 表示脉冲型。

图 4-35 16 位 BIN 数据递增指令的格式

（2）INC（P）指令使用的软元件

INC（P）指令的操作数使用的软元件，如表 4-22 所示。

表 4-22 INC（P）指令使用的软元件

操作数		软元件		
符号	用途	位元件	字元件	指定方式
（d）	操作数	X、Y、M、L、SM、F、B、SB、S	T、ST、C、D、W、SD、SW、R、Z、U □ \G □	间接指定

注：表中所有的位元件都不能直接使用，必须将它们与十进制常数 Kn（n=1、2、3、4）组合，构成字元件。

（3）对 INC（P）指令的说明

① 指令的功能是对（d）中指定的软元件（BIN16 位数据）进行加 1 运算。

② INC（P）指令通常要使用脉冲执行方式。

③ 指令不影响零标志位、借位标志位、进位标志位。

④ 在 BIN16 位数据运算中，32767 如果再加 1 就变成 −32768；2147483647 如果再加 1 就变成 −2147483648。

4.9.2 16 位 BIN 数据递减指令 DEC（P）解析

16 位 BIN 数据递减指令又称为"减 1"指令。

（1）DEC（P）指令的格式

DEC（P）指令的格式，如图 4-36 所示，P 表示脉冲型。

图 4-36 16 位 BIN 数据递减指令的格式

（2）DEC（P）指令使用的软元件

DEC（P）指令的操作数使用的软元件，与表 4-22 相同。

（3）对 DEC（P）指令的说明

① 指令的功能是对（d）中指定的软元件（BIN16 位数据）进行减 1 运算。

② DEC（P）指令通常要使用脉冲执行方式。

③ 指令不影响零标志位、借位标志位、进位标志位。

④ 在 BIN16 位数据运算中，-32768 如果再减 1 就变成 32767；-2147483648 如果再减 1 就变成 2147483647。

4.9.3　经典应用实例——七挡功率调节装置

（1）控制要求

某电加热装置有 3 个加热器（R1 ～ R3），分别是 0.5kW、1.0kW、2.0kW。将它们进行组合，使输出功率分为七个挡次，分别是 0.5kW、1.0kW、1.5kW、2.0kW、2.5kW、3.0kW、3.5kW。具体控制要求如下所述：

① 主回路工作电源是三相 AC 380V，3 个加热器各用一相电源。

② 控制器件采用三菱 FX5U-32MR/ES PLC，FX5U 的工作电源采用 AC 220V，输出单元的电源也采用 AC 220V。

③ 每按一次"增加"按钮，功率增加一挡。

④ 每按一次"减小"按钮，功率减小一挡。

（2）输入 / 输出元件的 I/O 地址分配

根据控制要求，列出 FX5U 输入、输出单元的元件和 I/O 地址，见表 4-23。

表 4-23　功率调节装置的元件和 I/O 地址分配

输入				输出			
元件代号	元件名称	用途	地址	元件代号	元件名称	用途	地址
SB1	按钮	功率增加	X1	KM1	接触器 1	控制 R1	Y1
SB2	按钮	功率减小	X2	KM2	接触器 2	控制 R2	Y2
SB3	按钮	停止	X3	KM3	接触器 3	控制 R3	Y3

（3）主回路和 PLC 接线图

根据控制要求，设计出七挡功率调节装置的接线图，如图 4-37 所示。为了延长接触器触点的使用寿命，将 KM2 的两相主触点并联使用，将 KM3 的三相主触点并联使用。

（4）功率调节的实施方案

将常数 K1 与位元件 M0 组合为字元件 K1M0，利用 M3 ～ M0 进行 7 种状态的数据处理。每按一次"增加"按钮 SB1，K1M0 的数值增加 1，输出功率增加一挡。每按一次"减小"按钮 SB2，K1M0 的数值减少 1，输出功率减小一挡。功率调节表如表 4-24 所示。

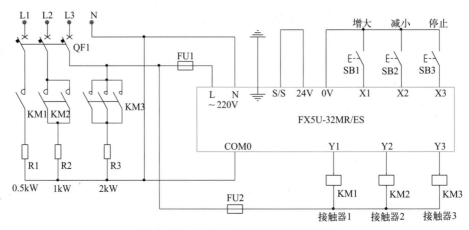

图 4-37 七挡功率调节装置的接线图

表 4-24 功率调节表

功率挡次	字元件 K1M0				二进制数（B）	输出功率 /kW
	M3	M2	M1	M0		
0	0	0	0	0	0000	0.0
1	0	0	0	1	0001	0.5
2	0	0	1	0	0010	1.0
3	0	0	1	1	0011	1.5
4	0	1	0	0	0100	2.0
5	0	1	0	1	0101	2.5
6	0	1	1	0	0110	3.0
7	0	1	1	1	0111	3.5

（5）梯形图的编程

七挡功率调节装置的梯形图程序如图 4-38 所示。

（6）梯形图控制原理

① 上电启动后，由于字元件 K1M0=0，所以 Y1 ～ Y3 没有输出。

② 每次按下"增加"按钮 SB1，X1 的常开触点闭合，表 4-24 中 K1M0 的状态改变，二进制数值增加 1，M0 ～ M2 的常开触点状态发生变化，控制 Y1 ～ Y3 的通电或断电。当达到最大功率（3.5kW）时，M2、M1、M0 的状态为 111，它们的常闭触点全部断开。此时即使再按下 SB1，"加 1"指令无法继续执行，功率不会再增加，保持在最大值。

③ 每次按下"减小"按钮 SB2，X2 的常开触点闭合，表 4-24 中 K1M0 的状态改变，二进制数值减少 1，M2 ～ M0 的常开触点状态发生变化，控制 Y1 ～ Y3 的通电或断电。当输出功率为 0 时，M2、M1、M0 的状态为 000，它们的常开触点全部断开。此时即使再按下 SB2，"减 1"指令无法继续执行，输出功率保持在 0。

④ 上电瞬间或按下停止按钮 SB3 时，K1M0 被清零，Y1 ～ Y3 均无功率输出。

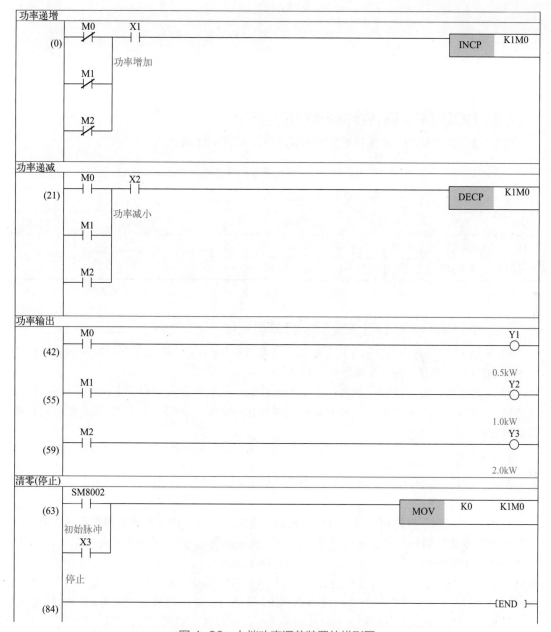

图 4-38　七挡功率调节装置的梯形图

4.10 ▶ BCD（P）码转换指令

4.10.1　BCD（P）码转换指令解析

（1）BCD（P）码转换指令的格式

BCD（P）码转换指令的格式，如图 4-39 所示。

图 4-39　BCD（P）码转换指令的格式

（2）BCD（P）码转换指令使用的软元件

BCD（P）码转换指令的操作数使用的软元件，如表 4-25 所示。

表 4-25　BCD（P）码转换指令使用的软元件

操作数		软元件				
符号	用途	常数	位元件		字元件	指定方式
（s）	源操作数	K、H	X、Y、M、L、SM、F、B、SB、S		T、ST、C、D、W、SD、SW、R、Z、U□\G□	间接指定
（d）	目标操作数	—	Y、M、L、SM、F、B、SB、S			

注：表中所有的位元件都不能直接使用，必须将它们与十进制常数 Kn（n=1、2、3、4）组合，构成字元件。

（3）对 BCD（P）码转换指令的说明

① BCD（P）码转换指令的作用是将源操作数（s）所指定的软元件中的 BIN 数据，转换成 8421BCD 码，并存入到目标操作数（d）所指定的软元件中。

② 在目标操作数中，每 4 位表示 1 位十进制数，从低到高分别表示个位、十位、百位、千位等。如果一共有 16 位数据，则表示的范围为 0 ～ 9999；如果一共有 32 位数据，则表示的范围为 0 ～ 9999 9999。

（4）BCD 码

在实际应用中，有时需要显示多位数码，这时就要使用多个数码管。例如，如果需要显示十进制数码 0 ～ 999，则需要 3 个数码管。

在 PLC 中，参与运算和存储的数据都是以二进制形式存在的。如果直接使用 SEGD（P）七段解码指令进行解码，则会出现差错。例如，十进制数 21 的二进制形式是 0001 0101，对高 4 位采用 SEGD 指令解码，则得到"1"的七段显示码；对低 4 位采用 SEGD 指令解码，则得到"5"的七段显示码。此时显示的数码"15"是十六进制数，而不是十进制数"21"。因此，要想显示"21"，就需要先将二进制数 0001 0101 转换成反映十进制进位的 0010 0001，然后分别用 SEGD 指令将高 4 位解码为七段显示码"2"，将低 4 位解码为七段显示码"1"。

这种用二进制形式反映十进制进位关系的代码，称为 BCD 码。其中使用得最多的是 8421BCD 码，它是用 4 位二进制数来表示 1 位十进制数。8421BCD 码从高位至低位的"权"分别是 8、4、2、1，所以称作为 8421BCD 码。

十进制数、十六进制数、二进制数、8421BCD 码的对应关系见表 4-26。

表 4-26　十进制数、十六进制数、二进制数、8421BCD 码的对应关系

十进制数	十六进制数	二进制数	8421BCD 码
0	0	0000	0000
1	1	0001	0001

十进制数	十六进制数	二进制数	8421BCD 码
2	2	0010	0010
3	3	0011	0011
4	4	0100	0100
5	5	0101	0101
6	6	0110	0110
7	7	0111	0111
8	8	1000	1000
9	9	1001	1001
10	A	1010	0001 0000
11	B	1011	0001 0001
12	C	1100	0001 0010
13	D	1101	0001 0011
14	E	1110	0001 0100
15	F	1111	0001 0101
16	10	1 0000	0001 0110
17	11	1 0001	0001 0111
20	14	1 0100	0010 0000
50	32	11 0010	0101 0000
100	64	110 0100	0001 0000 0000

（5）采用 BCD 码转换指令的梯形图

图 4-40 是采用 BCD 码转换指令的梯形图。当 X1 的常开触点闭合时，先将十进制常数 7264 存入 D0，然后将 D0=7264 编为 BCD 码，写入到字元件 K4Y0 中。

图 4-40　采用 BCD 码转换指令的梯形图

图 4-41 是执行 BCD 码转换指令后得到的结果。从图中可知，D0 中存储的二进制数据，与 K4Y0 中存储的 8421BCD 数码完全不同。K4Y0 是以 4 位 BCD 码为一组，从高位到低位分别为千位、百位、十位、个位的 BCD 数码。

图 4-41　执行 BCD 码转换指令得到的结果

4.10.2　经典应用实例——车位数量显示器

（1）控制要求

某停车场可以停车 50 辆，需要在进场处用数码管显示当前空车位的数量。每进入一辆车，空车位的数量减 1；每驶出一辆车，空车位的数量加 1。数量大于 5 时，绿灯长亮，允许入场；数量大于 0 且小于或等于 5 时，绿灯闪亮，提醒进场者将要满场；数量等于 0 时，红灯亮，禁止入场。

（2）输入和输出元件的 I/O 地址

在 FX5U PLC 中，按表 4-27 分配输入和输出元件的 I/O 地址。

表 4-27　车位数量显示器输入和输出元件的 I/O 地址

输入			输出		
元件名称	用途	地址	元件名称	用途	地址
进场传感器	检测进场车辆	X1	数码管	个位数显示	Y6 ～ Y0
出场传感器	检测出场车辆	X2	数码管	十位数显示	Y16 ～ Y10
			绿色指示灯	允许进场	Y20
			红色指示灯	禁止进场	Y21

（3）PLC 选型和接线图

根据控制要求，PLC 的输出端子需要频繁地动作，如果选用继电器输出型，触点容易磨损，因此应当选用晶体管输出型，故选用三菱 FX5U-64MT/ES PLC。输入传感器一般为三端式。PLC 接线图见图 4-42。

在输入单元中，传感器采用源型输入，3 个端子分别连接 FX5U 内部直流电源的正极（24V）、输入公共端 0V、信号端 X1/X2。

在输出单元中，两个共正极数码管的公共端 V+ 连接外部 DC 24V 的正极，输出公共端 COM0 ～ COM4 连接 DC 24V 的负极。个位数码管 a ～ g 段连接输出端子 Y0 ～ Y6，十位数码管 a ～ g 段连接输出端子 Y10 ～ Y16。Y20 连接绿灯，Y21 连接红灯。数码管的内部已经连接了限流电阻。

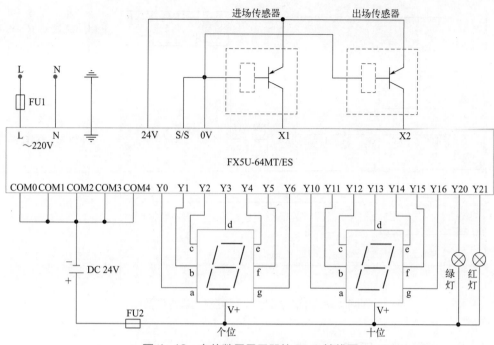

图 4-42　车位数量显示器的 PLC 接线图

（4）FX5U 梯形图的编程

　　按照控制要求，进行车位数量显示器的梯形图编程，如图 4-43 所示。程序中使用了功能指令中的 BCD（P）码转换指令 BCD、七段数码显示器解码指令 SEGD。SEGD（P）指令的解析详见第 4.11 节。

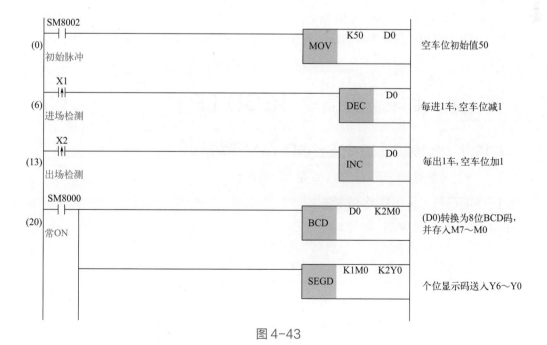

图 4-43

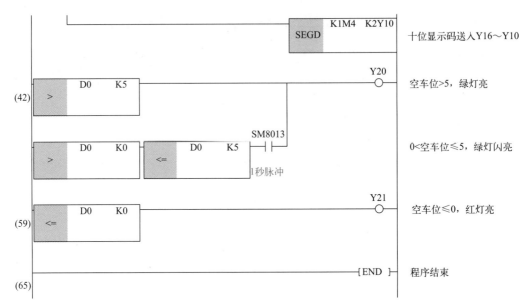

图 4-43　车位数量显示器的 PLC 梯形图

（5）梯形图控制原理

① 空车位的初始值为 50，这个数据存储在 D0 中。

② 进场传感器 X1 检测车辆进入，每进入一辆，D0 中的数据减少 1；出场传感器 X2 检测车辆驶出，每驶出一辆，D0 中的数据增加 1。

③ 将 D0 编为 8421BCD 码，存入 8 位字元件 K2M0。该字元件的低 4 位 M3 ～ M0 解码为七段显示码后，写入到字元件 K2Y0 中，控制个位数码管的显示。高 4 位 M7 ～ M4 解码为七段显示码后，写入到字元件 K2Y10 中，控制十位数码管的显示。

④ 当空车位数量大于 5 时，Y20 得电，绿灯长亮，允许入场；数量大于 0 且小于或等于 5 时，绿灯闪亮，提醒进场者将要满场；数量为 0 时，Y21 得电，红灯亮，禁止车辆入场。

4.11　七段解码指令 SEGD（P）

4.11.1　七段解码指令 SEGD（P）解析

SEGD（P）是数据解码指令，用于点亮七段数码管。

（1）SEGD（P）指令的格式

SEGD（P）指令的格式，如图 4-44 所示。

图 4-44　七段解码指令 SEGD（P）的格式

（2）SEGD（P）指令使用的软元件

SEGD（P）指令的操作数使用的软元件，如表4-28所示。

表4-28　SEGD（P）指令使用的软元件

操作数		软元件			
符号	用途	常数	位元件	字元件	指定方式
（s）	源操作数	K、H	X、Y、M、L、SM、F、B、SB、S	T、ST、C、D、W、SD、SW、R、Z、U□\G□	间接指定
（d）	目标操作数	—	Y、M、L、SM、F、B、SB、S		

注：表中所有的位元件都不能直接使用，必须将它们与十进制常数 Kn（n=1、2、3、4）组合，构成字元件。

SEGD（P）指令是对4位二进制数解码，如果源操作数大于4位，只能对最低4位数进行解码。解码范围是十六进制数字0～9，A～F。如果通过七段显示电平来显示数码0～9，则七段显示电平与十六进制代码的对应关系如表4-29所示。

表4-29　七段显示电平与十六进制代码的对应关系

显示的数字		七 段显示电平							十六进制
数码	显示图形	g	f	e	d	c	b	a	代码
0	*0*	0	1	1	1	1	1	1	H3F
1	*1*	0	0	0	0	1	1	0	H06
2	*2*	1	0	1	1	0	1	1	H5B
3	*3*	1	0	0	1	1	1	1	H4F
4	*4*	1	1	0	0	1	1	0	H66
5	*5*	1	1	0	1	1	0	1	H6D
6	*6*	1	1	1	1	1	0	1	H7D
7	*7*	0	1	0	0	1	1	1	H27
8	*8*	1	1	1	1	1	1	1	H7F
9	*9*	1	1	0	1	1	1	1	H6F

4.11.2　显示0～9的七段数码管

七段数码管可以显示十进制数字0～9，也可以显示十六进制数字0～9、A～F。图4-45是由发光二极管组成的七段数码管。其中图4-45（a）是数码管的外部形状；图4-45（b）是数码管的共正极连接，公共端接高电平 V+；图4-45（c）则是数码管的共负极连接，公共端接低电平 V−。

以共正极连接为例，当a、b、c、d、e、f段都连接到低电平（发光），g段连接到高电平（不发光）时，显示数字"0"。当各段都连接到低电平（全部发光）时，显示数字"8"。

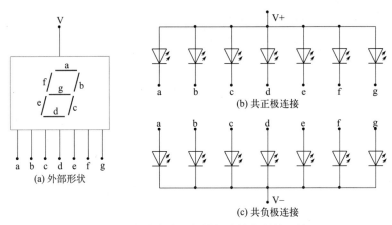

图 4-45　由发光二极管组成的七段数码管

4.11.3　经典应用实例——5 选手智能抢答器

（1）控制要求

用三菱 FX5U PLC、七段数码显示器等元器件构成 5 选手智能抢答器，由 5 人参赛。某选手最先按下自己的抢答按钮时，显示出该选手的号码，同时封锁其他选手的输入信号。主持人按下复位按钮时，显示数码"0"，抢答开始进行。

（2）输入和输出元件的 I/O 地址

在 FX5U PLC 中，按表 4-30 分配输入和输出元件的 I/O 地址。

表 4-30　抢答器输入和输出元件的 I/O 地址

输入				输出			
元件代号	元件名称	用途	地址	元件代号	元件名称	用途	地址
SB0	按钮 0	复位	X0	a	发光二极管 a	控制 a 段	Y0
SB1	按钮 1	抢答 1	X1	b	发光二极管 b	控制 b 段	Y1
SB2	按钮 2	抢答 2	X2	c	发光二极管 c	控制 c 段	Y2
SB3	按钮 3	抢答 3	X3	d	发光二极管 d	控制 d 段	Y3
SB4	按钮 4	抢答 4	X4	e	发光二极管 e	控制 e 段	Y4
SB5	按钮 5	抢答 5	X5	f	发光二极管 f	控制 f 段	Y5
				g	发光二极管 g	控制 g 段	Y6

（3）PLC 的选型和接线图

根据控制要求和表 4-30，可选用三菱 FX5U-32MT/ES PLC，主回路和 PLC 接线图见图 4-46。数码管采用共正极连接，每只数码管的电流约为 10mA。输出单元使用 DC 24V 电源时，每只发光二极管都需要串联 1 只 2kΩ 的限流电阻。

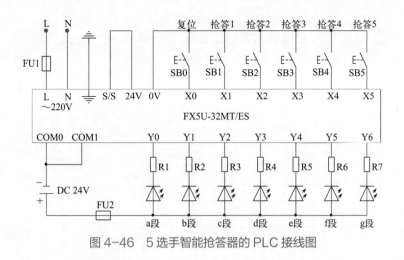

图 4-46　5 选手智能抢答器的 PLC 接线图

（4）FX5U 的梯形图程序

按照控制要求，编写出 5 选手智能抢答器的梯形图程序，如图 4-47 所示。程序中多次使用了七段解码指令 SEGD（P）。

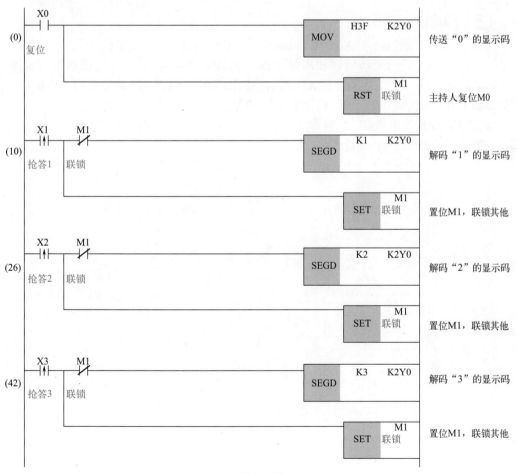

图 4-47

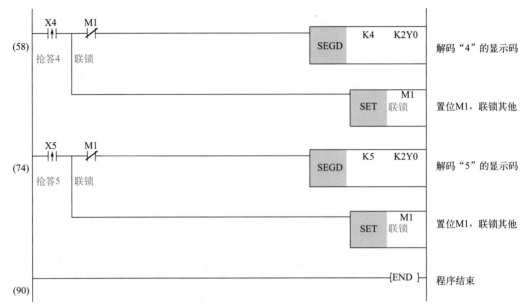

图 4-47　5 选手智能抢答器的 PLC 梯形图

（5）梯形图控制原理

① 主持人按下复位按钮，X0 闭合，显示数码"0"，5 位选手开始抢答。

② 选手 1～5 进行抢答时，使用解码指令 SEGD（P），将显示代码送到目标操作数 K2Y0。例如：选手 3 按下 SB3，使 X3 接通，SEGD（P）指令将 K3 进行送到 K2Y0 中。解码后得到十六进制代码 H4F，使数码管显示为"3"。

③ 某位选手抢答成功后，数码管显示其代码，同时内部继电器 M1 得电，其常闭触点断开，其他抢答按钮被封锁，不能继续抢答。

④ 为了防止选手提前按下抢答按钮，使用 X1～X5 的脉冲上升沿作为控制信号。

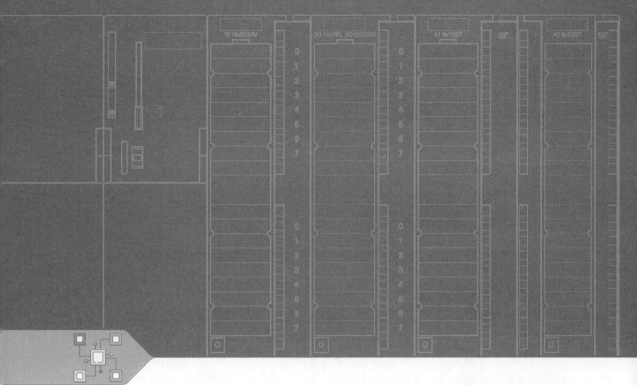

第 5 章
功能指令解析与经典应用实例

FX5U PLC 具有丰富的指令系统，除了基本指令、步进指令之外，还有为数众多的功能指令（Function Instruction）。它实际上就是一些功能不同的子程序，主要功能指令有：算术运算指令、比较运算指令、逻辑运算指令、数据传送指令、数据转换指令、数据控制指令、数据处理指令、时钟控制指令、程序流程指令、结构化指令、字符串处理指令、模块访问指令、高速计数器指令、变频器通信指令、脉冲控制指令、精密定位指令、通信指令、方便指令等。运用这些功能指令，可以大幅度地简化程序，完成较为复杂的自动化控制任务。

功能指令又称为应用指令（Applied Instruction）。它进一步拓宽了 FX5U 的应用领域，例如模拟量控制、PID（比例积分微分）控制、运动量和定位控制、网络通信与应用等。功能指令的格式比较抽象，编程手册中的讲述也不太全面，初学者一般接触不多，不太容易理解。在学习过程中，最好将功能指令与微型计算机、单片机技术中的汇编指令联系起来，进行穿插和对照学习，以便深入理解功能指令的含义。

5.1 ▶ 功能指令的基本要素

5.1.1 功能指令的表达格式

功能指令都要遵循一定的规则，具有一定的表达格式，如图 5-1 所示。指令一般都由助记符和操作数两部分组成，少数功能指令没有操作数。助记符用大写英文字母表示，操作数一

图 5-1　功能指令的表达格式

般有 1～4 个，它就是指令的操作对象，如常数、数据寄存器、地址等。

操作数可以分为以下 3 种。

① 源操作数。执行指令后内容不变的，称为源操作数，用（s）表示。如果有多个源操作数，则分别用（s1）、（s2）等表示。

② 目标操作数。执行指令后内容被刷新的，称为目标操作数，用（d）表示。如果有多个目标操作数，则分别用（d1）、（d2）等表示。

③ 其他操作数。用 n 或 m 表示，它们可以表示常数，或对源操作数、目标操作数进行补充。常数可以用十进制（用 K 表示）或十六进制（用 H 表示），但是不能采用二进制数。

在功能指令前面，一般都要指定一个控制条件，如 X0、M10、SM100 等。当控制条件为 OFF 状态时，功能指令不执行；当控制条件为 ON 状态时，功能指令被执行。

功能指令默认为连续执行方式，即在每一个扫描周期都执行一次。如果加上后缀"P"，则表示脉冲执行方式，仅在执行条件满足时的第一个扫描周期执行一次。

功能指令可以分为 16 位指令和 32 位指令，默认的是 16 位指令，前面加上大写字母"D"就是 32 位指令。

5.1.2　操作数中使用的软元件

功能指令的操作数必须使用 PLC 的某种软元件，不同的功能指令，适用的软元件也不相同。软元件可以分为位元件、字元件、数据寄存器、常数等。

（1）位元件

位元件用来表示开关量的状态，例如触点的接通、断开，输出线圈的得电和失电。这 2 种状态分别用二进制数"0"和"1"表示，"0"代表 OFF 状态，"1"代表 ON 状态。软元件 X、Y、M、S 等可以作为位元件。

（2）字元件

在功能指令中，经常要用到"字"软元件，以便进行数据的处理，因此有必要加深对"字"软元件的理解。

字元件的数据形式为 16 位二进制数，FX5U 中常用的字软元件如表 5-1 所示。

表 5-1　FX5U 中常用的字软元件

符号	内容和占用的位数
T	定时器 T 的当前寄存器（16 位）
C	计数器 C 的当前寄存器（16 位或 32 位）
D	数据寄存器（16 位）
V、Z	变址寄存器（16 位）

符号	内容和占用的位数
KnX	由输入继电器 X 组合的字元件（4 位、8 位、12 位、16 位、20 位、24 位、28 位、32 位）
KnY	由输出继电器 Y 组合的字元件（4 位、8 位、12 位、16 位、20 位、24 位、28 位、32 位）
KnM	由辅助继电器 M 组合的字元件（4 位、8 位、12 位、16 位、20 位、24 位、28 位、32 位）
KnS	由步进继电器 S 组合的字元件（4 位、8 位、12 位、16 位、20 位、24 位、28 位、32 位）

从表中可知，字元件可以分为两种类型。

① 寄存器类的字元件。如定时器 T、计数器 C、数据寄存器 D、变址寄存器 V 和 Z，它们可以直接作为字元件使用。

② 由十进制数与位元件组合的字元件。在编程过程中，位元件只能逐个编程。例如，如果需要采用 "LD" 指令读取 X0 ~ X7 的状态，必须使用 8 次 "LD" 指令。将多位软元件组合为字元件后，就可以用一条功能指令，同时对多个位元件（最多为 32 个）进行操作，可以大大提高编程的效率。此外，将位元件组合为字元件后，就可以利用位元件进行数据处理。

例如，将十进制数 n 与输出继电器 Y0 组合，就形成了字元件 KnY0。K 表示十进制，n 表示组数。n 的取值范围为 1 ~ 8。每组包括 4 个位元件，Y0 是最低位，Y37 是最高位。由 Kn 和 Y0 组合的全部字软元件如表 5-2 所示。

表 5-2　由 Kn 和 Y0 组合的字软元件

KnY0	位元件组数	位元件个数	最高位~最低位	适用的指令
K1Y0	1	4	Y3 ~ Y0	16 位或 32 位
K2Y0	2	8	Y7 ~ Y0	
K3Y0	3	12	Y13 ~ Y0	
K4Y0	4	16	Y17 ~ Y0	
K5Y0	5	20	Y23 ~ Y0	32 位
K6Y0	6	24	Y27 ~ Y0	
K7Y0	7	28	Y33 ~ Y0	
K8Y0	8	32	Y37 ~ Y0	

组合字元件的最低位可以任意选取。但是为了方便，一般采用以 0 结尾的位元件作为最低位，例如 X0、Y0、M10 等。

（3）数据寄存器

数据寄存器是用来存储数据的软元件。其数值可以通过功能指令、数据存取单元、编程软件写入或读出。数据寄存器都是 16 位（最高位是符号位），可以处理的数据范围是 $-32768 ~ +32768$。如果将相邻的两个数据寄存器组合在一起，可以构成 32 位的数据寄存器（最高位是符号位），可以处理的数据范围是 $-2147483648 ~ +2147483647$。

在通用数据寄存器中，一旦写入某种数据，只要不再写入其他数据，其内容就不会变化。但是在 PLC 停止运行或停电时，所有的数据都会被清除。链接数据寄存器则可以保持数据不丢失，因此可以用来存储 FX5U 在运行过程中生成的大量数据。

（4）常数

在 FX5U 的程序中，常数 K、H 也是作为软元件进行处理。

5.2 右移位和左移位指令 SFTR（P）、SFTL（P）

5.2.1　n 位数据的 n 位右移位和左移位指令解析

（1）SFTR（P）指令和 SFTL（P）指令的格式和作用

SFTR（P）指令的格式，如图 5-2（a）所示；SFTL（P）指令的格式，如图 5-2（b）所示。

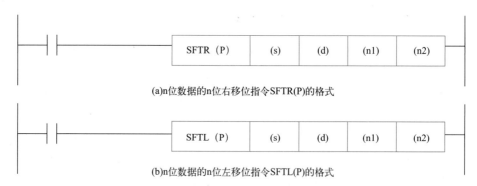

(a)n位数据的n位右移位指令SFTR(P)的格式

(b)n位数据的n位左移位指令SFTL(P)的格式

图 5-2　SFTR（P）指令和 SFTL（P）指令的格式

对 SFTR（P）和 SFTL（P）指令格式的说明：

（s），源操作数，移位之后存储移位数据的软元件起始编号；

（d），目标操作数，移位的软元件起始编号；

（n1），移位数据的长度，要求（n1）≥（n2）；

（n2），移动的位数，要求（n2）≤（n1）。

SFTR（P）指令的作用是：当控制信号接通时，将目标操作数（d）所指定的移位寄存器（其长度由 n1 表示）向右边移动，移动的位数由 n2 表示。移位后的数据由源操作数（s）所指定的数据填补。

SFTL（P）指令的作用是：当控制信号接通时，将目标操作数（d）所指定的移位寄存器（其长度由 n1 表示）向左边移动，移动的位数由 n2 表示。移位后的数据由源操作数（s）所指定的数据填补。

（2）SFTR（P）和 SFTL（P）指令使用的软元件

这 2 条指令的操作数使用的软元件如表 5-3 所示。

表5-3　SFTR（P）和 SFTL（P）指令使用的软元件

操作数	软元件			
	位元件	字元件	常数	指定方式
（s）	X、Y、M、L、SM、F、B、SB、S	—	—	—
（d）				
（n1）		T、ST、C、D、W、SD、SW、R、Z、U □ \G □	K、H	间接指定
（n2）				

注：位元件不能直接用于（n1）、（n2），将它们与常数 K、H 组合为字元件之后，则可以使用。

5.2.2　执行右移位和左移位指令的梯形图

（1）采用 SFTR（P）和 SFTL（P）指令的梯形图

如图5-3所示，首先将 K1Y0（Y3 ～ Y0）赋值为十六进制数据 H0B，如果再将它转换为二进制数据，则为 1011。将 K4M0（M15 ～ M0）赋值为十六进制数据 H3487，如果再将它转换为二进制数据，则为 0011 0100 1000 0111。

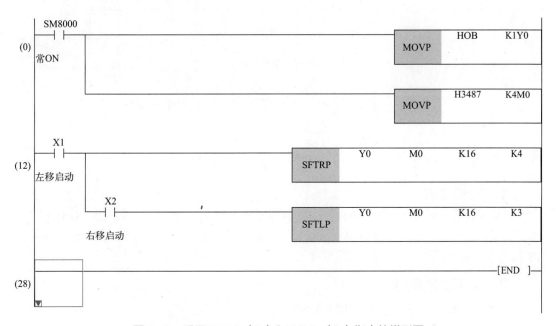

图5-3　采用 SFTR（P）和 SFTL（P）指令的梯形图

当 X1 为 ON 时，执行一次右移位指令，将 M15 ～ M0 数据向右边移动 4 位。左边空出的 4 位，则由 Y3 ～ Y0 的数据 1011 填补，以形成新的数据。

当 X1 保持 ON，且 X2 为 ON 时，执行一次左移位指令，将新的 M15 ～ M0 数据向左边移动 3 位，右边空出的 3 位，则由 Y2 ～ Y0 的数据 011 填补。

（2）执行 SFTR（P）和 SFTL（P）指令的移位示意图

按图5-3进行移位后，移位的结果如图5-4所示。

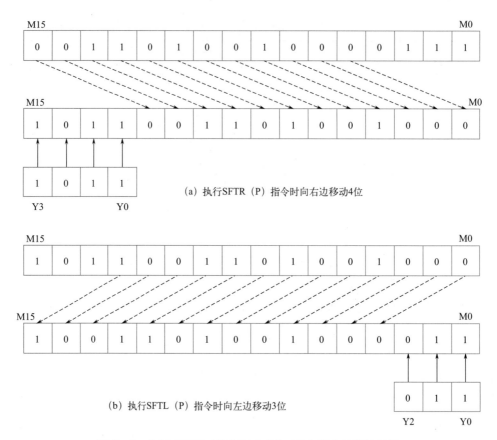

(a) 执行SFTR（P）指令时向右边移动4位

(b) 执行SFTL（P）指令时向左边移动3位

图5-4 执行SFTR（P）和SFTL（P）指令的移位结果

5.2.3 经典应用实例——8盏灯具的顺序控制

（1）控制要求

有8盏灯具，要求灯具1～8顺序点亮，间隔时间为1s。第8盏灯点亮后，延时2s。再令灯具8～1逆序熄灭，全部熄灭后，延时1s，然后继续循环。要求采用三菱 FX5U-32MT/ES PLC 进行控制。

（2）梯形图的编程

符合上述要求的梯形图程序如图 5-5 所示。

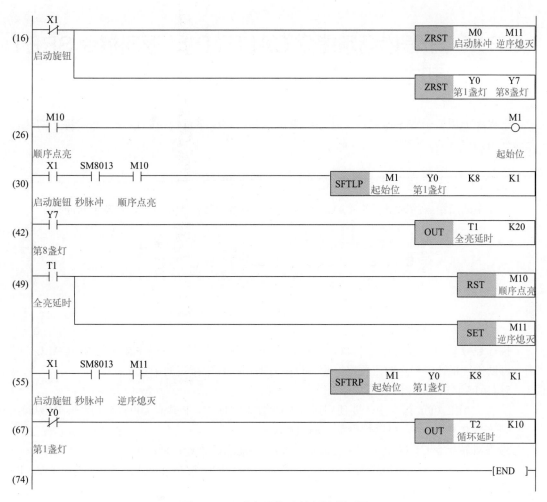

图 5-5　8盏灯具顺序控制的梯形图

（3）梯形图控制原理

① 启动旋钮 X1 闭合时，执行 PLS（上升沿输出）指令，使 M0 仅在 X1 导通的第一个扫描周期接通。此时 M0 的常开触点闭合，使 M10 置位，M11 复位。M10 将循环起始位 M1 置"1"。

② M10 置位后，执行左移位指令 SFTL（P），利用 SM8013 提供的秒脉冲，每间隔 1s 写入一个"1"的状态，使 8 盏灯（Y0 ~ Y7）顺序点亮。

③ 第 8 盏灯（Y7）点亮时，定时器 T1 得电，延时 2s，在此期间使灯具 1 ~ 8 保持全亮。

④ T1 延时 2s 后，M10 复位，M11 置位。执行右移位指令 SFTR（P），利用 SM8013 提供的秒脉冲，每间隔 1s 写入一个"1"的状态，使 8 盏灯（Y7 ~ Y1）逆序熄灭。

⑤ 最后一盏灯熄灭时，Y0 的状态为"0"，定时器 T2 得电，延时 1s，在此期间使灯具 1 ~ 8 保持全熄。

⑥ T2 延时 1s 后，其常开触点闭合，上升沿脉冲使 M10 再次置位，M11 再次复位，重复进行下一轮的循环。

⑦ X1 断开时，M0 ~ M11、Y0 ~ Y7 全部复位，灯具全部熄灭。

5.3 子程序调用指令 CALL（P）、返回指令 SRET 和主程序结束指令 FEND

子程序调用、子程序返回、主程序结束指令都属于程序执行控制指令，通常将它们结合起来使用。

5.3.1 子程序调用指令 CALL（P）解析

子程序调用指令的助记符是 CALL（P），指令的格式如图 5-6 所示，P 表示脉冲型。

图 5-6 子程序调用指令 CALL（P）的格式

执行 CALL（P）指令时，将执行指针 Pn 中的子程序。在同一程序文件之内，CALL（P）指令可以执行指针中指定的子程序，也可以执行通用指针中指定的子程序。

对 CALL（P）指令的说明：

① 在 CALL（P）指令中，要使用指针 Pn。在 FX5U 中，P 共有 4096 点（P0 ～ P4095）。

② 在操作数 Pn 中，可以使用重复的指针编号。

③ 在跳转指令 CJ（P）中使用过的标号 Pn，不能用在子程序调用中。

④ 在子程序内部，可以嵌套另外一个子程序。嵌套的子程序可以达到 5 级，即 CALL（P）指令可以使用 4 次。

5.3.2 子程序返回指令 SRET 解析

子程序返回指令的助记符是 SRET，指令的格式如图 5-7 所示。

执行 SRET 指令时，程序将返回到被调用的子程序的下一步。

如果在用户中断程序（I-IRET）内执行 SRET 指令，在编译时将会报错。

图 5-7 子程序返回指令 SRET 的格式　　　　图 5-8 主程序结束指令 FEND 的格式

5.3.3 主程序结束指令 FEND 解析

主程序结束指令的助记符是 FEND，指令的格式如图 5-8 所示。

主程序结束指令用于将主程序与子程序、中断程序分开。也可以使用于某些顺控程序的分支中。

如果执行 FEND 指令，将在执行输入处理、输出处理、看门狗定时器的刷新后，返回至程序中的第 0 步。在 FEND 指令后面，可以继续进行其他程序的编程。

5.3.4　经典应用实例——进行数据传送

在图 5-9 中，采用子程序调用指令 CALL（P）、子程序返回指令 SRET、主程序结束指令

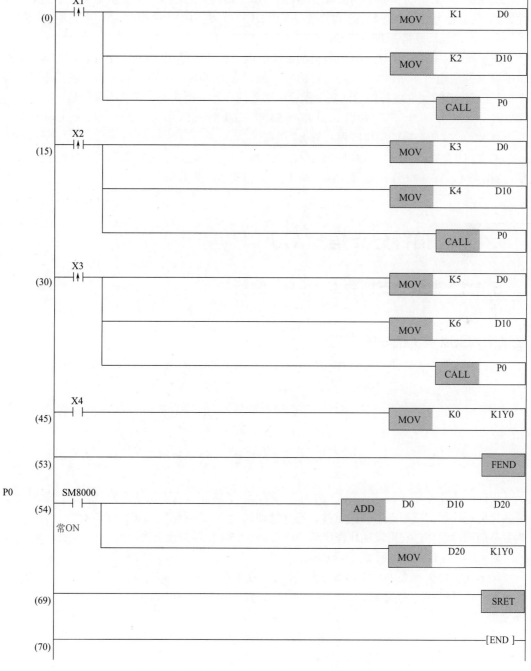

图 5-9　采用程序流程指令进行数据传送的梯形图

FEND 进行数据传送。当 X1、X2、X3 的触点接通时，相应的数据被传送到数据寄存器 D0 和 D10 中，然后调用子程序。在子程序中，对 D0 和 D10 中存储的数据进行加法运算，运算所得的结果存储到 D20 中，再用 D20 所存储的数据控制输出字元件 K1Y0。

梯形图控制原理如下所述。

① 梯形图由主程序和子程序两部分组成。主程序是 0 ～ 53 步，功能是传送数据，并对字元件 K1Y0 清零。子程序是 54 ～ 69 步，功能是进行加法运算，并控制输出字元件 K1Y0。

② X1 闭合后的动作流程：在 X1 上升沿的那个扫描周期，将十进制数值 1 传送到数据寄存器 D0 中，将十进制数值 2 传送到数据寄存器 D10 中，然后中断主程序，调用并执行子程序。子程序的入口地址是指针 P0（第 54 步）。

在子程序中，将 D0 与 D10 的数值相加，所得的结果"3"送到 D20 中存储，然后用 D20 中的数据控制输出字元件 K1Y0，使它的二进制状态为 0011。子程序的最后一条指令是子程序返回指令 SRET，它使程序返回到主程序中断处的下一条指令处。程序的流程是：

$$0 \text{ 步} \sim 14 \text{ 步} \rightarrow 54 \text{ 步} \sim 69 \text{ 步} \rightarrow 15 \text{ 步}$$

③ X2、X3 闭合后的动作流程：与 X1 类似。

④ X1 闭合后，Y0、Y1 输出指示灯亮；X2 闭合后，Y0、Y1、Y2 输出指示灯亮；X3 闭合后，Y0、Y1、Y3 输出指示灯亮；X4 闭合后，输出指示灯全部熄灭。

5.4 指针分支指令 CJ（P）

5.4.1 指针分支指令 CJ（P）解析

（1）CJ（P）指令的格式

指针分支指令 CJ（P）又称为跳转指令，其格式如图 5-10 所示，P 表示脉冲型。

图 5-10 指针分支指令 CJ（P）的格式

指针分支指令属于程序流程指令中的一种，用于选择执行指定的程序段，跳过暂时不需要执行的程序段。它根据不同的条件，选择性地执行不同的程序步。CJ（P）指令一般用于较为复杂的程序设计，它可以优化程序结构，提高 FX5U 编程的灵活性。

对 CJ（P）指令的说明如下所述。

① 在 CJ（P）指令中，要使用分支指针 P。在 FX5U 中，P 共有 4096 点（P0 ～ P4095）。

② 当控制条件不满足时，程序按照顺序执行；当控制条件满足时，程序跳转到指针标号 Pn 处执行。

③ 被跳过的程序段不再执行，即使其中的控制条件发生变化，输出继电器、辅助继电器、步进继电器等状态不变，仍然保持跳转之前的工作状态。

④ 多个跳转指令可以使用同一个标号。

⑤ 如果使用特殊内部继电器 SM400（常 ON）作为控制跳转的条件，则 CJ（P）变成无条件跳转指令。

（2）CJ（P）指令的梯形图结构

CJ（P）指令的梯形图结构如图 5-11 所示。

在图 5-11 中，由 M1 进行程序段 A 与程序段 B 的选择，当 M1 断开时，控制条件不满足，程序按照顺序执行，即执行程序段 A，跳过程序段 B；当 M1 接通时，控制条件满足，跳过程序段 A，直接跳转到指针标号 P0 处，执行程序段 B。

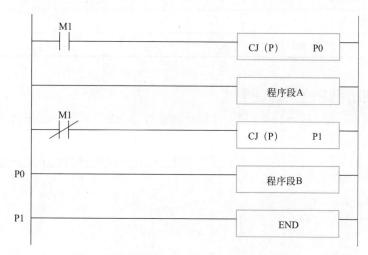

图 5-11　指针分支指令 CJ（P）的程序结构

5.4.2　经典应用实例——双电机运转的手动 / 自动选择

（1）控制要求

在工业自动化控制系统中，为了提高设备的可靠性，通常要设置手动 / 自动两种工作方式。手动方式用于设备调试、检修等；自动方式则为正常生产时运行的程序。因此，需要设计手动与自动转换的程序。

某台设备具有 2 台电动机，它们都需要手动 / 自动两种操作方式，具体要求如下所述。

① 主控器件采用三菱 FX5U-32MT/ES PLC，其工作电源采用 AC 220V，输出单元的电源采用 DC 24V。

② 设置手动 / 自动选择开关，开关断开时，执行手动操作方式，开关接通时，执行自动操作方式。

③ 在手动状态时，分别控制 2 台电动机的启动（点动）运转。

④ 在自动方式时，用按钮先启动电动机 M1。M1 运转 15s 后，自动启动电动机 M2。按下停止按钮时，2 台电动机同时停止运转。

（2）输入 / 输出元件的 I/O 地址分配

根据控制要求，列出 FX5U 输入、输出端的元件和 I/O 地址，见表 5-4。

表 5-4　输入 / 输出元件和 I/O 地址分配

输入				输出			
元件代号	元件名称	用途	地址	元件代号	元件名称	用途	地址
SA	转换旋钮	手 / 自转换	X0	KM1	接触器 1	控制 M1	Y1
SB1	按钮 1	M1 启动	X1	KM2	接触器 2	控制 M2	Y2
SB2	按钮 2	M2 启动	X2				
SB3	按钮 3	停止	X3				
KH1	热继电器 1	M1 过载	X4				
KH2	热继电器 2	M2 过载	X5				

（3）主回路和 PLC 接线图

根据控制要求，设计出 2 台电机手动 / 自动控制的接线图，如图 5-12 所示。

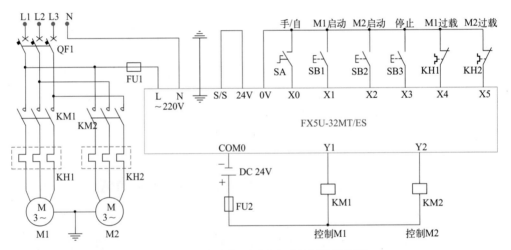

图 5-12　2 台电机手动 / 自动控制的接线图

（4）采用 CJ（P）指令的梯形图编程

梯形图的编程如图 5-13 所示。

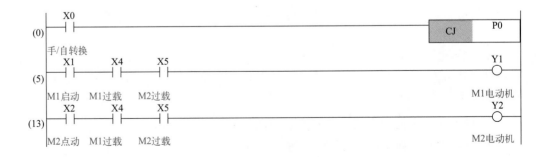

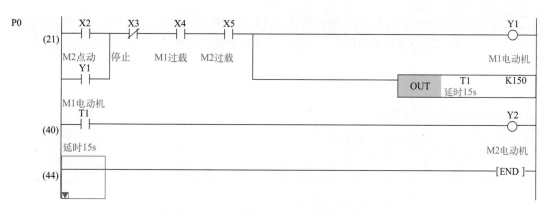

图 5-13　2 台电机手动 / 自动控制的梯形图

在图 5-13 中，自动程序段 P0 前面需要放置指针编号 P0。放置方法是：双击图 5-13 中需要放置指针编号的位置（梯形图左边紧靠行编号处），弹出图 5-14 所示的对话框，在其中输入指针编号即可。

图 5-14　放置指针编号的对话框

（5）梯形图控制原理

① P0 是自动程序段的指针标号。

② 当"手动 / 自动转换"开关 X0 断开时，不会跳转到指针标号 P0 处，即不执行自动程序段，而执行第 5 ～ 20 步的手动程序。此时按下按钮 SB1，Y1 得电，M1 点动运转；按下按钮 SB2，Y2 得电，M2 点动运转。

③ 当"手动 / 自动转换"开关 X0 闭合时，不执行手动程序，而是直接跳转到指针标号 P0 处，执行第 21 ～ 45 步的自动程序段。此时按下按钮 SB1，Y1 得电并自保，M1 连续运转。延时 15s 后，Y2 得电，M2 也启动并连续运转。

④ 按下停止按钮 SB3，Y1 和 Y2 均失电，M1 和 M2 停止运转。

⑤ 在图 5-12 中，热继电器 X4、X5 以常闭触点接入。电动机过载时，图 5-13 中 X4 或 X5 的常开触点就会断开，Y1 和 Y2 均失电，避免因过载烧坏电动机。

5.5　中断指令 EI、DI、IRET

PLC 程序在运行过程中，其内部或外部可能随机发生很多事件。例如，连接在某个输入端子的传感器发生动作，内部定时器设定的时间到达，高速计数器的输入脉冲个数达到设定值，等等。先前并不知道这些事件何时发生，但是一旦出现就需要立即处理，FX5U 和其他 PLC 都是用"中断"的方法来解决这些问题。

由此可见，所谓中断就是当 CPU 在执行正常程序时，系统中出现了某些急需处理的特殊请求，也就是中断事件。这时 CPU 暂时停止正在执行的程序，转而去处理中断事件。当该事件处理完毕之后，CPU 自动地返回，继续执行原来被中断的程序。

5.5.1　中断指令 EI、DI、IRET 解析

（1）中断指令的格式

中断指令包括 3 条指令，分别是：

① 允许中断指令 EI，其格式见图 5-15（a）；

② 禁止中断指令 DI，其格式见图 5-15（b）；

③ 中断返回指令 IRET，其格式见图 5-15（c）。

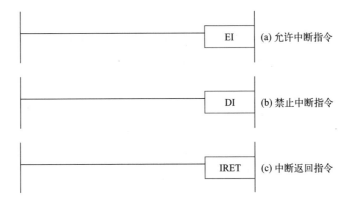

图 5-15　中断指令的格式

对中断指令的说明如下所述。

① 在主程序中，有时需要禁止中断，有时需要开启中断。允许中断的子程序，必须在允许中断指令 EI 和禁止中断指令 DI 之间。在 DI 之后，主程序禁止执行中断子程序。

② 每个中断子程序必须放置在主程序结束指令 FEND 之后。执行完毕之后，用中断返回指令 IRET 结束。当多个中断信号同时生效时，中断指针编号较小的具有较高的优先权，得以优先执行。

③ 中断子程序可以进行中断嵌套，但是嵌套次数不能超过 2 次。

（2）中断指针的编号

采用中断指令进行编程时，需要指定中断指针的编号。中断指针的编号、中断原因、使用范围见表 5-5。

表 5-5　中断指针的编号、中断原因、使用范围

指针编号	中断原因	优先度	优先顺序	使用范围
I0 ～ I15	输入中断	1 ～ 3	1 ～ 16	在 CPU 模块的输入中断中使用，最多可使用 8 点
I16 ～ I23	高速比较一致中断	1 ～ 3	17 ～ 24	在 CPU 模块的高速比较一致中断中使用
I28 ～ I31	内部定时器的中断	1 ～ 3	28 ～ 25	在通过内部定时器进行的恒定周期中断中使用
I50 ～ I177	来自模块的中断	2 ～ 3	29 ～ 156	在具备中断功能的模块中使用

在表中，每一个中断指针编号都有特定的内容。优先度是发生多重中断时的执行顺序，数值越小，中断优先度越高。优先顺序则是在出现相同的中断优先度时，先后执行的顺序。

5.5.2　测试两个中断指针编号的优先顺序

有 2 个中断指针编号，一个是 I5，另一个是 I10。要求通过梯形图程序，测试它们的优先顺序。有关的梯形图程序如图 5-16 所示。

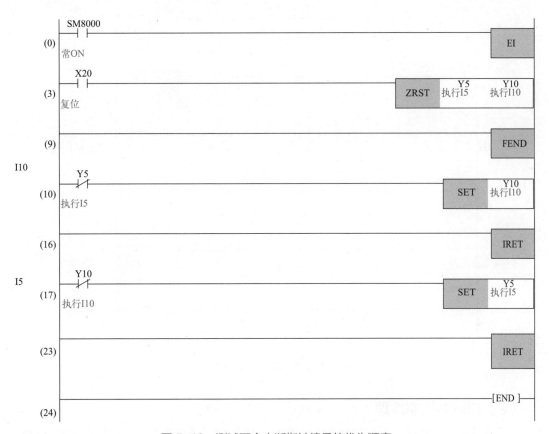

图 5-16　测试两个中断指针编号的优先顺序

梯形图控制原理如下所述。

① 将 FX5U 的输入端子 X5 和 X12 连接到同一个按钮。当按钮按下时，X5 和 X12 的状态发生变化，都是从 OFF 转为 ON，并同时产生中断事件 I5 和 I10。

② 在程序中，并没有看到输入信号 X5 和 X12，这是因为它们隐含在中断指针编号中。I5 的含义就是"X5 的上升沿"，I10 的含义就是"X12 的上升沿"。

③ 中断事件 I5 使 Y5 得电，其常闭触点断开，封锁 Y10；中断事件 I10 使 Y10 得电，其常闭触点断开，封锁 Y5。

④ 观察程序运行的结果，总是 Y5 得电（其输出指示灯亮）。从表 5-5 可知：虽然它们的优先度都是 1 ～ 3，但是 I5 的优先顺序是 6，I10 的优先顺序是 11。这说明在同类中断事件中，中断指针编号较小的，优先顺序靠前，优先级别更高。

⑤ X20 是复位信号，使 Y5 ～ Y10 同时复位。

5.5.3 经典应用实例 1——采用中断指令的计数程序

控制要求：采用中断子程序，执行 INC 指令，使数据寄存器 D0 的数值增加 1。

（1）PLC 梯形图的编程

满足这一要求的梯形图程序如图 5-17 所示。

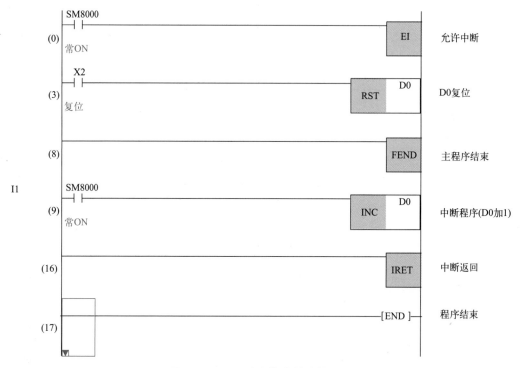

图 5-17　采用中断指令的计数程序

（2）梯形图控制原理

① 采用中断指针编号 I1，它属于输入中断。I1 的定义是：当 X1 的状态由 OFF → ON，即在 X1 的信号出现上升沿时所产生的中断信号。

② 在程序中，并没有看到控制信号 X1，这是因为 X1 隐含在中断指针编号 I1 中，I1 的含义就是"X1 的上升沿"。

③ 中断指针编号 I1 放置在程序步 9 的前面，程序步 9 ～ 15 为中断子程序。当主程序结束时，开始执行中断子程序 I1，即执行 INC 加法指令，使 D0 的数值增加 1。

④ 在本例中，因为产生中断事件时，中断程序只能执行一次，所以加法指令不需要设定为 INCP（脉冲型）。

⑤ 当 X2 接通时，D0 中的数据清零。

5.5.4 经典应用实例 2——捕捉短时间脉冲信号

控制要求：在工业自动控制场所，有一部分脉冲信号出现的时间很短，可能导致自动控制出现失误，此时需要采取措施，捕捉这些短时间脉冲信号。

（1）梯形图的编程

图 5-18 是有关的梯形图程序，其中采用了输入中断指令 I2。

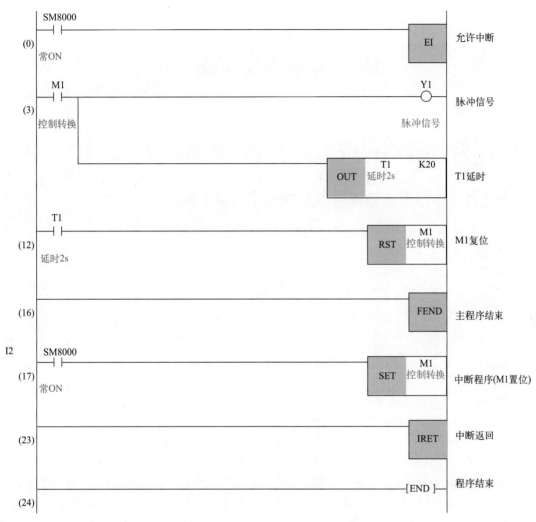

图 5-18　捕捉短时间脉冲信号的程序

（2）梯形图控制原理

① 采用中断指针编号 I2，它属于输入中断。I2 的定义是：当 X2 的状态由 OFF → ON，即在 X2 的信号出现上升沿时所产生的中断信号。

② 在程序中，并没有看到控制信号 X2，这是因为 X2 隐含在中断指针编号 I2 中，I2 的含义就是"X2 的上升沿"。

③ 中断指针编号 I2 放置在程序步 17 的前面，程序步 17 ～ 22 为中断子程序。当主程序结束时，开始执行中断子程序 I2，使 M1 置位。此时，在主程序中，M1 的常开触点闭合，Y1 通电，提示出现了脉冲信号。与此同时，定时器 T1 通电延时，2s 之后 T1 动作，M1 复位，Y1 断电。

④ 脉冲输入信号 X2、输出信号 Y1 的波形如图 5-19 所示。

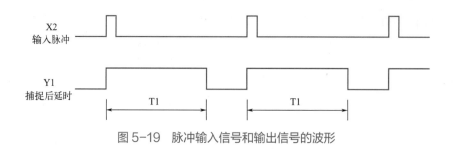

图 5-19　脉冲输入信号和输出信号的波形

5.6　运算指令 E/（P）和转换指令 INT2FLT（P）

5.6.1　单精度实数除法运算指令 E/（P）解析

（1）E/（P）指令的格式和作用

E/（P）指令的格式如图 5-20 所示。

图 5-20　E/（P）指令的格式

对 E/（P）指令格式的说明：

（s1），被除数据，或存储了被除数据的软元件起始编号；

（s2），除法运算数据，或存储了除法运算数据的软元件起始编号；

（d），存储运算结果的软元件起始编号。

单精度实数除法运算指令 E/（P）的作用是：在（s1）中指定一个单精度实数，作为被除数；在（s2）中指定另外一个单精度实数，作为除数。对它们进行除法运算，运算的结果存储到（d）所指定的软元件中。

（2）E/（P）指令使用的软元件

E/（P）指令的操作数使用的软元件如表 5-6 所示。

表 5-6　E/（P）指令使用的软元件

操作数	软元件			
	字元件	双字元件	常数	指定方式
（s1）	T、ST、C、D、W、SD、SW、R、U □ \G □	LC	E	间接指定
（s2）				
（d）			—	

5.6.2 单精度实数转换指令 INT2FLT（P）解析

（1）INT2FLT（P）指令的格式和作用

INT2FLT（P）指令的格式，如图 5-21 所示。

图 5-21 INT2FLT（P）指令的格式

对 INT2FLT（P）指令格式的说明：

（s），转换前的数据，取值范围是 −32768 ～ +32767；

（d），转换后的数据，单精度实数。

转换值指令 INT2FLT（P）的作用是：将（s）中指定的带符号 16 位数据转换为单精度实数后，存储到（d）中。

（2）INT2FLT（P）指令使用的软元件

INT2FLT（P）指令的操作数使用的软元件如表 5-7 所示。

表 5-7 INT2FLT（P）指令使用的软元件

操作数	软 元 件			
	位元件	字元件	常数	指定方式
（s）	X、Y、M、L、SM、F、B、SB、S	T、ST、C、D、W、SD、SW、R、Z、U □ \G □	K、H	间接指定
（d）	—	T、ST、C、D、W、SD、SW、R、U □ \G □	—	

注：表中的位元件不能直接使用于（s），如果将它们与常数 K1 ～ K4 组合为字元件之后，则可以使用。

（3）INT2FLT（P）指令的使用示例

图 5-22 是 INT2FLT（P）指令的使用示例。首先采用传送指令 MOVP，将十进制常数＋1000 放置在数据寄存器 D0 中，使 D0 被指定为带符号的 16 位数据。然后采用 INT2FLT（P）指令，将 D0 转换为单精度实数后，存储到另外一个数据寄存器 D100 中。

图 5-22 单精度实数转换指令 INT2FLT（P）的使用示例

5.6.3 经典应用实例——饮水机温度自动控制装置

（1）模拟量信号简介

数字量用"0"和"1"表示，"0"表示接通或得电，"1"表示断开或失电，如图 5-23（a）所示。

在采用 FX5U PLC 进行自动控制时，有时需要使用模拟量的数据。模拟量通常用于表示工程中的物理值，它反映的是随着时间变化的参数，如图 5-23（b）所示。温度、压力、液位、电动机运行中的频率和电流等，都是常见的模拟量信号。这类信号的表现形式与数字量不同。它是连续变化的物理量，通常用电压信号或电流信号来表示。

温度的精确控制，通常需要采用模拟量信号进行控制。

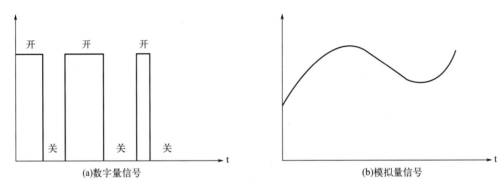

图 5-23　数字量信号与模拟量信号

在本例中，用一只电加热器对饮水机中的水进行加热。当水温低于下限值 90℃时，加热器自动通电，对水进行加热，使水的温度逐渐上升。当水温达到上限值 100℃时，加热器自动断电，停止加热。随后水的温度逐渐下降，低于下限值时，再次通电加热。达到上限值时，再次停止加热。

对于这样的控制过程，有 5 点具体的要求：

① 用温度探头检测温度。

② 温度探头不能直接接入 PLC 的模拟量输入端子，需要将它接入温度变送器。变送器转换出来的是一个标准电量，也就是模拟量信号，常用的电压信号是 0 ～ 5V、−5 ～ +5V、0 ～ 10V、−10 ～ +10V，其中最常用的是 0 ～ 10V。常用的电流信号是 0 ～ 20mA、4 ～ 20mA、−20 ～ +20mA，其中最常用的是 4 ～ 20mA。

在本例中，温度变送器转换出来的模拟量信号是 0 ～ 10V 电压信号。

③ 将 0 ～ 10V 电压信号连接到 FX5U 的内置模拟量输入端子，或模拟量输入模块。

④ 在 FX5U 内部，通过 AD 转换器将模拟量输入信号转换为数字量信号，然后进行运算和处理。

⑤ 经过 CPU 运算和处理的信号，通过数字量或模拟量输出端子输出到 FX5U 的外部，执行控制功能。

（2）PLC 的选型和接线图

PLC 选用 FX5U-32MR/ES 型。

接线如图 5-24 所示，可以采用手动和自动两种方式进行控制。在自动方式时，热敏电阻 RT 置于电加热器中，采集温度信号，然后传送到温度变送器，在这里转换为 0 ～ 10V 的模拟量电压信号。这个信号再输入到 FX5U-32MR/ES 的内置模拟量输入端子 V1+、V−（接线位置参看第 1 章图 1-6 中的 ［5］)，进行运算和自动加温控制。

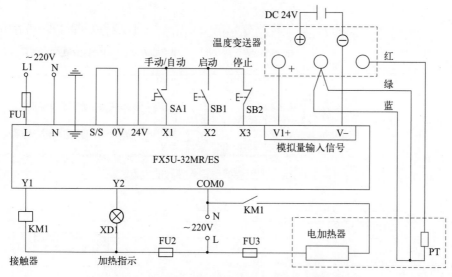

图 5-24　采用 FX5U 的饮水机温度自动控制装置

在 FX5U 中，内置模拟量的输入和输出不占用点数。

（3）内置模拟量输入参数的设置

① 在导航栏中，依次点击"参数"→"FX5U CPU"→"模块参数"→"模拟输入"，打开内置模拟量参数输入的界面。

② 在"设置项目一览"栏目中，依次点击"基本设置"→"A/D 转换允许 / 禁止设置功能"，在 CH1（通道 1）中选择"允许"。

③ 点击"应用设置"→"比例缩放设置"，将其中的"比例缩放启用 / 禁用"设置为"启用"。

④ 将"比例缩放上限值"设置为 10000，下限值设置为 0。

⑤ 点击"应用"按钮，就可以将 0 ～ 10 的模拟量电压信号转换为 0 ～ 10000。

⑥ 以上的设置内容如图 5-25 所示，将这些内容写入到 FX5U 中。

（4）PLC 梯形图的编程

梯形图的编程如图 5-26 所示。

（5）梯形图控制原理

① 手动 / 自动转换：

当转换开关 X1 接通时，通过手动方式控制加温；

当转换开关 X1 断开时，通过自动方式控制加温。

② 手动加热控制：

按下启动按钮 X2，Y1 和接触器 KM1 线圈得电，加热器通电加温；

按下停止按钮 X3，Y1 和 KM1 线圈断电，加热器停止加温。

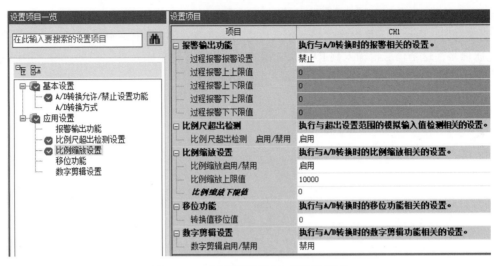

图 5-25　内置模拟量输入参数的设置

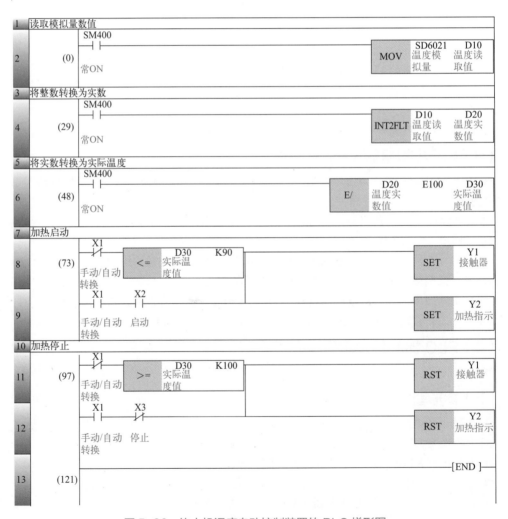

图 5-26　饮水机温度自动控制装置的 PLC 梯形图

③ 自动加热控制：将热敏电阻放入加热器中，检测加热器的温度，并将温度值通过导线连接到温度变送器。

温度变送器将温度值转换为 0 ～ 10V 的模拟量电压信号，并将这个信号输送到 FX5U 的内置模拟量输入端子（V1+、V−）。然后在 PLC 中再进行 3 步转换：

第 1 步，利用"移动"指令 MOV，将 0 ～ 10V 的模拟量温度信号（SD6021）转换为数字量（整数型）的信号，放置在数据寄存器 D10 中。

第 2 步，利用"转换值"指令 INT2FLT，将 D10 中的整数型变量转换为实数型变量，放置在数据寄存器 D20 中。

第 3 步，D20 的绝对值太大，如果采用人机界面显示温度曲线，不便于显示和监测。利用"除法"指令"E/"，将它除以 100，转换为实际温度值 D30。

当温度低于下限值 90℃时，通过 16 位数据比较（有符号）指令"AND ＜＝"，使 Y1 自动置位，加热器通电。

当温度达到上限值 100℃时，通过 16 位数据比较（有符号）指令"AND ＞＝"，使 Y1 自动复位，加热器断电。

5.7 高速计数器指令 HIOEN（P）、DHCMOV（P）

普通计数器无法计测高速脉冲的输入数，因此在 FX5U 中引入了高速计数器。它使用 CPU 模块的通用输入端子，或者另外添加高速脉冲输入输出模块。通过它们对高速脉冲的输入输出进行计数，还可以读取、监视所计的数值。

常用的高速计数器指令有：启用 / 停止高速计数器的指令 HIOEN（P）、DHIOEN（P）；读取高速计数器当前值的指令 HCMOV（P）、DHCMOV（P）；32 位数据比较设置指令 DHSCS；32 位数据比较复位指令 DHSCR；32 位数据带宽比较指令 DHSZ。本节中介绍 HIOEN（P）指令和 DHCMOV（P）指令。

5.7.1 16 位数据高速输入输出指令解析

这条指令的完整名称是"16 位数据高速输入输出功能的开始 / 停止指令"，指令的助记符是 HIOEN（P）。

（1）HIOEN（P）指令的格式和作用

HIOEN（P）指令的格式，如图 5-27 所示。

图 5-27 启用 / 停止高速计数器指令 HIOEN（P）的格式

对 HIOEN（P）指令的说明：

（s1），指定启用 / 停止计数功能的编号；

（s2），指定启用计数功能的通道的位；

（s3），指定停止计数功能的通道的位。

HIOEN（P）指令的作用是：当控制信号接通时，在（s2）所表示的通道中，开始执行（s1）所表示的某一项高速输入/输出功能；在（s3）所表示的通道中，停止执行这一功能。

与 HIOEN（P）指令相似的是 DHIOEN（P）指令，其作用是：控制 32 位数据高速输入/输出功能的开始与停止。

（2）（s1）的功能编号

操作数（s1）共有 10 个编号，分别代表不同的功能，各个编号的定义如表 5-8 所示。

表 5-8　操作数（s1）功能编号的定义

功能编号	功能定义
K0	高速计数器
K10	脉冲密度/转速测定（测定从脉冲开始到指定时间内的脉冲数）
K20	高速比较表（CPU 模块）
K21	高速比较表（高速脉冲输入输出模块第 1 台）
K22	高速比较表（高速脉冲输入输出模块第 2 台）
K23	高速比较表（高速脉冲输入输出模块第 3 台）
K24	高速比较表（高速脉冲输入输出模块第 4 台）
K30	多点输出高速比较表
K40	脉冲宽度测定
K50	PWM

（3）（s2）和（s3）的指定位

① 当（s1）的功能编号为 K0 时，可以分别控制高速计数器每个通道的启动和停止，如表 5-9 所示。此时通道 1～8 用于 CPU 模块，通道 9～16 则用于高速脉冲输入输出模块。FX5U 的输入端子 X0 和 X1 对应通道 1。

表 5-9　（s1）为 K0 时，（s2）和（s3）的指定位

位置（S2 和 S3 的值）															
b15	b14	b13	b12	b11	b10	b9	b8	b7	b6	b5	b4	b3	b2	b1	b0
通道 16	通道 15	通道 14	通道 13	通道 12	通道 11	通道 10	通道 9	通道 8	通道 7	通道 6	通道 5	通道 4	通道 3	通道 2	通道 1

（s2）和（s3）的指定位用十六进制数表示。例如：要启用通道 3 时，应在（s2）中设置 H04，要停止通道 3 时，在（s3）中也设置 H04；要同时启用通道 1、通道 4、通道 5 时，应在（s2）中设置 H19，要停止这 3 个通道时，在（s3）中也设置 H19；要启用通道 1、通道 4，停止通道 5 时，应在（s2）中设置 H09，在（s3）中设置 H10。

② 当（s1）为 K0 之外的其他各种功能编号时，（s2）和（s3）的指定位都不同于表 5-9，详见《FX5 编程手册（指令/通用 FUN/FB 篇）》。

5.7.2　32 位高速计数器当前值传送指令解析

32 位高速计数器当前值传送指令的助记符是 DHCMOV（P）。

DHCMOV（P）指令的格式，如图 5-28 所示。

图 5-28　32 位高速计数器当前值传送指令 DHCMOV（P）的格式

对 DHCMOV（P）指令的说明：

（s），传送源的软元件编号；

（d），传送目标软元件编号；

（n），传送之后，是否清除传送源软元件（s）的提示。

DHCMOV（P）指令的作用是：进行 32 位数据高速当前值传送。将（s）中指定的软元件值传送至（d）中指定的软元件，并根据（n）的数值决定是否保留传送源中的数据。如果（n）的值为 K0，则传送后保留（s）的值；如果（n）的值为 K1，则传送后清除（s）的值。

与 DHCMOV（P）指令相似的是 HCMOV（P）指令，其作用是进行 16 位数据高速当前值的传送。

5.7.3　经典应用实例——编码器的高速计数和监视

使用 FX5U 的高速计数器功能，可以对编码器进行高速计数，并读取计数值。

（1）编码器简介

编码器是一种常用的旋转式传感器，在精确定位控制方面得到广泛应用。它将旋转位移转换成一连串的高速数字脉冲信号，以检测机械运动装置的旋转速度、位移、角度。如果将编码器与齿轮条或螺旋丝杠连接在一起，也可以测量直线位移。还可以通过计算单位时间内的脉冲数，计算出步进电动机、伺服电动机的运转速度。

编码器按照工作原理，可以分为两种类型：增量式和绝对式。增量式编码器是将位移转换成周期性的电信号，再把这个电信号转变为计数脉冲，用脉冲表示位移的距离。

本例中选用 4 线式的增量式编码器，其外形和接线如图 5-29 所示。它的 4 个端子分别是 A 相（连接输入端子 X0）、B 相（连接输入端子 X1）、24V、0V。每转脉冲数为 400p/r，即编码器旋转一圈发出 400 个脉冲。编码器输出类型为 NPN。

（2）FX5U 高速计数器的参数设置

在 FX5U 中使用 CPU 模块的高速计数器，或另外组态高速输入输出模块时，必须进行相关的参数设置。

如果使用 FX5U 的 CPU 模块，则在 GX Works3 梯形图编程界面的导航栏中，依次点击"参数"→"FX5U CPU"→"模块参数"→"高速 I/O"，弹出"设置项目一览"栏目，如图 5-30 所示。

增量式编码器

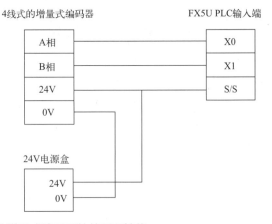

图 5-29　4 线式的增量式编码器的外形和接线

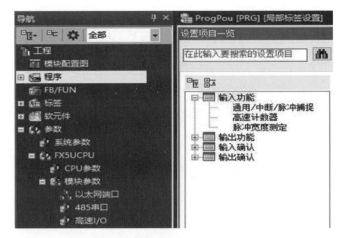

图 5-30　进行高速计数器设置的导航栏

选择其中的"输入功能"→"高速计数器"，弹出图 5-31 所示的"设置项目"界面，从中选取 1 个或几个通道，例如 CH1（通道 1），在其下方进行高速计数器的具体设置：

① 使用 / 不使用：设置为"使用"；

② 运行模式：设置为"普通模式"；

③ 脉冲输入模式：设置为"2 相 1 倍频"，或其他模式；

④ 预置输入启用 / 禁用：设置为"禁用"（预置值无效）；

⑤ 预置值：设置为"0"；

⑥ 使能输入启用 / 禁用：设置为"禁用"；

⑦ 环形长度启用 / 禁用：设置为"禁用"。

当运行模式设置为"普通模式"时，"测定单位时间"和"每转的脉冲数"无效。

（3）输入响应时间的设置

如图 5-32 所示，将 X0 和 X1 的输入响应时间由 10ms 修改为 10μs，这样可以获取全部的高速脉冲输入信号。

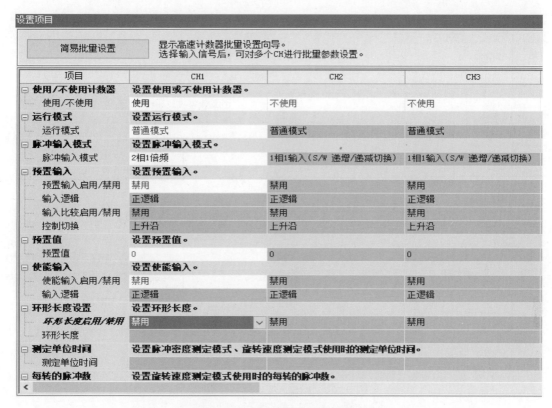

图 5-31　高速计数器的具体设置

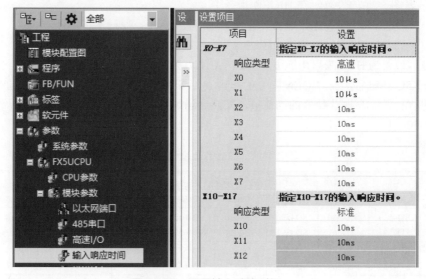

图 5-32　设置输入响应时间

（4）梯形图的编程

梯形图程序如图 5-33 所示。在图中采用 HIOEN 指令，以启用 / 停止高速计数器计数功能；采用 DHCMOV 指令，以读取和监视高速计数器的 32 位当前值。

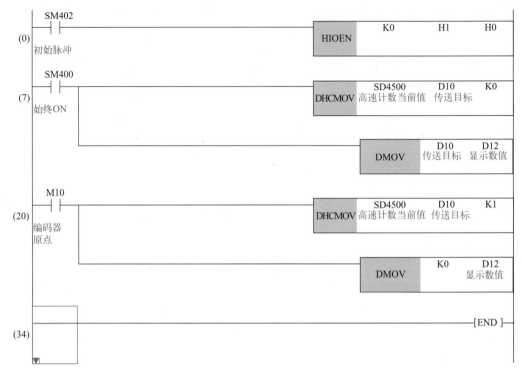

图 5-33　进行高速计数的梯形图

（5）梯形图控制原理

① 根据图 5-31 的设置，在 HIOEN 指令中：

（s1），设置为 K0（高速计数器设置为普通模式）；

（s2），设置为 H1（启用通道 CH1）；

（s3），设置为 H0（未启用通道 CH16 ～ CH2，所以停止功能无须设置）。

② FX5U 通电后，在 HIOEN 指令的作用下，按照普通模式，对来自 CH1（通道 1）的高速脉冲进行计数。高速计数器的当前值，按照通道编号，自动存储在表 5-10 所指定的特殊寄存器 SD4500 中。

表 5-10　高速计数器各通道对应的特殊寄存器

高速计数器对应的特殊存储器编号								内容	R\W
CH1	CH2	CH3	CH4	CH5	CH6	CH7	CH8		
SD4500	SD4530	SD4560	SD4590	SD4620	SD4650	SD4680	SD4710	高速计数器	R\W
SD4501	SD4531	SD4561	SD4591	SD4621	SD4651	SD4681	SD4711	当前值	
SD4502	SD4532	SD4562	SD4592	SD4622	SD4652	SD4682	SD4712	高速计数器	R\W
SD4503	SD4533	SD4563	SD4593	SD4623	SD4653	SD4683	SD4713	最大值	
SD4504	SD4534	SD4564	SD4594	SD4624	SD4654	SD4684	SD4714	高速计数器	R\W
SD4505	SD4535	SD4565	SD4595	SD4625	SD4655	SD4685	SD4715	最小值	
SD4506	SD4536	SD4566	SD4596	SD4626	SD4656	SD4686	SD4716	高速计数器	R\W
SD4507	SD4537	SD4567	SD4597	SD4627	SD4657	SD4687	SD4717	脉冲密度	
SD4508	SD4538	SD4568	SD4598	SD4628	SD4658	SD4688	SD4718	高速计数器	R\W
SD4509	SD4509	SD4569	SD4599	SD4629	SD4659	SD4689	SD4719	转速	

③ 放置在特殊寄存器 SD4500 中的 16 位高速计数器当前值，通过 HCMOV 指令，传送到数据寄存器 D10 中。在这条指令中，(n) 的值设为 K0，即传送完毕后仍然保留 SD4500 的值。

④ D10 中的计数值，通过 DMOV 指令传送到 D12 中，可以在人机界面中实时显示 D12 的高速计数值。

⑤ 当编码器处于原点时，对 SD4500 和 D12 进行清零。SD4500 通过 DHCMOV 指令进行清零，因为 (n) 的值设置为 K1，所以在传送后 SD4500 中的数值就被清除。D12 通过 DMOV 指令进行清零，用 K0 直接将 D12 置为 0。

（6）高速计数器当前值的监视

梯形图程序在运行时，通过"监视"模式，在梯形图中可以实时查看 SD4500 和 D10、D12 中的高速计数器当前值，如图 5-34 所示。

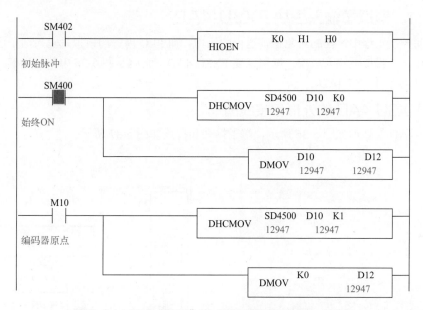

图 5-34　通过"监视"模式查看高速计数器的当前值

5.8　智能模块写入和读取指令 TO(P)、FROM(P)

FX5U PLC 除基本模块之外，还可以添加 I/O 扩展模块、I/O 扩展单元、智能功能模块等。其中智能功能模块可以执行多种比较复杂的功能。

这些模块放置在 FX5U 基本模块的右边，智能功能模块一般需要编号。从左边开始，分别为 No.1、No.2、No.3 等。

图 5-35 中，在基本模块 FX5-32MR/ES 的右边，组态了 2 个数字量模块和 3 个智能模块，从左往右依次是数字输入模块 FX5-8EX/ES、定位模块 FX5-40SSC-S、数字输出模块 FX5-8ERY/ES、模拟量输入模块 FX3U-4AD、网络模块 FX5-ASL-M。3 个智能模块的编号依次是 No.1、No.2、No.3，数字量输入和输出模块不参与这方面的编号。

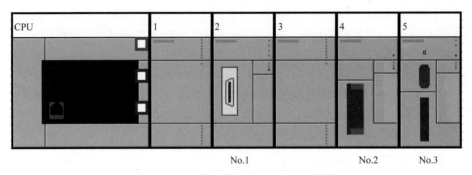

图 5-35　在基本模块右边组态多种模块

5.8.1　模拟量输入模块 FX3U-4AD

某自动控制工程中，控制对象是管道内的压力，而 PLC 内置的模拟量输入端子已被使用，需要再添加一个模拟量输入模块。选用三菱 FX3U-4AD，它就是图 5-35 中编号为 No.2 的智能模块，也可以选用 FX5-4AD。

（1）FX3U-4AD 的外形和接线图

FX3U-4AD 的外形如图 5-36 所示，端子排列和接线如图 5-37 所示。

图 5-36　FX3U-4AD 的外形图

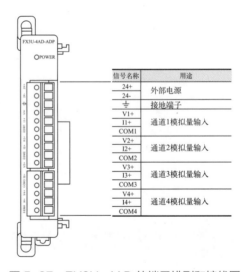

图 5-37　FX3U-4AD 的端子排列和接线图

模拟量信号的导线要采用两芯的屏蔽双绞线电缆，并远离动力线和其他干扰源，以避免受到干扰。

（2）模拟量信号的输入模式和输入 / 输出范围

输入模式和输入 / 输出范围的设置如图 5-38 所示。采用 4 位数的 HEX 码 H ○○○○，进行 4 个通道的设置，它们是十六进制的常数（0 ～ 8、F），每个通道对应一个独立的数据，用这些数据来确定智能模块中 CH1 ～ CH4 各通道的输入模式和数值范围。

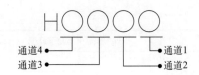

设定值	输入模式	模拟量输入范围	数字量输出范围
0	电压输入模式	−10 ～ +10V	−32000 ～ +32000
1	电压输入模式	−10 ～ +10V	−4000 ～ +4000
2	电压输入 模拟量值直接显示模式	−10 ～ +10V	−10000 ～ +10000
3	电流输入模式	4 ～ 20mA	0 ～ 16000
4	电流输入模式	4 ～ 20mA	0 ～ 4000
5	电流输入 模拟量值直接显示模式	4 ～ 20mA	4000 ～ 20000
6	电流输入模式	−20 ～ +20mA	−16000 ～ +16000
7	电流输入模式	−20 ～ +20mA	−4000 ～ +4000
8	电流输入 模拟量值直接显示模式	−20 ～ +20mA	−20000 ～ +20000
F	通道不使用		

图 5-38　通过 HEX 码设置模拟量输入的模式和数值范围

例如，将 HEX 码设置为 HFFF1，最低一位是"1"，它指定了通道 1 的设定值为"1"。从图 5-38 可知，它所确定的输入模式是电压输入，模拟量输入范围是 − 10 ～ ＋ 10V，数字量输出范围是 − 4000 ～ ＋ 4000。其他 3 位都是 FFF，表示通道 2 ～ 4 都设置为"不使用"。

（3）智能模块的缓冲存储区

智能模块中的工艺数据，需要通过专用的功能指令和缓冲存储区的 BFM 编号，进行数据的写入和读取。在模块 FX3-4AD 中，为各个通道分配的缓冲存储区如表 5-11 所示。

表 5-11　FX3-4AD 中各个通道缓冲存储区的编号和内容

BFM 编号	内容	设定范围	初始值	数据的处理
#0	指定通道 1 ～ 4 的输入模式	用十六进制数 0 ～ 8、F 指定	出厂时 H0000	十六进制
#1	不可以使用	—	—	—
#2	通道 1 平均次数［单位：次］	1 ～ 4095	K1	十进制
#3	通道 2 平均次数［单位：次］	1 ～ 4095	K1	十进制
#4	通道 3 平均次数［单位：次］	1 ～ 4095	K1	十进制
#5	通道 4 平均次数［单位：次］	1 ～ 4095	K1	十进制
#6	通道 1 数字滤波器设定	0 ～ 1600	K0	十进制
#7	通道 2 数字滤波器设定	0 ～ 1600	K0	十进制
#8	通道 3 数字滤波器设定	0 ～ 1600	K0	十进制
#9	通道 4 数字滤波器设定	0 ～ 1600	K0	十进制

续表

BFM 编号	内容	设定范围	初始值	数据的处理
#10	通道 1 数据（即时值数据或者平均值数据）	—	—	十进制
#11	通道 2 数据（即时值数据或者平均值数据）	—	—	十进制
#12	通道 3 数据（即时值数据或者平均值数据）	—	—	十进制
#13	通道 4 数据（即时值数据或者平均值数据）	—	—	十进制
#14 ～ #18	不可以使用	—	—	—

5.8.2　智能模块写入指令 TO（P）解析

在使用智能模块时，需要采用写入指令 TO（P），这条指令的作用是：当控制信号接通时，将 FX5U 指定的数据寄存器的内容写入到智能模块的缓冲存储器中。需要写入的内容是：

① 智能模块在硬件配置图中的编号；

② PLC 向智能模块指定的输入模式，输入 / 输出数值的范围；

③ 在智能模块中写入数据的缓冲存储器起始地址；

④ 所写入数据的点数。

（1）TO（P）指令的格式

TO（P）指令的格式如图 5-39 所示。

图 5-39　TO（P）指令的格式

对 TO（P）指令格式的说明：

（U/H），智能模块的编号，这个编号由图 5-35 的模块配置图确定；

（s1），需要写入数据的缓冲存储器起始地址，取值范围是 0 ～ 65535；

（s2），PLC 中需要向智能模块写入的数据，或存储写入数据的软元件的起始编号；

（n），需要传送的数据长度，取值范围是 1 ～ 65535。

（2）TO（P）指令使用的软元件

TO（P）指令的操作数使用的软元件，如表 5-12 所示。

表 5-12　TO（P）指令使用的软元件

操作数	软元件			常数	指定方式
	位元件	字元件			
（U/H）	X、Y、M、L、SM、F、B、SB、S	T、ST、C、D、W、SD、SW、R、Z、U □ \G □		K、H	间接指定
（s1）					
（s2）		T、ST、C、D、W、SD、SW、R、Z			
n		T、ST、C、D、W、SD、SW、R、Z、U □ \G □			

注：表中的位元件都不能直接使用，如果将它们与常数 K1 ～ K4 组合为字元件之后，则可以使用。

5.8.3 智能模块读取指令 FROM（P）解析

在使用智能模块时，需要采用读取指令 FROM（P），这条指令的作用是：当控制信号接通时，将智能模块中缓冲存储器的内容读入到 PLC 中，并存放到指定的数据寄存器中。需要读取的内容是：

① 智能模块在硬件配置图中的编号；

② 智能模块中需要读取数据的缓冲存储器的起始地址；

③ PLC 中存储所读取数据的存储器的起始地址；

④ 读取和传送的数据的长度。

（1）FROM（P）指令的格式

FROM（P）指令的格式，如图 5-40 所示。

图 5-40　FROM（P）指令的格式

对 FROM（P）指令格式的说明：

（U/H），智能模块的编号；

（s），需要读取数据的缓冲存储器起始地址，取值范围是 0 ～ 65535；

（d），PLC 中存储所读取数据的存储器的起始地址；

（n），读取和传送的数据的长度，取值范围是 1 ～ 65535。

（2）FROM（P）指令使用的软元件

FROM（P）指令的操作数使用的软元件，如表 5-13 所示。

表 5-13　FROM（P）指令使用的软元件

操作数	软元件			
	位元件	字元件	常数	指定方式
（U/H）	X、Y、M、L、SM、F、B、SB、S	T、ST、C、D、W、SD、SW、R、Z、U□\G□	K、H	间接指定
（s）				
（d）		T、ST、C、D、W、SD、SW、R、Z	—	
n		T、ST、C、D、W、SD、SW、R、Z、U□\G□	K、H	

注：表中的位元件都不能直接使用，如果将它们与常数 K1 ～ K4 组合为字元件之后，则可以使用。

5.8.4 经典应用实例——管道压力的控制

（1）控制要求

某工业生产设备通过压力管道输送原料，要求正常的管道气压为 600 ～ 800Pa。采用压力传感器测量管道内部压力。传感器的测量范围是 0 ～ 1000Pa，在这个范围内送出 DC 0 ～ 10V

的模拟量电压信号。控制要求是：

① 设备刚开机时，30s 之内压力达不到稳定值，此时不检测压力；

② 如果管道欠压或超压的时间达到 10s，设备停止工作；

③ 用指示灯指示欠压、正常、超压 3 种工作状态；

④ 采用三菱模拟量输入模块 FX3U-4AD，并通过 FX5U-32MR/ES 型 PLC 进行控制。

（2）电压信号的转换和控制参数的计算

① 电压信号的转换。在图 5-38 中，如果选择通道 1，则将压力传感器所输出的－ 10 ～＋ 10V 的模拟量电压信号，连接到 FX3U-4AD 中第 1 通道（CH1）的 V1+、COM1 端子。再通过模块的参数设置，将实际的模拟量输入范围设置为 0 ～＋ 10V。经过模 - 数转换后，数字量输出范围是 0 ～＋ 4000，转换关系如图 5-41 所示。这个数值的范围比较合适。如果在图 5-38 中将通道 1 设定为 "0"，则模 - 数转换后的数值为 0 ～ 32000。这个数值的范围比较大，在使用中不太方便。

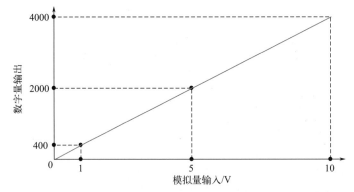

图 5-41　将 0 ～ +10V 的模拟量电压信号转换为 0 ～ +4000 的数字量信号

② 控制参数的计算。已知管道的压力范围是 600 ～ 800Pa，压力传感器的测量范围是 0 ～ 1000Pa，模拟量输入信号的范围是 0 ～ 10V，转换后的数值范围是 0 ～ 4000。根据这些数据，进行控制参数的计算。

压力下限对应的模拟量电压：$600/1000 \times 10 = 6$（V）。

压力上限对应的模拟量电压：$800/1000 \times 10 = 8$（V）。

转换后压力下限对应的数值：$6/10 \times 4000 = 2400$。

转换后压力上限对应的数值：$8/10 \times 4000 = 3200$。

4AD 中输入的模拟量信号转换成数字值后，保存在 4AD 的缓冲存储区（BFM）中。

（3）I/O 的地址分配和 PLC 接线图

① I/O 地址分配。根据控制要求，在 FX5U 控制系统中，还需要配置一些元器件，并分配 I/O 地址，I/O 地址如表 5-14 所示。

表 5-14　管道压力控制装置的元件和 I/O 地址分配

输入				输出			
元件代号	元件名称	用途	地址	元件代号	元件名称	用途	地址
SB1	按钮 1	启动	X1	KM1	接触器	控制 KM1	Y1
SB2	按钮 2	停止	X2	XD1	黄色灯	欠压指示	Y2

续表

输入				输出			
元件代号	元件名称	用途	地址	元件代号	元件名称	用途	地址
KH1	热继电器	过载保护	X3	XD2	绿色灯	正常指示	Y3
				XD3	红色灯	超压指示	Y4

② FX5U 的接线图。主回路和 FX5U 的接线图，如图 5-42 所示。

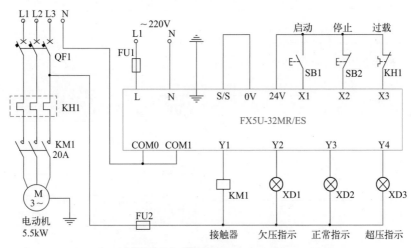

图 5-42　管道压力控制装置的主回路和 PLC 接线图

（4）模拟量输入模块的组态和参数设置

在图 5-35 中，组态了这个型号为 FX3U-4AD 的模拟量输入模块。

在 GX Works3 的导航窗口中，依次点击"参数"→"模块信息"→"FX5（FX3）-4AD"，弹出设置界面，如图 5-43 所示。在这里进行相关参数的设置。

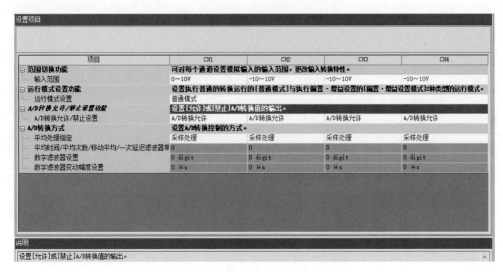

图 5-43　设置模拟量输入模块的参数

在"设置项目"→"CH1"（通道 1）下面，将"输入范围"设置为"0～10V"，将"A/
D 转换允许 / 禁止设置"设置为"A/D 转换允许"。

其他项目一般采用默认值，也可以根据需要进行设置。

没有使用的通道，不进行设置。

（5）梯形图的编程

梯形图的控制程序如图 5-44 所示。其中采用了智能模块写入指令 TO、智能模块读取指令
FROM、区间比较指令 ZCP。

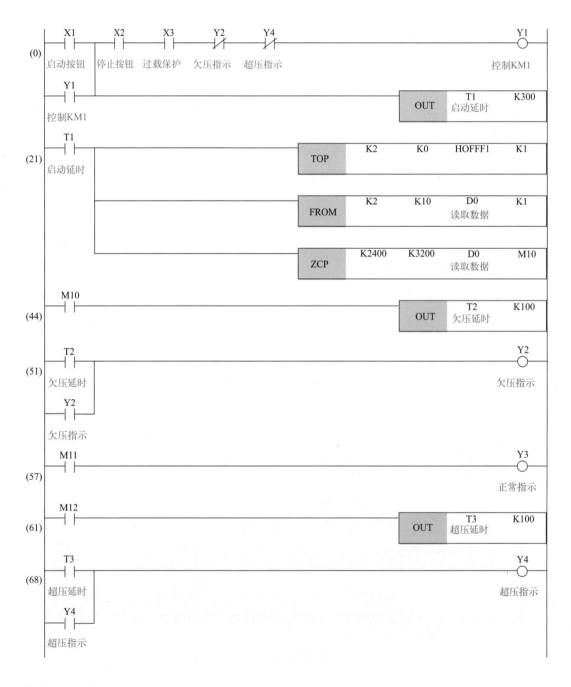

图 5-44　管道压力控制装置的梯形图

（6）梯形图控制原理

① 按下启动按钮 SB1，Y1 得电并自锁，电动机运转。按下停止按钮或过载保护时，Y1 断电停止工作。欠压或超压达到 10s 时，Y1 也停止工作。

② 设备开始运转时，需要 30s 才能达到稳定状态，所以通过 T1 延时 30s 后，再执行下一步的控制。

③ 执行智能模块写入指令 TOP。这条指令在 T1 常开触点闭合时开始执行，它确定了以下几项内容：

a. 通过常数 K2，指定了智能模块（模拟量输入模块 FX3U-4AD）的编号，这个编号就是图 5-35 中的 No.2。

b. 根据表 5-11，设置常数 K0，指定在模块 FX3U-4AD 中存放数据的缓冲存储器的起始编号，这个编号就是 BFM#0，它表示需要指定通道 1 ～ 4 的输入模式。

c. 根据图 5-38，通过 HEX 码设置模拟量输入的模式和数值范围，设置的数值为 HFFF1。它将通道 1 设置为"1"，也就是采取电压输入方式，模拟量输入范围是 － 10 ～＋ 10V，数字量输出范围是 － 4000 ～＋ 4000。通道 2 ～ 4 都不使用，所以这 3 位设置为 FFF。

d. 通过常数 K1，将写入数据的点数设置为"1"。

④ 执行智能模块读取指令 FROM，读取模 - 数转换后的数值。在这条指令中，确定了以下几项内容：

a. 通过常数 K2，指定了智能模块（模拟量输入模块 FX3U-4AD）的编号，这个编号就是图 5-35 中的 No.2。

b. 需要读取的是通道 1 的数据。根据表 5-11，对应的缓冲存储区的编号是 BFM#10，在指令中对应的数据就是 K10。

c. 在 FX5U 中指定所读取数据的存放地址，这个地址设置为 D0。

d. 通过常数 K1，将需要读取和传送的数据的长度设置为"1"。

⑤ 采用区间比较指令 ZCP，对 D10 的数据进行区间比较：

如果 D10 ＜ 2400，则 M10 得电，延时 10s 后，欠压指示灯 Y2（黄色）亮，Y1 断电停止工作；

如果 2400 ≤ D10 ≤ 3200，则 M11 得电，压力正常，指示灯 Y3（绿色）亮，Y1 继续工作；

如果 D10 ＞ 3200，则 M12 得电，延时 10s 后，超压指示灯 Y4（红色）亮，Y1 断电停止工作。

⑥ 按下停止按钮或过载保护时，图 5-44 中 X2 和 X3 的常闭触点闭合，通过区间复位指令 ZRST，使 M0 ～ M12、Y1 ～ Y4 全部复位。

5.9 循环指令 FOR 和 NEXT

在 FX5U 的控制程序中，对于多次重复，但是有一定规律的逻辑运算，如果使用循环指令 FOR、循环结束指令 NEXT，可以使程序大大简化。

5.9.1 循环指令 FOR 和 NEXT 解析

循环指令包括 2 条：一条是循环范围开始，助记符是 FOR；另一条是循环范围结束，助记符是 NEXT。它们属于结构化指令，其格式如图 5-45 所示。

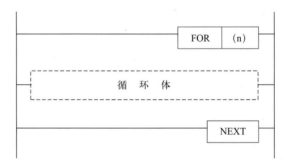

图 5-45 FOR 和 NEXT 指令的格式

对 FOR、NEXT 指令的说明：

① FOR、NEXT 指令必须成对地使用，缺一不可。

② 位于 FOR、NEXT 指令之间的程序称为循环体，在一个扫描周期内，循环体被反复多次执行。

③ FOR 指令的操作数（n）用于指定循环的次数，其范围是 1 ~ 32767。如果循环次数小于 1，则作为 1 处理，只循环一次。

④ 只有在执行完循环次数后，才能执行 NEXT 的下一条指令。

⑤ FOR ~ NEXT 指令之间不得用 I、IRET、SRET、RET、FEND、END 等指令阻断。

⑥ 如果在循环体内部又包含了另外一个完整的循环，则称为循环嵌套。循环指令最多允许 5 级循环嵌套。

⑦ FOR 指令的操作数是：常数 K、H；十进制常数与位元件组合的字元件 KnX、KnY、KnM、KnS；字元件 T、C、D、Z。NEXT 指令没有操作数。

5.9.2 经典应用实例 1——进行一级循环的求和运算

（1）运算要求

求 0 + 1 + 2 + 3 + … + 100 的和，并将运算结果存入到数据寄存器 D0。

（2）求和运算梯形图的编程

按照运算要求所进行的编程，如图 5-46 所示。

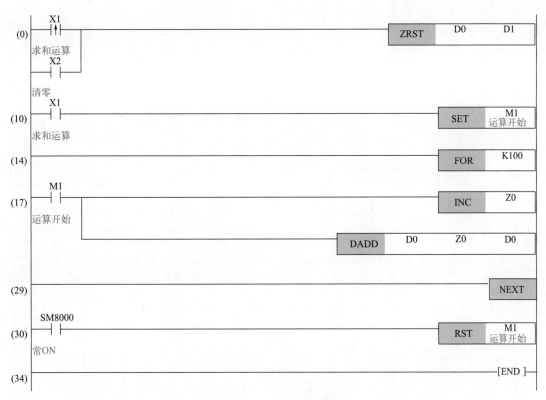

图 5-46　进行求和运算的梯形图

（3）梯形图控制原理

① 开始运算或清零时，X1 或 X2 状态为"1"，数据寄存器 D0、D1 被复位为 0。

② 按下"求和运算"按钮 X1 时，M1 置位，执行循环指令，开始求和运算。每循环一次，D0 中的数值就会自动与 Z0 相加，结果存储到 D0 中。循环次数达到 100 时，循环结束，D0 中的数值为 5050。

③ 循环范围结束之后，M1 被复位，自动停止循环计数。

④ 再次按下 X1 时，M1 被再次置位，重新开始进行求和运算。

5.9.3　经典应用实例 2——两级循环嵌套的求和运算

运算要求：与第 5.9.2 节相同，进行 $0 + 1 + 2 + 3 + \cdots + 100$ 的求和运算，但是使用两级循环嵌套。

梯形图的编程：如图 5-47 所示是两级循环嵌套的求和运算梯形图。

图 5-47

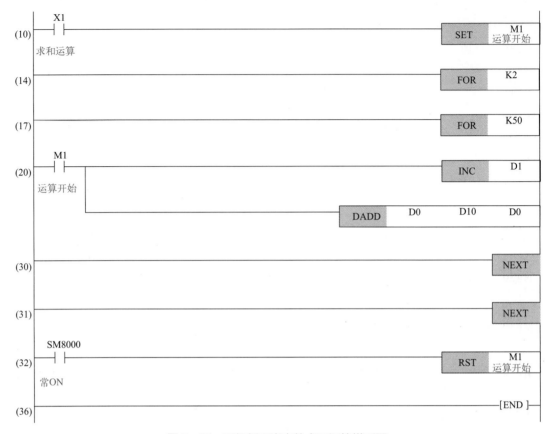

图 5-47　两级循环嵌套的求和运算梯形图

梯形图控制原理：

① 开始运算或清零时，X1 或 X2 的状态为"1"，数据寄存器 D0、D1 被复位为 0。

② 按下"求和运算"按钮 X1 时，M1 置位，执行循环指令，开始求和运算。

③ 图中使用了两级循环嵌套，外循环的程序步是 14 ～ 31，循环次数为 2。内循环的程序步是 17 ～ 30，循环的次数为 50。总循环的次数为 2×50 ＝ 100。

④ 每循环一次，D0 中的数值就会自动与 D10 相加，结果存储到 D0 中。循环次数达到 100 时，循环结束，D0 中的数值达到 5050。

⑤ 循环范围结束之后，M1 被复位，自动停止循环计数。

⑥ 再次按下 X1 时，M1 被再次置位，重新开始进行求和运算。

5.10　32 位高速脉冲输出指令

本节重点介绍 32 位高速脉冲输出指令。在梯形图中还使用了 16 位数据高速输入输出功能的开始 / 停止指令、高速计数器当前值传送指令。这 2 条指令在本章第 5.7 节中已经进行了解析。

5.10.1 32 位高速脉冲输出指令解析

32 位高速脉冲输出指令的助记符是 DPLSY。

（1）DPLSY 指令的格式和作用

DPLSY 指令的格式，如图 5-48 所示。

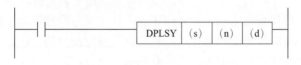

图 5-48 DPLSY 指令的格式

在图 5-48 中，操作数（s）表示输出脉冲的频率，或存储了频率数据的软元件编号。操作数（n）表示输出脉冲的个数，操作数（d）表示 FX5U 中输出该脉冲的通道。

这条指令的作用是：当控制信号接通时，在（d）所表示的通道中输出脉冲，脉冲频率由（s）表示，脉冲数量由（n）表示，如果（n）为 0，则连续输出脉冲。

（2）DPLSY 指令使用的软元件

DPLSY 指令的操作数使用的软元件，如表 5-15 所示。

表 5-15 DPLSY 指令使用的软元件

操作数	软 元 件				
	位元件	字元件	双字元件	常数	指定方式
（s）	X、Y、M、L、SM、	T、ST、C、D、W、SD、	LC、LZ	K、H	间接指定
（n）	F、B、SB、S	SW、R、Z、U□\G□			
（d）	Y0、Y1、Y2、Y3	—	—	—	—

5.10.2 经典应用实例——步进电动机的速度控制

本系统的控制要求是：用 FX5U 型可编程控制器、步进电动机、步进驱动器、编码器、人机界面等元器件，构建一个步进电动机正反转速度控制系统。在人机界面上设置电动机的转速，并显示电动机的实际转速。另外设置 3 个按钮和 2 只指示灯，控制并指示电动机的正、反向运转和停止状态。

（1）控制器件的选型

根据控制要求，可以选用下列控制器件。

① PLC：三菱 FX5U-32MT/ES 型，其内部带有脉冲输出端子。

② 人机界面：GOT2000 系列中的 GT2710-VTBA 型。

③ 步进电动机：42BYGH107，两相混合型，步距角为 1.8°，工作电压为 DC 12V，额定电流为 0.4A。

④ 步进驱动器：YKA2304ME 型，属于等角度恒力矩细分高性能型。驱动电压是 DC 12～24V，采用单电源供电，用 6 根驱动线连接电动机。

⑤ 步进编码器：ISC3806-003G-1000BZ3-5-24F 型，分辨率为 1000 线，即电动机转动一圈，

编码器输出 1000 个脉冲。

⑥ 通信电缆：以太网网线。在 FX5U 和 GOT2000 的内部，都配置有以太网通信接口 RJ-45，用网线将它们直接连接。

⑦ 直流电源：24V 开关电源模块。

（2）步进电动机和步进驱动器简介

步进电动机是用于开环伺服控制系统的驱动电机，是一种将脉冲信号转换为机械角位移的执行器件。它的角位移量与电脉冲数量成正比，转速则与电脉冲频率成正比。通过控制脉冲频率、脉冲数量、电动机绕组通电相序，就可以获得所需要的转速、转角和转动方向。与交流和直流伺服电动机所构成的闭环伺服控制系统相比较，步进电动机及其驱动控制系统具有结构简单、控制容易、维修方便等特点，因此经常将它使用于速度和精度要求不太高的控制系统中。

图 5-49 是几种步进电动机的外形，图 5-50 是步进电动机绕组的两种接线图。

图 5-49　几种步进电动机的外形

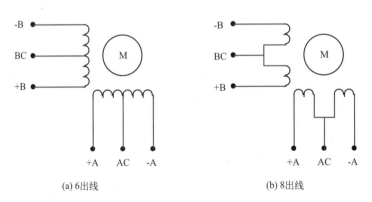

(a) 6出线　　　　　(b) 8出线

图 5-50　步进电动机绕组的两种接线图

步进电动机必须由步进驱动器进行驱动和控制，YKA2304ME 型步进驱动器的外形如图 5-51 所示。

步进电动机的转速由编码器检测，编码器将运转速度转换为脉冲信号，输送到 FX5U 的高速计数输入端子，实现速度的闭环控制。ISC3806-003G-1000BZ3-5-24F 型编码器的外形如图 5-52 所示。

图 5-51 步进驱动器 YKA2304ME

图 5-52 编码器 ISC3806-003G-
1000BZ3-5-24F

（3）步进驱动器控制端子和指示灯的功能

步进驱动器各个控制端子和指示灯的功能，见表 5-16。

表 5-16 步进驱动器控制端子和指示灯的功能

符号	功能	注释
—	输入光电隔离电源正极	接 5 ～ 24V，大于 5V 时需串联限流电阻
PU	步进脉冲信号	下降沿有效，输入电阻 220Ω， 低电平 0 ～ 0.5V，高电平 4 ～ 5V，脉冲宽度 > 2.5μs
DR	方向控制信号	控制电动机转向，输入电阻 220Ω， 低电平 0 ～ 0.5V，高电平 4 ～ 5V，脉冲宽度 > 2.5μs
MF	电动机释放信号	低电平时驱动器停止工作，电动机处于自由状态
＋V	电源正极	DC 12 ～ 24V
－V	电源负极	
AC、BC	电动机接线	6 出线：按图 5-50（a）；8 出线：按图 5-50（b）
＋A、－A		
＋B、－B		
PWR	电源指示灯	步进驱动器通电时，绿色指示灯亮
TM	零点指示灯	有脉冲连续输入时，绿色指示灯亮
O.H	过热指示灯	电动机过热时，红色指示灯亮
O.C	过流 / 低压指示灯	过流或电压太低时，红色指示灯亮

（4）步进驱动器的设置

① 输出电流的设置。输出电流要求略大于电动机的额定电流 0.4A，因此可以选择 0.5A 挡位。在细分开关的上方，有"输出电流挡位"调节开关，如图 5-53 所示。可以使用螺丝刀调节。

② 细分脉冲数的设置。细分脉冲数是指步进电动机每转动一圈所需要的脉冲数，它由细分开关设定，细分设定开关如图 5-54 所示。它位于接线端子的上方，具有 D1、D2、D3、D4 这 4 个挡位。

图 5-53 输出电流挡位调节开关

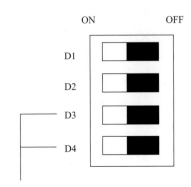

图 5-54 细分设定开关

细分设定开关各挡对应的脉冲数如表 5-17 所示。在本例中,将 D3 置为 ON,D4 置为 OFF,每转动一圈所需要的脉冲数为 3200。

表 5-17 步进驱动器的细分脉冲数

细分脉冲数	1600	3200	6400	12800
D1	无效			
D2	无效			
D3	ON	ON	OFF	OFF
D4	ON	OFF	ON	OFF

(5)控制系统的组合和接线图

控制系统的组合如图 5-55 所示,所有的控制器件在这里连接为一个整体,PLC 的输入单

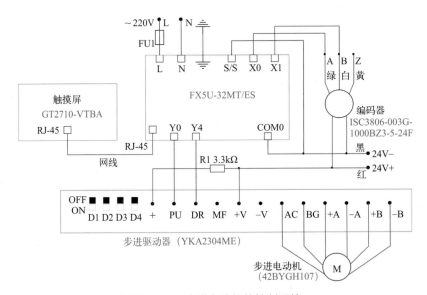

图 5-55 步进电动机的控制系统

元采用源型输入。编码器的 A 相和 B 相分别连接到 FX5U 的输入端子 X0 和 X1，FX5U 的控制脉冲从 Y0 和 Y4 端子输出。

5.10.3　速度控制中的人机界面编程

本节所选用的人机界面是三菱 GT2710-VTBA 型，它属于三菱 GOT2000 系列。在第 8 章中，将具体介绍这种人机界面的编程方法。其编程软件是 GT Designer3，人机界面通过它进行控制，并显示所编程的画面，本例中的画面如图 5-56 所示。在其中进行了下列设置。

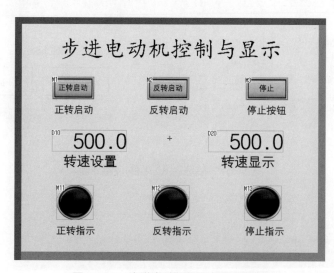

图 5-56　步进电动机控制与显示画面

① 设置按钮。通过对象工具条中的"开关"，组态 3 个按钮，M1 用于电动机的正转启动，M2 用于电动机的反转启动，M3 用于停止。

② 设置指示灯。通过对象工具条中的"指示灯"，组态了 3 个指示灯，M11 是正向运转指示，M12 是反向运转指示，M13 是停止指示。

③ 设置注释文本。通过图形工具条中的"文本"，设置多个注释文本。

④ 设置转速输入方框。点击对象工具条中的"数值显示/输入"→"数值输入"，就可以在画面中放置转速输入方框。双击这个方框，弹出"数值输入"界面，如图 5-57 所示。

在这个界面中，软元件地址可以选用数据寄存器 D10，"数据格式"为"有符号 BIN16"，"显示格式"为"实数"，"整数部位数"设为 4，"小数部位数"设为 0，字体可以选用"轮廓黑体"。在"样式"选项卡中，选择图形的样式、是否闪烁、数值的颜色等。在"输入范围"选项卡中，单击按钮"+"，可以设置多种转速输入范围，在本例中，可以将转速设置为 0 ～ 3750。

⑤ 进行脉冲频率的运算。在图 5-57 中，数据寄存器 D10 的数值代表电动机的转速。但是在 FX5U 的梯形图中，将 D10 定义为 PLC 的 Y0 端子输出脉冲的频率，即每秒的脉冲数。由此可见，这两个 D10 的定义并不相同，所以在梯形图中需要进行运算和转换。而在编程软件 GT Designer3 中，也有比较简单的运算和转换功能，它可以替代 PLC 中的运算，使 PLC 的程序得以简化。

运算方法是：在图 5-57 中，点击选项卡"详细设置"→"运算/脚本"，弹出图 5-58 所示的运算界面。

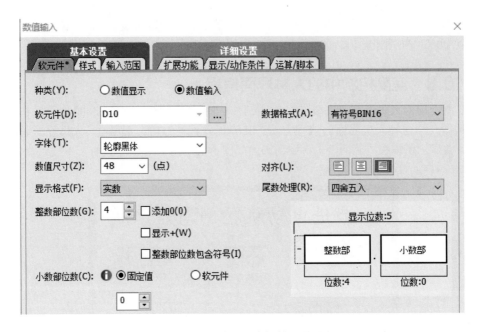

图 5-57　转速输入方框的设置界面

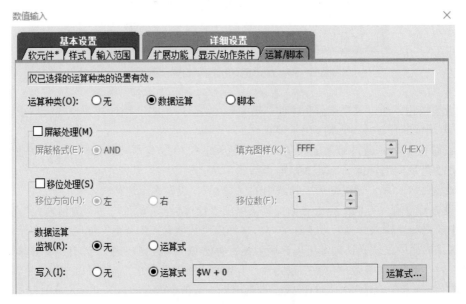

图 5-58　脉冲频率的运算界面

a．在"运算种类"中，选择"数据运算"。

b．"监视"项目的设置："监视"项目就是"转速设置"方框，在这个方框中，所输入的数值 D10 可以直接作为转速（r/min），因此不需要运算，选择"无"即可。

c．"写入"项目的设置："写入"是指将运算结果写入到 FX5U 梯形图程序的 D10 之中。在这里，D10 代表脉冲频率，也就是输出端子 Y0 每秒输出的脉冲数，暂时用 *D0 来表示，其计算公式是：

$$*D0 =（设定转速 \times 3200）\div 60$$

式中，"设定转速"的单位是 r/min，即每分钟多少转，它就是在人机界面上设置的转速；"3200"是步进电动机每转一圈所需的脉冲数，它由图 5-54 的细分开关设定；"60"是指每分钟有 60 秒。由此可见，这个公式将设定的转速转换为脉冲频率。

d. "运算式"的编程：在图 5-58 中，点击右下角的"运算式"，弹出"式的输入"方框，如图 5-59 所示。

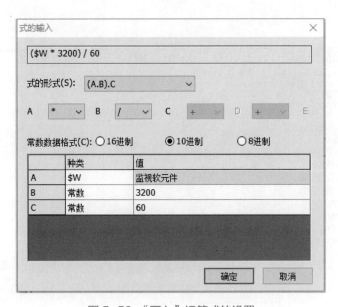

图 5-59 "写入"运算式的设置

e. 在"式的形式"中，选取"(A.B).C"，然后在 A、B 中间选取运算符号"*"，在 B、C 中间选取运算符号"/"，将运算式编辑为 (A * B) / C。

f. 将 B 赋值为 3200，C 赋值为 60，就得到运算公式"($W * 3200) / 60"。在这里，"$W"是监视软元件，其数值就是在人机界面上所设置的转速。经过公式运算后得到的数值，就是脉冲的频率。

⑥ 设置转速显示方框：点击对象工具条中的"数值显示 / 输入"→"数值显示"，就可以在画面中放置转速显示方框。双击这个方框，弹出"数值显示"界面，这个界面与图 5-57 大同小异。软元件地址可以选用数据寄存器中的 D20，"数据格式"为"有符号 BIN16"，"显示格式"为"实数"，"整数部位数"设为 4，"小数部位数"设为 1，字体可以选用"轮廓黑体"。在"样式"选项卡中，选择图形的样式、是否闪烁、数值的颜色等。

D20 中的数值来自 Y0。在梯形图（图 5-63）中，通过功能指令 DHCMOV（32 位高速计数传送），将特殊数据寄存器 SD4508（通道 1 转速）中的数据传送到 D20 中，在人机界面上显示出来。

5.10.4 速度控制中的梯形图编程

（1）FX5U 中的参数设置

在步进电动机的控制过程中，FX5U 发出脉冲信号驱动电动机转动，编码器将采集的脉冲信号送入，监视实际转速。因此，需要进行以下的参数设置。

① 定位功能的设置：在 GX Works3 的导航窗口中，依次点击"参数"→"FX5CPU"→"模块参数"→"高速 I/O"，弹出"模块参数 高速 I/O"界面，点击其中的"输出功能"→"定位"→"详细设置"，弹出图 5-60 所示的"定位"设置界面。在"轴 1"栏目下面，将脉冲输出模式设定为"PULSE/SIGN"，脉冲输出软元件（PULSE/CW）默认为 Y0，且不能更改。方向信号输出软元件（SIGN/CCW）可以设定为 Y4。

图 5-60　步进电动机定位功能的设置

② 输入响应时间的设置。这项设置的用途是将编码器输出的高速脉冲信号送入到 FX5U 的输入端子 X0 和 X1。依次点击"参数"→"FX5CPU"→"模块参数"→"输入响应时间"，弹出"模块参数 输入响应时间"对话框，如图 5-61 所示。

项目	设置
X0-X7	指定X0-X7的输入响应时间。
响应类型	高速
X0	10μs
X1	10μs
X2	10ms
X3	10ms
X4	10ms
X5	10ms
X6	10ms
X7	10ms

设置项目一览

在此输入要搜索的设置项

输入响应时间
　X0-X7
　X10-X17
　X20-X27
　X30-X37
　X40-X47
　X50-X57
　X60-X67
　X70-X77

图 5-61　输入响应时间的设置

在图 5-61 中，将"响应类型"设定为"高速"，所用通道 X0、X1 的响应时间设定为 10μs。

③ 高速计数器的设置。依次点击"参数"→"FX5CPU"→"模块参数"→"高速 I/O"，弹出"模块参数 高速 I/O"界面，点击其中的"输入功能"→"高速计数器"→"详细设置"，弹出图 5-62 所示的"高速计数器"设置界面。

图 5-62 高速计数器的设置

图 5-62 中，在通道 CH1 栏目下面，选择"使用"；在"运行模式"中，选择"旋转速度测定模式"；在"脉冲输入模式"中，选择"1 相 1 输入（S/W 递增 / 递减切换）"。"测定单位时间"设置为 1000ms，"每转的脉冲数"设置为 500pulse。

（2）PLC 梯形图的编程

根据步进电动机转速控制的要求，进行 PLC 梯形图的编程，如图 5-63 所示。

（3）梯形图的控制原理

① 在人机界面上按下正转启动按钮 M1，M10 得电，保持启动状态，FX5U 的 Y0 端子发送脉冲串，步进电动机正向运转。

② 在人机界面上按下反转启动按钮 M2，M10 也得电并保持，Y0 端子发送脉冲串，Y4

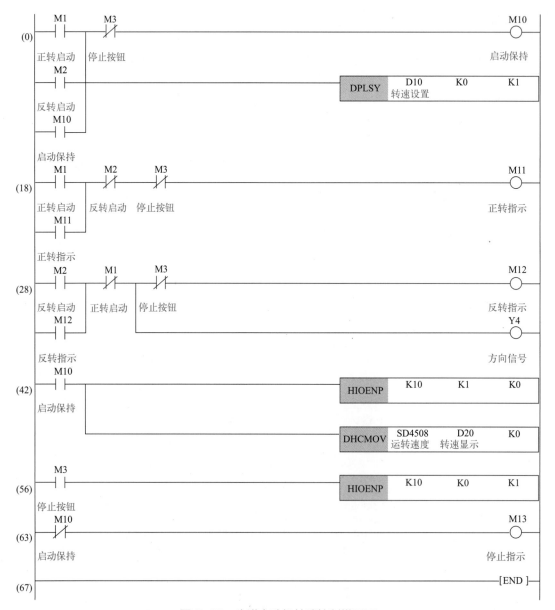

图 5-63　步进电动机转速控制梯形图

也同时得电，发出反向信号，步进电动机反向运转。

③ 按下停止按钮 M3，电动机停止运转。

④ 启动后，执行"DPLSY"指令（32 位高速脉冲输出）。在人机界面的"转速设置"方框中，设置电动机的转速。在编程软件 GT Designer3 中，执行运算公式"转速 ×3200÷60"，得到的数值就是 Y0 端子所输出的高速脉冲的频率。

⑤ 由于编码器连接到 FX5U 的输入端子 X0、X1，对应的通道编号为"1"。启动后，执行"HIOENP"指令（16 位数据高速输入输出功能的开始/停止）。从表 5-8 可知，指令中的 K10 表示执行"转速测定"功能，K1 表示所启用的通道编号为"1"，于是对通道 1 进行转速测定。并执行"DHCMOV"指令（高速计数器当前值传送），将特殊数据寄存器 SD4508（通

道 1 中高速计数器的转速）的转速信号实时传送到数据寄存器 D20 中，在人机界面上显示步进电动机的实际转速。

⑥ 停止时，再次执行"HIOENP"指令。此时，指令中的"K1"则表示停止对通道 1 的转速测定。

⑦ 正向运转时，M11 得电，正转指示灯亮。反向运转时，M12 得电，反转指示灯亮。停止时，M13 得电，停止指示灯亮。

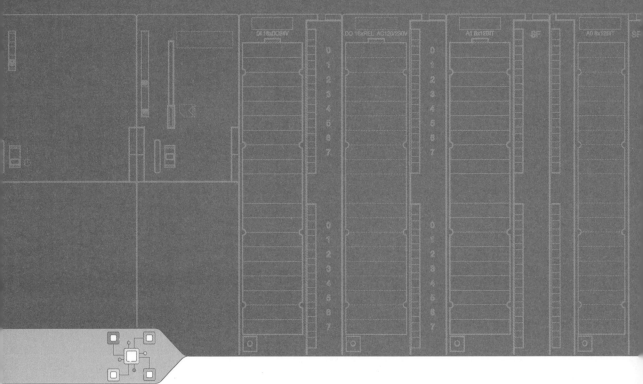

第 6 章
步进梯形图指令与顺序控制

　　FX5U PLC 的梯形图由于简单和直观，受到广大工程技术人员的欢迎。但是在工业生产和其他应用的过程中，存在着大量的顺序控制，对于比较复杂的顺序控制系统，如果只采用一般的梯形图进行编程，程序设计就变得比较复杂、冗长，各个环节互相牵扯，编写的程序不容易读懂，后续的调试也有困难。

　　步进梯形图就是一种非常适合于顺序控制系统的编程方式。在 GX Works3 编程软件中，包含了两条简单的步进梯形图指令 STL 和 RETSTL，再结合大量的状态继电器 S，可以方便地按照顺序功能图的流程，编写出对应的梯形图，使顺序控制系统的设计和编程变得简单而直观，很容易被初学者掌握和接受。

 6.1 ▶ **步进梯形图指令和编程特点**

6.1.1　步进梯形图指令的格式和软元件

　　步进梯形图指令包含两条：

　　① 步进梯形图开始指令 STL，它与左侧的母线相连接，表示步进顺序控制开始；

　　② 步进梯形图结束指令 RETSTL，它与右侧的母线相连接，表示步进控制结束，返回到主程序。

　　步进梯形图指令的格式，如图 6-1 所示。

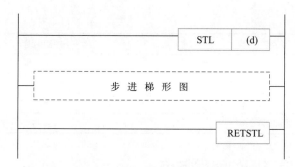

图 6-1　步进梯形图指令 STL 和 RETSTL 的格式

在图 6-1 中，（d）是在步进状态下，目标步进继电器编号。

在步进指令中，操作数（d）所使用的软元件只有一个：步进继电器（位元件）S。

6.1.2　步进继电器和特殊步进继电器

在进行步进梯形图的编程时，经常要用到步进继电器（S）、特殊步进继电器（SM）。
步进继电器的类型和编号见表 6-1。

表 6-1　步进继电器的类型和编号

类型	元件编号	占用点数	功能和用途
初始化步进继电器（可变）	S0 ～ S9	10	
通用步进继电器（可变）	S10 ～ S499	490	
保持步进继电器（可变）	S500 ～ S899	400	可以变更为保持或非保持
报警用步进继电器（可变）	S900 ～ S999	100	
保持步进继电器（固定）	S1000 ～ S4095	3096	—

在步进梯形图中，常用的特殊继电器见表 6-2。

表 6-2　步进梯形图中常用的特殊继电器

编号	名称	功能和用途
SM0	出错 1	最新自诊断出错（包括报警器 ON）：OFF →无出错；ON →有出错
SM1	出错 2	最新自诊断出错（不包括报警器 ON）：OFF →无出错；ON →有出错
SM50	出错解除	OFF → ON 出错解除请求；ON → OFF 出错解除完成
SM52	电池过低	OFF →电池正常；ON →电池过低
SM56	运算出错	OFF →无运算出错；ON →有运算出错
SM61	模块校验出错	输入输出模块校验出错：OFF →正常；ON →出错
SM62	报警	OFF →未检测出报警；ON →检测出报警
SM400	常 ON	在 PLC 运行中始终接通，可作为输入控制触点
SM401	常 OFF	在 PLC 运行中始终断开，可作为输入控制触点
SM402	初始脉冲 1	在 PLC 运行时，仅在第一个扫描周期内接通
SM403	初始脉冲 2	在 PLC 运行时，仅在第一个扫描周期内断开
SM409	时间脉冲 1	10ms 脉冲

续表

编号	名称	功能和用途
SM410	时间脉冲 2	100ms 脉冲
SM411	时间脉冲 3	200ms 脉冲
SM412	时间脉冲 4	1s 脉冲
SM413	时间脉冲 5	2s 脉冲

6.1.3　步进梯形图的编程特点

① STL 和 RETSTL 是一对指令，在多个 STL 指令后必须加上 RETSTL 指令，表示步进指令结束，后面的母线返回到主程序母线。RETSTL 指令也可以多次使用。

② 每个状态继电器具有驱动相关负载、指定转移条件、指定转移目标这 3 项功能。

③ STL 触点和继电器触点的功能相似。STL 触点接通时，该状态下的程序执行；STL 触点断开时，一个扫描周期后该状态下的程序不再执行，直接跳转到下一个状态。

④ 同一编号的状态继电器，其输出线圈不能重复使用。

⑤ 使用其他输出继电器（除状态继电器之外）时，在不同状态内，可以重复使用同一编号的输出继电器的线圈，因为在任何时刻只有一个活动步，其他步都处于非活动步。但是在转换瞬间，相邻的两步也可能同时处于活动步，所以在相邻的两步中，还是要避免使用同一个输出继电器的线圈。

⑥ 使用定时器时，不同状态内可以重复使用同一编号的定时器，但是在相邻的状态内不能重复使用。

⑦ 用 STL 指令对状态继电器进行操作（如 STL S20）时，要占用 3 个程序步；用 SET 指令对状态继电器进行操作（如 SET S20）时，要占用 4 个程序步。

⑧ 在 STL 触点后面不能直接使用堆栈操作指令 MPS、MRD、MPP，这些指令要在 LD、LDI 指令后面才可以使用。

⑨ 在中断程序和子程序中，不能使用 STL 和 RETSTL 指令。

⑩ 在 STL 指令中，尽量不要使用跳转指令。

FX5U PLC 与顺序控制功能图

所谓顺序控制，就是根据生产工艺所规定的程序，在输入信号的控制下，按照时间顺序，各个执行机构自动而有序地执行规定的动作。

将 FX5U 的有关编程指令与顺序控制功能图相结合，可以方便地进行梯形图的编程，有序地完成各种顺序控制功能。

6.2.1　顺序功能图的相关概念

（1）步

系统的一个工作周期可以分解为若干个顺序相连的阶段，这些阶段称为"步"（Step），每一步都要执行明确的输出，步与步之间由指定的条件进行转换，以完成系统的全部工作。

步可以分为初始步、活动步、非活动步。

① 初始步。与系统初始状态相对应的步称为初始步，用矩形双线框表示。每一个顺序控制功能图至少有一个初始步。初始状态一般是系统等待启动命令的、相对静止的状态。系统在进入自动控制之前，首先进入规定的初始状态。

② 活动步。当系统处在某一步所在的阶段时，该步处于活动状态，称为活动步，其相应的动作被执行。

③ 非活动步。处于不活动状态的步称为非活动步，其相应的动作被停止执行。

（2）有向连线

有向连线就是状态间的连接线，它决定了状态的转移方向和转移途径。在编辑顺序功能图时，将代表各步的方框按动作的先后次序排列，然后用有向连线连接起来。一般需要用两条以上的连线进行连接，其中一条为输入线，表示上一级的"源状态"。另一条为输出线，表示下一级的"目标状态"。步的活动状态默认的变化方向是自上而下，从左到右，在这两个方向上的有向连线一般不需要标明箭头。但是对于自下而上的转移，以及向其他方向的转移，必须用箭头标明转移方向。

① 转移。在有向连线上，与有向连线相垂直的短横线是用来表示"转移"的，它使得相邻的两步分隔开。短横线的旁边要标注相应的控制信号地址。步的活动状态进展是由转移来完成的，转移与控制过程的进展相对应。

② 转移条件。它是指改变 PLC 状态的控制信号，可以是外部的输入信号，如按钮、主令开关、接近开关等，也可以是 PLC 内部产生的控制信号，如输出继电器、辅助继电器、定时器、计数器的常开触点，还可以是若干个信号的逻辑组合。不同状态间的转移条件可以相同，也可以不相同。

当转移条件各不相同时，顺序控制功能图的程序只能选择其中的一种工作状态，即选择一个分支。

6.2.2　顺序功能图的基本结构

在顺序控制功能图中，由于控制要求的不同，步与步之间连接的结构形式也不同，可以分为单序列、选择序列、并行序列 3 种结构，如图 6-2 所示。

（1）单序列

如图 6-2（a）所示。它由一系列相继激活的步组成，每一步的后面只有一个转移，每一个转移的后面也只有一个步。单序列结构的特点是：

① 只能有一个初始状态。

② 步与步之间采用自上而下的串联连接方式。

③ 除起始状态和结束状态之外，状态的转移方向始终是自上而下，固定不变。

④ 除转移瞬间之外，一般只有一个步处于活动状态，其余步都处在非活动状态。

⑤ 定时器可以重复使用，但是在相邻的两个状态里，不能使用同一个定时器。

⑥ 在状态转移的瞬间，处于一个循环周期内的相邻两状态会同时工作，如果在工艺上不允许它们同时工作，必须在程序中加入"互锁"触点。

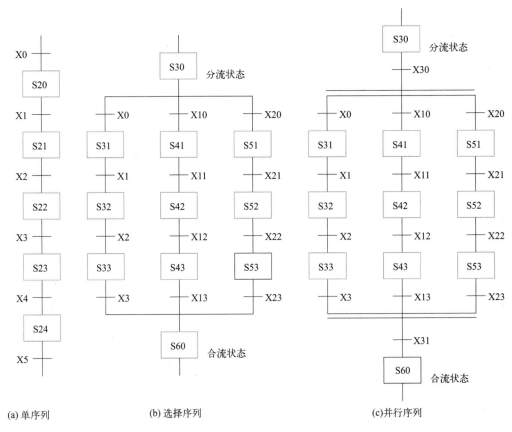

(a) 单序列　　　　　　　　　(b) 选择序列　　　　　　　　　(c)并行序列

图6-2　顺序功能图的3种结构

（2）选择序列

如图 6-2（b）所示。在选择序列的分支处，每次只允许选择一个分支。在图 6-2（b）中，在 S30 为活动步的情况下：

当转移条件 X0 有效时，发生由步 S30 → S31 的进展；

当转移条件 X10 有效时，发生由步 S30 → S41 的进展；

当转移条件 X20 有效时，发生由步 S30 → S51 的进展。

在程序执行过程中，这 3 个分支只有一个被选中，不可能同时执行。

选择序列的结束称为合并。在图 6-2（b）中：

如果 S33 是活动步，并且转移条件 X3 闭合，则发生 S33 → S60 的进展；

如果 S43 是活动步，并且转移条件 X13 闭合，则发生 S43 → S60 的进展；

如果 S53 是活动步，并且转移条件 X23 闭合，则发生 S53 → S60 的进展。

同样，这 3 个分支只有一个被选中，不可能同时执行。

（3）并行序列

如图 6-2（c）所示。在某一转移之后，几个流程被同时激活，这些流程便称为并行序列，它表示系统中的几个分支同时都在独立地工作。

图 6-2（c）中的 S30 为活动步，在转移条件 X30 闭合后，如果 X0、X10、X20 都闭合，则 S31、S41、S51 这 3 步全部变为活动步。与此同时，S30 转变为非活动步。

图 6-2（c）中的水平连线用双线表示，这是为了强调转移的同时实现。在双水平线之上，只允许一个转移条件（X30）。在 S31、S41、S51 被同时激活后，各个分支中活动步的进展是独立的，相互之间没有关联。

并行序列的结束称为合并，在表示同步的双水平线之下，只允许有一个转移条件（X31）。当直接连接在双线上的所有前级步（S33、S43、S53）都处于活动状态，并且转移条件 X3、X13、X23、X31 闭合时，才会发生 S33、S43、S53 到 S60 的进展。此时 S33、S43、S53 同时变为非活动步，而 S60 变为活动步。

在并行序列的设计中，每一个分步点最多允许 8 个分支，而每条支路的步数不受限制。

（4）子步

在顺序控制功能图中，某一步又可以包括一系列的子步和转移，在图 6-3 中，程序步 S30 所在的系列就是子步，这些子步表示系统中的一个完整的子功能。采用子步后，在总体设计时就可以抓住主要环节，用更加简洁的方式表示系统的控制过程，避免一开始就陷入某些繁琐的细节中。子步中还可以包括更为详细的子步。这种设计方法的逻辑性很强，可以减少设计中的错误。

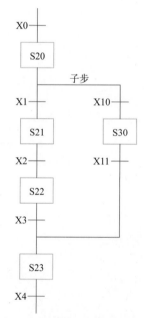

图 6-3　顺序控制功能图中的子步

6.3 ▶ GX Works3 中的 SFC 程序语言

在编程软件 GX Works3 中，如果新建工程文件，可以在其中选择 SFC 程序语言，也就是 SFC 流程图。

图 6-4 是 SFC 流程图的编程界面，图中的主要内容如下所述。

①步：表示程序的一个工序，通常最上面的步为初始步，最后的步为结束步。

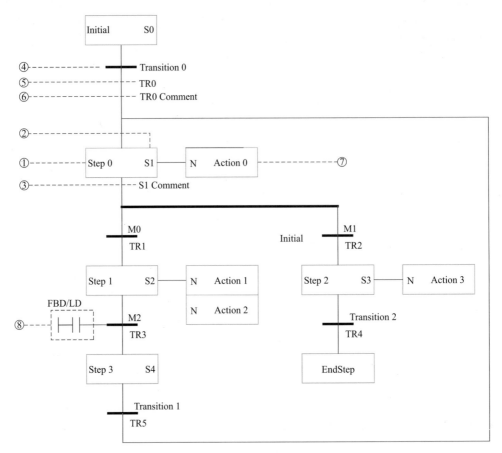

图 6-4　SFC 流程图的编程界面

②步的编号：通过转移后，自动分配至该步的编号。

③步号的注释：说明步号的具体内容。

④转移条件：用于转移至下一步的指令和软元件。

⑤转移条件的编号：通过转换后，自动分配至该转移条件的编号。

⑥转移条件的注释：对转移条件号进行注释。但是在转移条件 / 运行输出中，不能显示软元件 / 标签的注释。

⑦运行输出：表示前面一步的输出指令和软元件。

⑧FBD/LD 元素：可以在转移条件中使用的 FBD/LD 元素。

6.4 广告牌三色灯光的步进控制

某广告牌要求采用红、绿、黄三种颜色的灯具。红灯首先亮，延迟 20s 后，红灯熄灭，绿灯亮。再延迟 30s 后，绿灯熄灭，黄灯亮。60s 之后，黄灯熄灭，转入下一轮的循环。

（1）输入 / 输出元件的 I/O 地址分配

输入元件是启动旋钮 SA1，输出元件为 3 只接触器 KM1 ～ KM3，分别控制红、绿、黄三种颜色的灯具。元件的 I/O 地址分配如表 6-3 所示。

表 6-3　广告牌三色灯光控制电路的 I/O 地址分配

I（输入）				O（输出）			
元件代号	元件名称	地址	用途	元件代号	元件名称	地址	用途
SA1	启动旋钮	X1	启动	KM1	接触器	Y1	红灯
				KM2	接触器	Y2	绿灯
				KM3	接触器	Y3	黄灯

（2）PLC 的选型和接线图

根据控制流程和表 6-3，可选用三菱 FX5U-32MT/ESS PLC。

广告牌三色灯光的主回路和 PLC 接线见图 6-5。

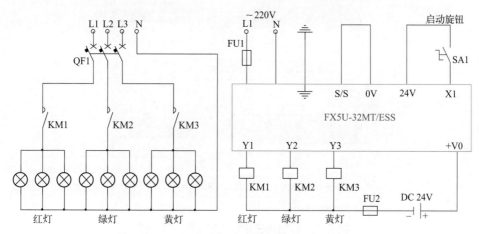

图 6-5　广告牌三色灯光的主回路和 PLC 接线

（3）PLC 梯形图的编程

根据广告牌三色灯光的控制要求，可以按照第 6.3 节中所介绍的 SFC 程序语言，一步一步地进行 SFC 控制流程的编程，如图 6-6 所示。

现在，根据图 6-6 流程图的框架，参照它的流程和步骤，然后采用步进指令 STL 和 RETSTL，编辑出整体的舞台三色灯光步进梯形图，如图 6-7 所示。

（4）步进梯形图控制原理

① 接通启动旋钮 SA1，输入单元中的 X1 接通，输出单元中的 Y1 线圈立即得电，接触器 KM1 吸合，红灯亮。与此同时，定时器 T1 线圈得电，开始延时 20s。

② 20s 后，T1 定时时间到，Y1 线圈失电，接触器 KM1 释放，红灯熄灭。Y2 线圈得电，接触器 KM2 吸合，绿灯亮。与此同时，定时器 T2 线圈得电，开始延时 30s。

③ 30s 后，T2 定时时间到，Y2 线圈失电，接触器 KM2 释放，绿灯熄灭。Y3 线圈得电，接触器 KM3 吸合，黄灯亮。与此同时，定时器 T3 线圈得电，开始延时 60s。

④ 60s 后，T3 定时时间到，Y3 线圈失电，接触器 KM3 释放，黄灯熄灭。与此同时，程序跳转到初始状态 S0，转入下一轮的循环。

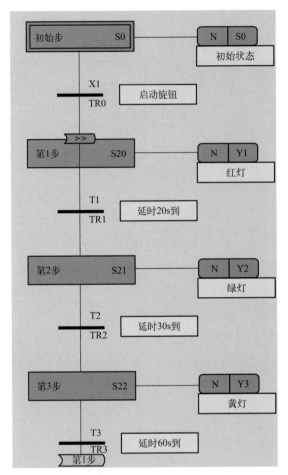

图 6-6　广告牌三色灯光的 SFC 流程图

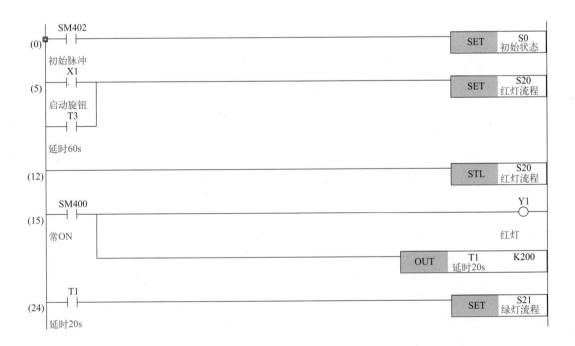

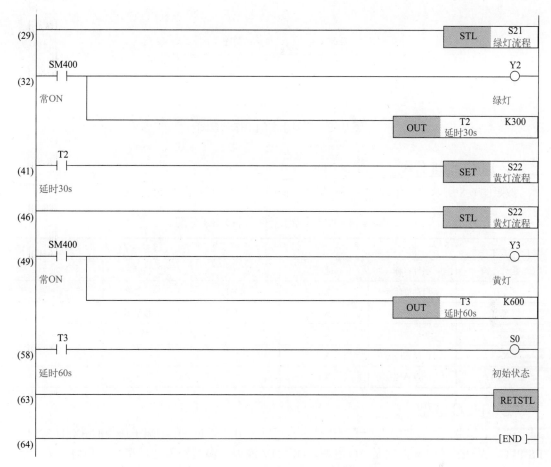

图 6-7　广告牌三色灯光的步进梯形图

⑤ 断开启动旋钮 SA1，在黄灯熄灭后，不再转入下一轮，所有的灯都不亮。

6.5 SFC 流程图的实例——送料小车

现在以送料小车为例，介绍 GX Works3 中 SFC 流程图的编程方法。

6.5.1 送料小车的控制要求

（1）送料小车的工作过程

图 6-8 是送料小车的工作示意图。小车在 A 点装满物料后，向前方行驶，依次在 B 点、C 点、D 点停留卸载物料。装载物料所需的时间是 60s，每个卸载点卸载物料需要的时间是 10s。D 点卸载完毕后，小车沿着原路线后退，返回到 A 点继续装载物料，进入下一轮的循环。A、B、C、D 点各用一只接近开关进行感应定位，装载物料和卸载物料所需的时间用定时器设置。这是一个比较典型的顺序控制过程。

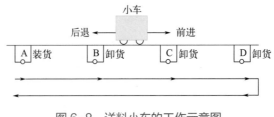

图 6-8　送料小车的工作示意图

（2）I/O 地址分配

按照图 6-8 所示的工作过程，进行输入 / 输出元件的 I/O 地址分配，见表 6-4。

表 6-4　输入 / 输出元件的 I/O 地址分配

I（输入）			O（输出）		
组件代号	组件名称	地址	组件代号	组件名称	地址
SB1	启动旋钮	X0	KM1	正转接触器	Y0
XK1	A 点感应	X1	KM2	反转接触器	Y1
XK2	B 点感应	X2			
XK3	C 点感应	X3			
XK4	D 点感应	X4			

（3）PLC 选型

在本工程中，输入和输出端子都比较少，可以选用三菱 FX5U 中端子最少的 FX5U-32MT/ES PLC。从表 1-5 可知，它是 AC 电源，DC 24V 漏型·源型输入通用型。工作电源为交流 100 ～ 240V，现在设计为通用的 AC 220V。总点数 32，输入端子 16 个，输出端子 16 个。晶体管漏型输出。负载电源为直流，本例选用 DC 24V。

（4）PLC 和主回路接线图

按照上述要求，结合 FX5U-32MT/ES PLC 的接线端子图（图 1-9），设计出送料小车的主回路和 PLC 接线图，如图 6-9 所示。

（5）建立 SFC 语言的程序文件

现在，在编程软件 GX Works3 中，用 SFC 语言编辑送料小车的控制流程图。这种流程图的编程方法与普通的梯形图有比较大的区别，一些读者对它比较生疏，所以很有必要把编程步骤说得详细一些。

在编程界面中所编写的 SFC 控制流程图，每一步都有一个独立的内置梯形图编程界面，因此可以将流程图与内置梯形图相结合，将控制程序分解为若干个步序，环环相扣，一步一步地编写出与工艺要求相符合的控制程序。

送料小车的 SFC 顺序控制流程由旋钮 X0 启动，X1 ～ X4 分别是 A、B、C、D 点的接近开关。A 点定时器为 T1（定时 60s），B、C、D 点定时器为 T2 ～ T4（定时 10s）。小车前进由正转接触器 Y0 执行，小车后退由反转接触器 Y1 执行。

在 GX Works3 的 SFC 编程界面中，新建一个"SFC"语言的工程，弹出图 6-10 所示的对话框。

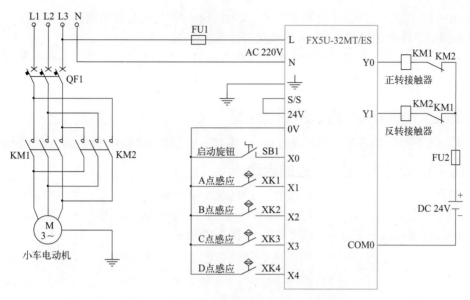

图 6-9　送料小车的主回路和 PLC 接线图

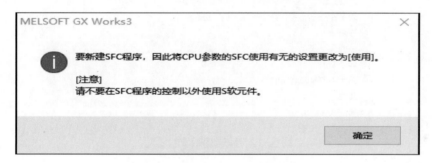

图 6-10　新建 SFC 工程的对话框

点击图 6-10 中的"确定"按钮，在编程窗口中弹出 SFC 的初始编程界面，如图 6-11 所示。这是一个单序列的顺序功能图。

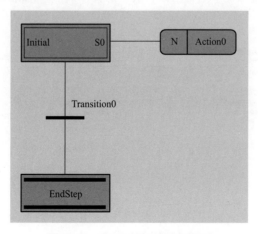

图 6-11　SFC 的初始编程界面

在图 6-11 中，上、下 2 个方框是步号框，右边的方框是运行输出框，中间的符号"＋"是转移条件。在下面的编程过程中，这些元素会逐步增多。

此时，就可以点击标准工具栏中的"保存"按钮，将工程名设置为"送料小车 -SFC"，并确定这个文件的保存路径，予以保存后，再进行具体的编程。

6.5.2　送料小车的 SFC 流程图

送料小车的 SFC 流程属于单序列的流程，现在一步一步地进行具体的 SFC 流程图编程。

（1）初始步 S0，进行流程的启动

① 将图 6-11 上部右边的"运行输出"方框删除，因为这是初始步，一般没有输出。

② 双击左上部的方框，执行菜单"编辑"→"属性"→"步的属性"→"数据名"，将其中的"Initial"更改为中文名称"初始步"，如图 6-12 所示。

图 6-12　编辑初始步的属性

（2）流程步 1（S20）

这一步的工作任务是小车停在 A 点装载货物，其中有 3 项操作。

① 编辑第 1 个转移条件 X0。在图 6-11 中，点击初始步下方的转移条件"Transition0"，弹出图 6-13 所示的"新建数据"对话框，将其中的转移条件"Transition0"更改为"X0"（启动旋钮）。

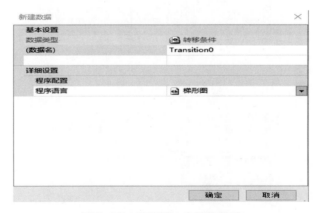

图 6-13　编辑第 1 个转移条件

② 编辑步序号 S20。选中图 6-11 底部的步号方框"EndStep",再点击指令"插入步",流程图的结构便发生了变化,向下方延伸。原来的方框"EndStep"便变成"Step0",在其右边出现了运行输出方框"Action0",在其下方出现了另一个新的转移条件"Transition0",以及新的步号方框"EndStep"。

"Step0"是默认的步序标号,但是一般习惯上从 20 开始,可以将它改为 S20,双击中间步号框中的"Step0",将它更改为"S20"。

此时在方框内,左、右两边都有一个"S20",左边一个是数据名,可以修改它的属性。将数据名"S20"更改为"第 1 步"。

③ 编辑运行输出,即执行 A 点的 60s 定时,让小车停留在 A 点装货。选中这个运行输出方框,执行菜单"编辑"→"属性"→"运行输出的属性"→"数据名",将"Action0"更改为"T0"(A 点定时)。

流程步 1 编辑完毕后,SFC 流程图如图 6-14 所示。

(3)流程步 2(S21)

这一步的工作任务是小车从 A 点向 B 点行驶。其中也有 3 项操作,编程方法与第 1 个程序步相同。

① 编辑第 2 个转移条件。这个转移条件实际上就是定时器 T0 的常开触点,但是在编程软件中,转移条件与运行输出线圈不允许有相同的软元件名称,否则就不能转换和保存设计文件,因此需要采用内部继电器 M 进行变换。具体方法是:在 T0 的内置梯形图中,用 T0 的常开触点去驱动内部继电器 M0 的线圈,再用 M0 的常开触点作为第 2 个转移条件。所以,在这里将图 6-14 中的转移条件"Transition0"更改为"M0"。

② 编辑步序号 S21。选中图 6-14 底部的步号方框"EndStep",再点击指令"插入步",流程图的结构又发生了变化,继续向下方延伸。原来的方框"EndStep"又变成了新的方框"Step0",在其右边又出现了新的运行输出方框"Action0",在其下方也出现了新的转移条件"Transition0",以及新的步号方框"EndStep"。将这个新的方框"Step0"左边编辑为"第 2 步",右边编辑为"S21"。

③ 编辑运行输出。将运行输出方框编辑为"Y0"(小车前进)。

流程步 2 编程完毕后,SFC 流程图如图 6-15 所示。

(4)流程步 3(S22)

转移条件:X2(B 点感应),此时小车已到达 B 点。

运行输出:执行 T1 的 10s 定时,让小车停留在 B 点卸货。

(5)流程步 4(S23)

转移条件:M1 的常开触点,M1 的线圈由 T1 的常开触点驱动。

运行输出:第 2 次执行"Y0",使小车从 B 点向 C 点行驶。

(6)流程步 5(S24)

转移条件:X3(C 点感应),此时小车已到达点。

运行输出:执行 T2 的 10s 定时,让小车停留在 C 点卸货。

(7)流程步 6(S25)

转移条件:M2 的常开触点,M2 的线圈由 T2 的常开触点驱动。

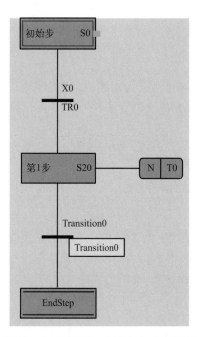

图 6-14 流程步 1（S20）的流程图

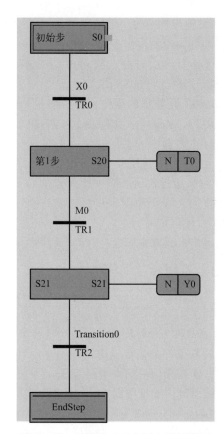

图 6-15 流程步 2（S21）的流程图

运行输出：第 3 次执行"Y0"，使小车从 C 点向 D 点行驶。

（8）流程步 7（S26）

转移条件：X4（D 点感应），此时小车已到达 D 点。

运行输出：执行 T3 的 10s 定时，让小车停留在 D 点卸货。

（9）流程步 8（S27）

转移条件：M3 的常开触点，M3 的线圈由 T3 的常开触点驱动。

运行输出：执行"Y1"（小车后退），小车从 D 点向 A 点返回。

（10）卸货结束，跳转到初始步

跳转到初始步的编程方法如下所述。

① 编辑转移条件：将"Transition0"更改为"X1"（A 点感应）。

② 选中 X1，执行菜单"编辑"→"插入"→"跳转"（或点击 SFC 工具条中的"跳转"按钮），在 X1 的右上角出现一个小方框，在其中输入"初始步"。也可以根据工艺要求，跳转到其他的某一步。

（11）为软元件加入注释

为了便于读图，可以为流程图中的各个软元件添加注释。通用软元件注释表中的注释，不能在流程图中显示出来，必须另外添加。注释表中最多可输入 2000 个字符。

　　将鼠标的光标移动到软元件的边框上并双击，就会弹出注释框，从中添加注释。注释框的大小可以根据字符串的情况进行调整。

　　图 6-16 是编辑完毕的送料小车整体 SFC 流程图，它本来是自上而下的一个整体系列，中间没有分段，在这里为了便于编排，将它分为 3 列进行显示，读图时需要将这 3 列衔接起来。

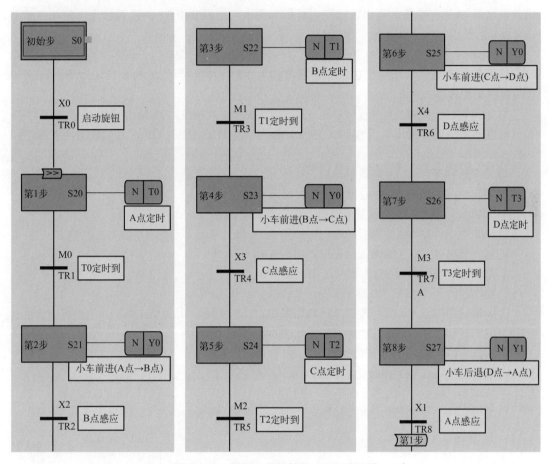

图 6-16　送料小车的整体 SFC 流程图

6.5.3　SFC 流程图中的内置梯形图

　　在 SFC 流程图中，每一个功能块都有一段内置的梯形图，编程的方法和步骤如下。

　　① 编辑转移条件 X0 的内置梯形图。双击转移条件中的"X0"，弹出内置梯形图编辑窗口，添加常开触点"X0"，在它的右边直接输入"TRAN"，意思是"转换（Transfer）"，而不要输入某一个继电器线圈，这一点务必注意。在 SFC 程序中，所有的转换都用"TRAN"表示，不能用置位指令 SET 再加上状态继电器 S×× 的形式表示，否则将告知出错。

　　对这段内置梯形图进行转换后，内置梯形图的底色由原来的灰色变成白色。得到了图 6-17（a）所示的第 1 段内置梯形图程序。

　　② 编辑定时器线圈 T0 的内置梯形图。双击运行输出框中的"T0"，弹出内置梯形图编辑窗口，添加特殊继电器 SM400（常 ON）的常开触点，将它作为控制条件，在其右边添加定时

器输出线圈及定时值"T0 K600"（定时时间为60s），这一段的内置梯形图如图6-17（b）所示。

在GX Works2中，这种内置梯形图的运行输出线圈直接与左侧的母线相连接，但是在GX Works3中，不能直接与左侧的母线连接，线圈前面必须有控制触点SM400。

此外，在下面马上要用T0的常开触点作为转移条件，驱动Y0得电，控制小车向前行驶。在编辑流程步时已经说明：转移条件与运行输出线圈不允许采用相同的软元件名称，需要用内部继电器M进行变换。所以在这段内置梯形图中，还需要用T0的常开触点去驱动内部继电器M0的线圈。

③ 编辑转移条件M0的内置梯形图。双击转移条件中的"M0"，弹出内置梯形图编辑窗口，添加常开触点"M0"，在它的右边直接输入"TRAN"，得到了图6-17（c）所示的第3段内置梯形图程序。

④ 编辑输出线圈Y0的内置梯形图。这是Y0的第1次输出，双击运行输出框中的"Y0"，弹出内置梯形图编辑窗口，用SM400的常开触点驱动输出线圈"Y0"，这一段的内置梯形图如图6-17（d）所示。

⑤ 编辑转移条件X2的内置梯形图，如图6-17（e）所示。

⑥ 编辑定时器线圈T1的内置梯形图，如图6-17（f）所示。

⑦ 编辑转移条件M1的内置梯形图，如图6-17（g）所示。

⑧ 编辑输出线圈Y0的内置梯形图，如图6-17（h）所示，这是Y0的第2次输出。

⑨ 编辑转移条件X3的内置梯形图，如图6-17（i）所示。

⑩ 编辑定时器线圈T2的内置梯形图，如图6-17（j）所示。

⑪ 编辑转移条件M2的内置梯形图，如图6-17（k）所示。

⑫ 编辑输出线圈Y0的内置梯形图，如图6-17（l）所示，这是Y0的第3次输出。

⑬ 编辑转移条件X4的内置梯形图，如图6-17（m）所示。

⑭ 编辑定时器线圈T3的内置梯形图，如图6-17（n）所示。

⑮ 编辑转移条件M3的内置梯形图，如图6-17（o）所示。

⑯ 编辑输出线圈Y1的内置梯形图，如图6-17（p）所示。

⑰ 编辑转移条件X1的内置梯形图，如图6-17（q）所示。

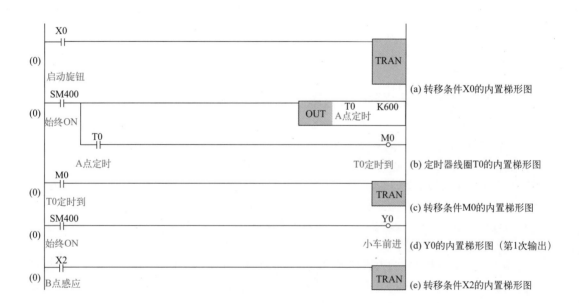

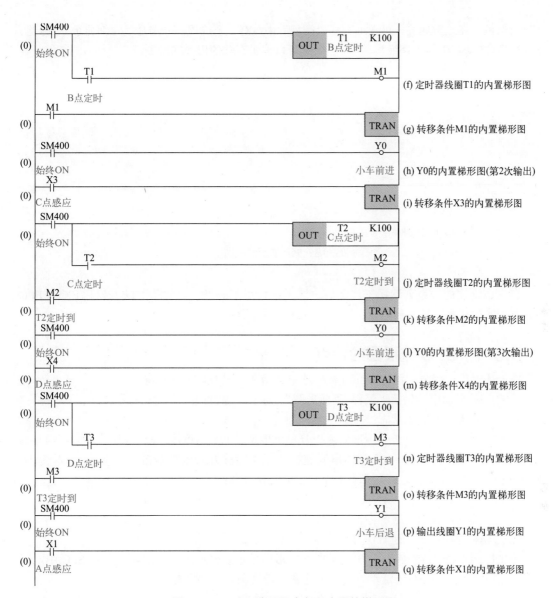

图 6-17　SFC 流程图中各段内置的梯形图

在图 6-17 中，各段内置梯形图是互相独立的，不能合并为一个整体的梯形图。

这种内置梯形图有一个显著的特点：转移条件不是直接驱动运行输出线圈，它后面所添加的"TRAN"转移指令直接连接到右侧的母线。所要驱动的运行输出线圈，必须另外再编辑一段内置的梯形图，由常 ON 触点"SM400"驱动。

在编辑这种内置梯形图的过程中，有时会出现某个转移条件不能编程的情况，此时需要修改有关软元件的属性。操作步骤是：在 SFC 流程图中，双击该软元件，弹出图 6-18（a）所示的"转移条件的属性"对话框，在"常规"→"详细"→"类型"中，有 3 个选项，分别是"详细显示""直接显示""标签 / 软元件"。选择其中的"详细显示"，然后就可以编辑有关的内置梯形图。

与此相似，有时会出现某个输出线圈不能编程的情况。此时也需要修改有关软元件的属性，操作步骤是：在 SFC 流程图中，双击该软元件，弹出图 6-18（b）所示的"运行输出的属性"对话框，在"常规"→"详细"→"类型"中，有 2 个选项，分别是"详细显示""标签 / 软元件"。选择其中的"详细显示"，然后就可以编辑有关的内置梯形图。

(a) 转移条件的属性

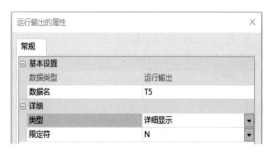
(b) 运行输出的属性

图 6-18　修改软元件的属性

在完成上述的一系列编程工作之后，这个送料小车的工程文件就可以下载到 FX5U PLC 中，进行实际运行。它的缺陷是不便于查看整体的梯形图。

6.5.4　SFC 流程图的特点

在上述编程过程中，我们了解到单系列 SFC 流程图具有以下一些特点：

① 在编程界面中，包括"流程""梯形图""标签"等窗口；

② 程序中有一个初始状态；

③ 整个工艺过程被一步一步地分解为若干个步序，上下连贯，层次分明；

④ 步与步之间采用自上而下的串联连接方式，转移方向始终是自上而下（返回状态除外），在上一步与下一步之间，都有一个特定的转换条件；

⑤ 每一个转移条件都有对应的内置梯形图，对转移条件进行具体的表达；

⑥ 每一个步序都有对应的内置梯形图，表明该步所驱动的对象；

⑦ 除转移瞬间之外，通常仅有一个步处于活动状态；

⑧ 同一个输出线圈（例如 Y0）在内置梯形图中可以多次出现，这是因为在 SFC 中，某一时刻只有某一个步序处于活动状态，其他各步都处于非活动状态。

6.6　启 - 保 - 停方式的顺序控制梯形图

有了图 6-16 之类的 SFC 流程图后，就建立起了程序框架，使控制流程变得比较清晰了。例如，在小车前进到 B 点之后，接近开关 X2 闭合，进入流程 S22，S22 成为活动步，定时器 T1 开始计时。与此同时，流程 S21 关闭，S21 变为非活动步，小车停止前进。这样便实现了从 S21 到 S22 的转换。

但是，对于这种 SFC 流程图，如果没有进一步地为它编辑图 6-17 所示的内置梯形图，就不能下载到 FX5U 中进行实际运行。解决这一问题的方法是：参照 SFC 流程图所表达的程序框架，再编辑其他形式的相应的顺序控制梯形图。此时的梯形图可以综合为一个整体，查看、分析和修改都更为方便。

顺序控制梯形图有多种形式，其中包括经常使用的启动 - 保持 - 停止方式。这种编程方式通用性强，编程方法容易掌握，在继电器系统的 PLC 改造中用得较多。图 6-19 就是按照图 6-16 送料小车 SFC 流程图的动作顺序，采用启动 - 保持 - 停止方式进行编程的，与控制要求相符合的顺序控制梯形图。

在图 6-19 中，将步进继电器 S 作为内部继电器使用，S 的编号与图 6-16 中的步序号完全一致，这样便于将图 6-19 与图 6-16 对照，更容易理解 SFC 顺序控制。

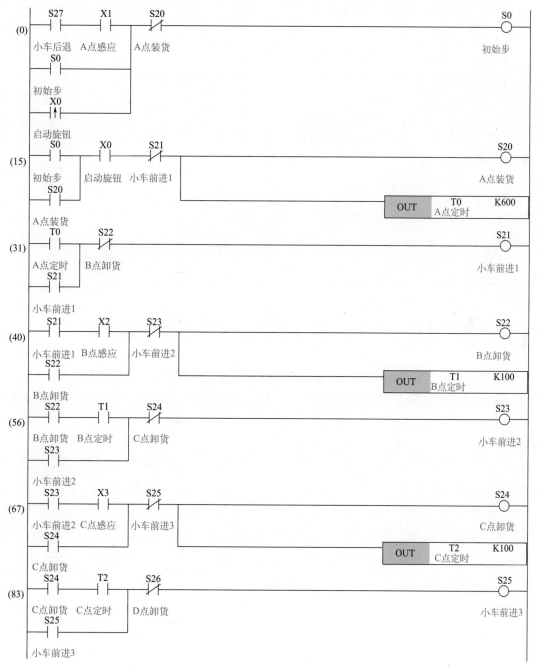

图 6-19

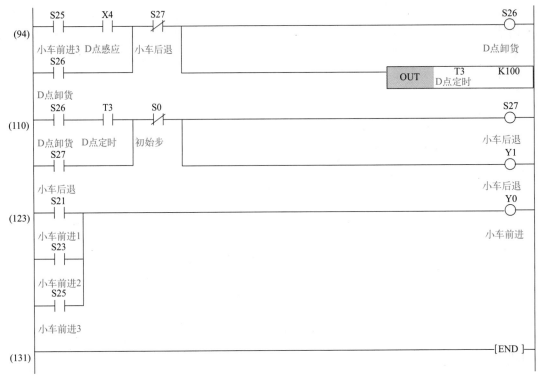

图6-19 采用启动－保持－停止方式编程的顺序控制梯形图

6.7 SET 和 RST 指令的顺序控制梯形图

在某些场合，采用 SET 置位和 RST 复位指令编写顺序控制梯形图比较方便，图 6-20 是在对照图 6-16 所示的 SFC 流程图的基础上，采用 SET 和 RST（置位／复位）指令编写的顺序控制梯形图。

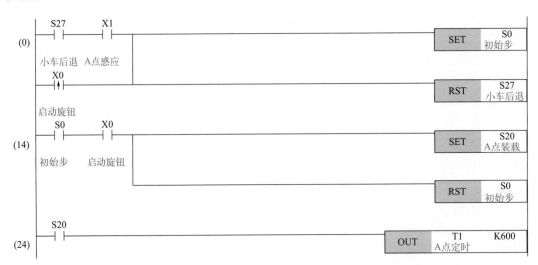

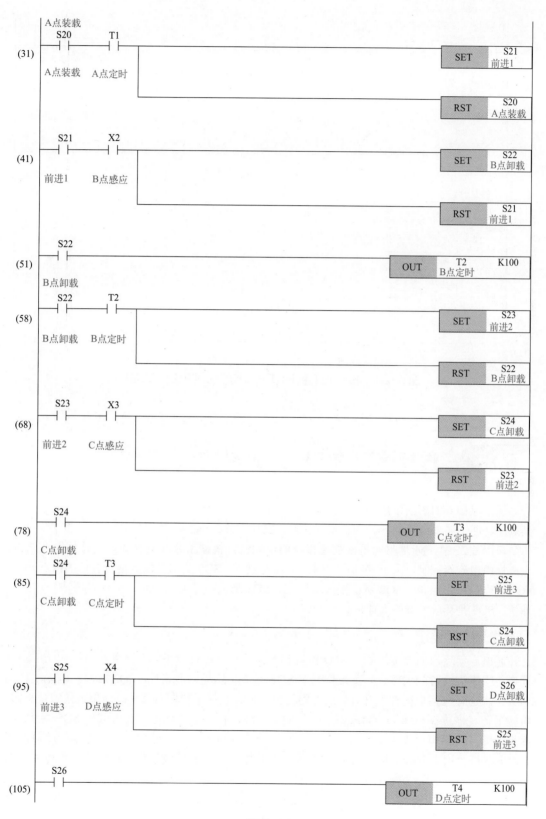

图 6-20

```
            D点卸载
            S26      T4                                        ┌─────┬─────────┐
(112)      ─┤ ├──────┤ ├──────────────────────────────────────│ SET │   S27   │
                                                               │     │ 小车后退 │
            D点卸载   D点定时                                    └─────┴─────────┘
                                                               ┌─────┬─────────┐
                                                               │ RST │   S26   │
                                                               │     │ D点卸载 │
                                                               └─────┴─────────┘

            S27                                                              Y1
(122)      ─┤ ├──────────────────────────────────────────────────────────────○
                                                                         小车后退
           小车后退                                                          Y0
            S21                                                              
(126)      ─┤ ├──────────────────────────────────────────────────────────────○
                                                                         小车前进
            前进1
            S23
           ─┤ ├─

            前进2
            S25
           ─┤ ├─

            前进3
(134)                                                                    [END]
```

图 6-20　采用 SET 和 RST 指令编写的顺序控制梯形图

6.8 选择序列的 SFC 顺序控制

现在以图 6-21 所示的机械手大小球分拣系统为例，具体介绍选择序列的 SFC 顺序控制。其顺序功能图属于图 6-2（b）的形式，显然，它比图 6-2（a）的单序列要复杂一些。

在图 6-21 中，M 是驱动机械手臂移动的电动机，机械手臂左右移动，初始位置在原位。电磁杆由电磁阀控制，上下移动，初始位置在上限位。SQ0 是用于检测是否有球的接近开关，SQ1 是电磁杆上限位，SQ2 是电磁杆下限位，SQ3 是机械手臂的原位，SQ4 是释放小球的小球位，SQ5 是释放大球的大球位。

（1）控制要求

通电启动后，如果接近开关 SQ0 检测到有钢球，电磁杆就下降。下降 2s 后，电磁铁 DT 通电，当电磁铁碰到大球时，下限位开关 SQ2 不接通；碰到小球时，SQ2 接通。电磁铁将钢球吸住，延时 1s 后电磁杆上升。到达上限位 SQ1 时，机械手臂向右移动。如果吸住的是小球，机械手臂就停止在小球位 SQ4；如果吸住的是大球，机械手臂就停止在大球位 SQ5。随后电磁杆下降，2s 后电磁铁断电，将小球释放到小球筐，将大球释放到大球筐。钢球释放后停留 1s，电磁杆再次上升，到达上限位 SQ1 时，上升停止。接着机械手臂向左移动，到达手臂原位 SQ3 时停止。然后重复上述的循环动作。

机械手如果要停止工作，必须完成上述的一整套循环动作，并到达手臂原位 SQ3。

（2）I/O 地址分配和 PLC 选型、接线

① I/O 地址分配。按照图 6-21 的工作原理和元件设置，进行输入输出元件的 I/O 地址分配，如表 6-5 所示。

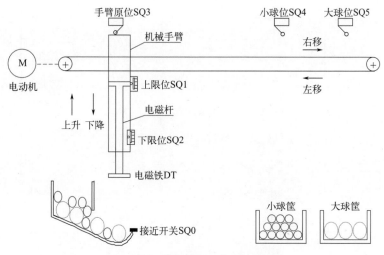

图 6-21　机械手大小球分拣系统

表 6-5　大小球分拣系统输入输出元件的 I/O 地址分配

I（输入）			O（输出）		
组件代号	组件名称	地址	组件代号	组件名称	地址
SQ0	有球	X0	KM1	手臂右移	Y1
SQ1	上限位	X1	KM2	手臂左移	Y2
SQ2	下限位	X2	YV1	电磁杆下降	Y3
SQ3	手臂原位	X3	YV2	电磁杆上升	Y4
SQ4	小球位	X4	DT	吸球电磁铁	Y5
SQ5	大球位	X5	XD	原位指示灯	Y6

② PLC 选型。在图 6-21 中，执行元件接触器和电磁阀必须频繁通电、断电。如果选择继电器输出，则 PLC 内部输出继电器的触点容易磨损，造成一些故障，所以不宜选用继电器输出型，可以采用晶体管输出，结合表 1-5，可选用 FX5U-32MT/ES PLC。从表 1-5 可知，它是 AC 电源，DC 24V 漏型·源型输入通用型，工作电源为 AC 100 ～ 240V，现在设计为通用的 AC 220V。总点数 32，输入端子 16 个，输出端子 16 个。晶体管漏型输出，负载电源为 DC，本例也选用 DC 24V。

③ PLC 接线图。按照上述控制要求，结合 FX5U-32MT/ES PLC 的接线端子图（图 1-9），设计出机械手大小球分拣系统的 PLC 接线图，如图 6-22 所示。

（3）SFC 顺序控制功能图的编程

根据分拣系统的控制要求和 PLC 资源配置，先设计出 SFC 顺序控制功能图，如图 6-23 所示。在分拣过程中，抓到的可能是大球，也可能是小球。如果抓到的是大球，必须按照大

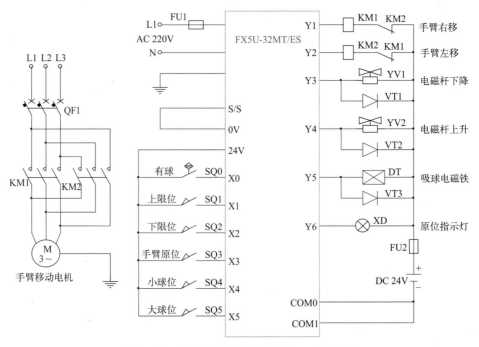

图 6-22　机械手大小球分拣系统 PLC 接线图

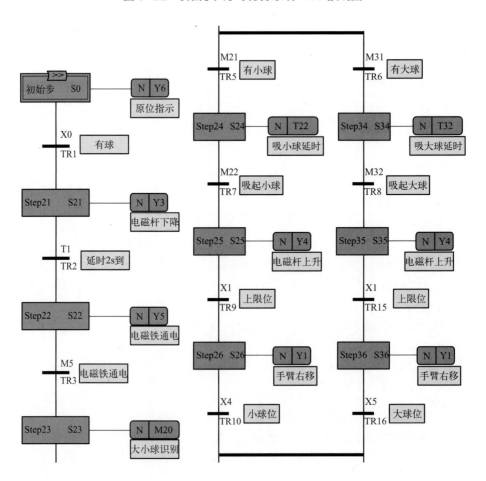

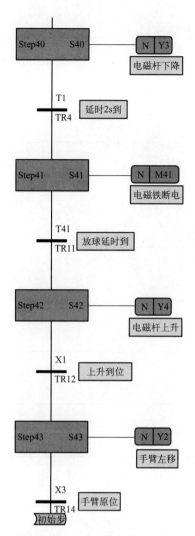

图 6-23　分拣系统的 SFC 顺序控制功能图（选择序列）

球的程序来控制；如果抓到的是小球，则必须按照小球的程序来控制。因此，这是一种选择性的控制，需要采用"选择序列"的 SFC 顺序控制功能图，它属于图 6-2（b）的形式。

（4）采用步进指令的 SFC 顺序控制梯形图

在 GX Works3 编程软件中，以图 6-23 所示的选择性序列 SFC 顺序控制功能图为基础，采用 STL 和 RETSTL 步进指令，编写出相对应的 SFC 步进梯形图，如图 6-24 所示。

（5）编辑"选择性分支"的注意事项

图 6-24 中带有选择性分支，其中有些特殊的问题需要注意。

① 怎样实现"选择性分支"？图 6-24 中，第 57 步开始就是"选择性分支"：X2 为"1"时，进入分拣小球的流程 S24；X2 为"0"时，进入分拣大球的流程 S34。显然，这两个"分支"是不能同时工作的。"SET S34"写入的位置要按图所示，紧接在"SET S24"后面。不能把分拣小球的程序编写完之后，再来编写"SET S34"，否则分拣大球的程序不能执行。

在编写"SET S34"之后，再接着编写"STL S24"，以及分拣小球的其他程序。这个分支

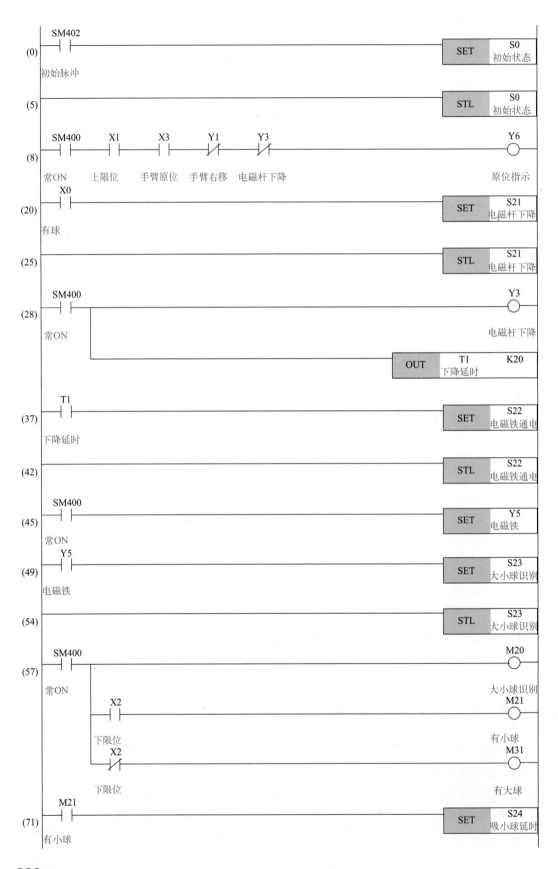

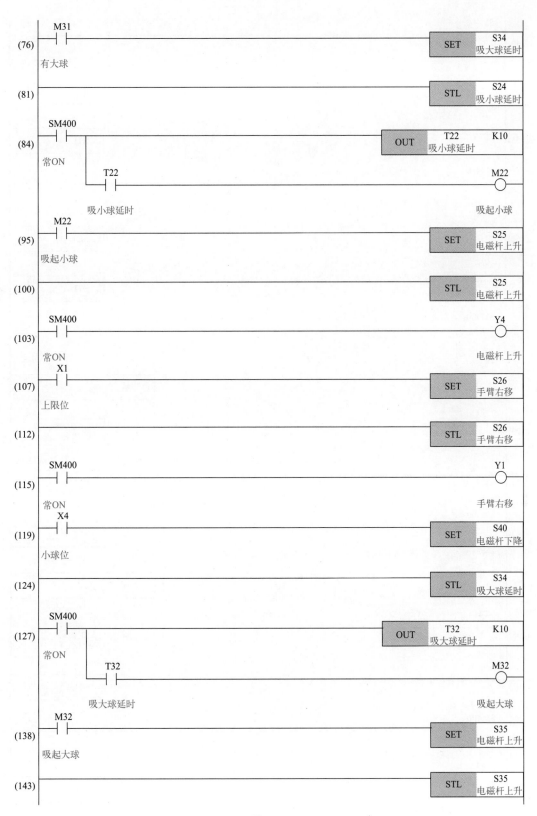

图 6-24

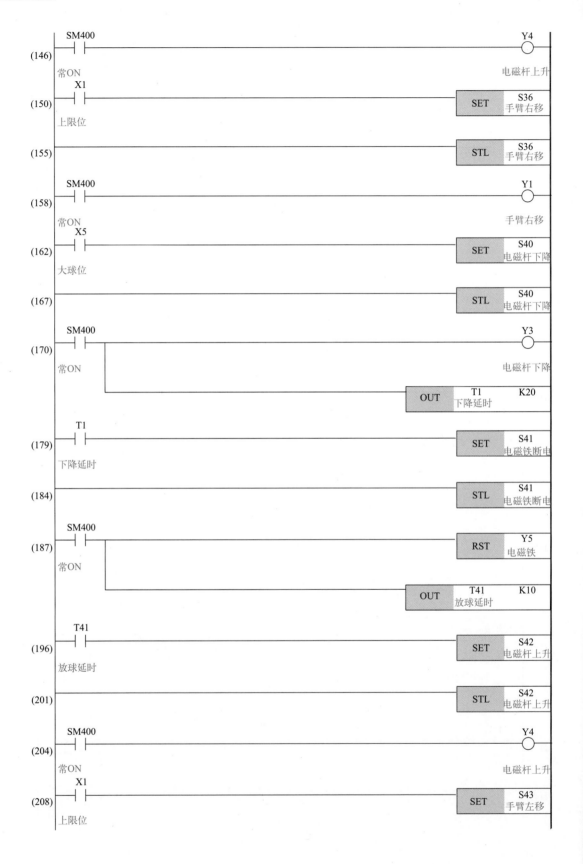

图6-24　采用步进指令的分拣系统 SFC 顺序控制梯形图

是从第 81 步至第 123 步。

　　然后，接着编写分拣大球的分支程序，它是第 124 步至第 166 步。

　　② 怎样实现"合流"？分拣小球的分支程序，在第 123 步结束，转入合流程序"SET S40"。但是在它后面，还不能紧接着写入"STL S40"，因为分拣大球的分支程序还没有编写完，这个程序从第 124 步开始编写，至第 166 步完成，在它的结尾处也是"SET S40"。在它之后，才能编写"STL S40"（第 167 步），转入"合流"程序。

　　③ 在步进程序结束之后，要写入"RETSTL"，它是步进结束指令。

6.9　并行序列的顺序控制

　　现在以图 6-25 所示的双面钻孔机床控制系统为例，具体介绍并行序列的顺序控制。其顺序功能图属于图 6-2（c）的形式。

　　这种双面钻孔机床，是在工件的两个相对表面上同时钻孔，它是一种高效率的自动化专用加工设备。机床的两个液压动力滑台面对面布置，左、右刀具电动机分别固定在两边的滑台上，中间的底座上安装有工件定位夹紧装置。

（1）控制要求

　　① 机床的驱动系统。采用电动机和液压系统相结合的方式，需使用 4 台电动机。M1 为液压电动机，M2 为冷却电动机，M3 为左滑台刀具的驱动电动机，M4 为右滑台刀具的驱动电动机。在进入顺序控制之前，先启动液压电动机 M1，在机床供油系统正常工作后，才能启动左、右滑台刀具电动机 M3 和 M4。冷却电动机 M2 用手动方式控制，可以与液压电动机同时启停。在左、右动力滑台快速进给的同时，刀具电动机 M3、M4 启动运转，滑台退回原位

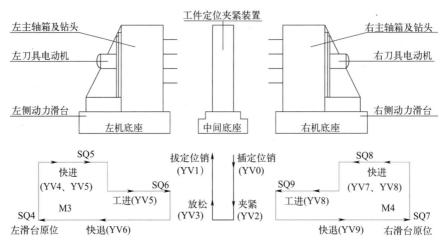

图6-25　双面钻孔机床控制系统示意图

后，M3、M4停止运转。

②机床的进给系统。机床的动力滑台、工件定位、夹紧装置，均由液压系统中的电磁阀驱动。

在工件定位夹紧装置中，由电磁阀YV0执行定位销插入，YV1执行定位销拔出，YV2执行工件夹紧，YV3执行放松。SQ1为定位行程开关，限位开关SQ2闭合为夹紧到位，SQ3闭合为放松到位。

在左动力滑台中，由电磁阀YV4和YV5执行快进，YV5执行工进，YV6执行快退。接近开关SQ4是左滑台原位，SQ5是左快进限位，SQ6是左工进限位。

在右动力滑台中，由电磁阀YV7和YV8执行快进，YV8执行工进，YV9执行快退。接近开关SQ7是右滑台原位，SQ8是右快进限位，SQ9是右工进限位。

各个电磁阀线圈的通电、断电状态见表6-6。

表6-6　各电磁阀线圈的通电、断电状态

工步	定位销		工件		动力滑台					
	插入	拔出	夹紧	放松	左　侧			右　侧		
	YV0	YV1	YV2	YV3	YV4	YV5	YV6	YV7	YV8	YV9
插定位销	+									
工件夹紧			+							
滑台快进					+	+		+	+	
滑台工进						+			+	
滑台快退							+			+
工件放松				+						
拔定位销		+								
停止										

注："+"表示通电状态，空白表示断电状态。

（2）I/O地址分配、PLC选型、控制系统接线

①I/O地址分配。按照图6-25的工作原理和元件设置，进行输入输出元件的I/O地址分配，如表6-7所示。

表 6-7　双面钻孔机床输入输出元件的 I/O 地址分配

I（输入）			O（输出）		
组件代号	组件名称	地址	组件代号	组件名称	地址
SB0	循环启动	X0	YV0	插定位销	Y0
SB1	液压启动	X1	YV1	拔定位销	Y1
SB2	液压停止	X2	YV2	夹紧电磁阀	Y2
SB3	冷却启动	X3	YV3	放松电磁阀	Y3
SB4	冷却停止	X4	YV4	左滑台快进	Y4
SQ1	定位行程	X5	YV5	左侧快 / 工进	Y5
SQ2	夹紧限位	X6	YV6	左滑台快退	Y6
SQ3	放松限位	X7	YV7	右滑台快进	Y7
SQ4	左滑台原位	X10	YV8	右侧快 / 工进	Y10
SQ5	左快进限位	X11	YV9	右滑台快退	Y11
SQ6	左工进限位	X12	KM1	液压电机	Y14
SQ7	右滑台原位	X13	KM2	冷却电机	Y15
SQ8	右快进限位	X14	KM3	左滑台刀具电机	Y16
SQ9	右工进限位	X15	KM4	右滑台刀具电机	Y17

　　② PLC 选型。按照图 6-25 的控制要求，结合表 6-7，可以选用 FX5U-32MT/ES PLC。从表 1-5 可知，它是 AC 电源，DC 24V 漏型·源型输入通用型。工作电源为 AC 100 ~ 240V，现在设计为通用的 AC 220V。总点数 32，输入端子 16 个，输出端子 16 个。晶体管漏型输出，负载电源为直流，现在选用通用的 DC 24V。

　　③ 主回路和控制系统接线。按照上述控制要求，结合 FX5U-32MT/ES PLC 的接线端子图（图 1-9）、晶体管漏型输出的接口电路（图 1-22），设计出双面钻孔机床控制系统的电动机主回路接线图，如图 6-26 所示，PLC 接线图，如图 6-27 所示。

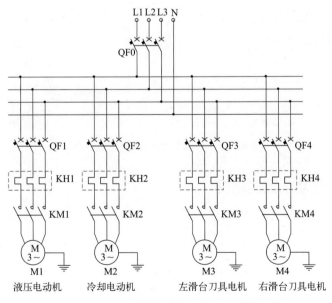

图 6-26　双面钻孔机床电动机主回路接线图

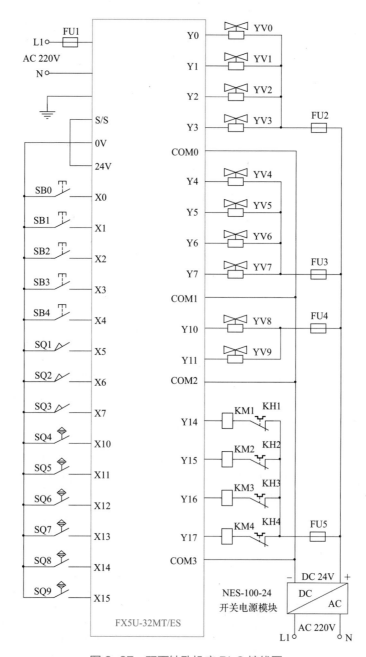

图 6-27　双面钻孔机床 PLC 接线图

（3）顺序控制功能图的编程

根据双面钻孔机床的控制要求，以及 PLC 的资源配置，设计出顺序控制功能图，如图 6-28 所示。由于左右两个动力头是同时进行钻孔，因此在顺序控制功能图中，这一部分是并行序列的流程，属于图 6-2（c）的形式。

需要注意的是，图 6-28 与图 6-16 的形式完全不相同，图 6-16 以及内置的梯形图，是严格按照 GX Works3 中 SFC 流程图的语言格式进行编程的，而图 6-28 实际上是按照工艺要求编辑的方框图，其用途是为步进梯形图的编程提供指南。

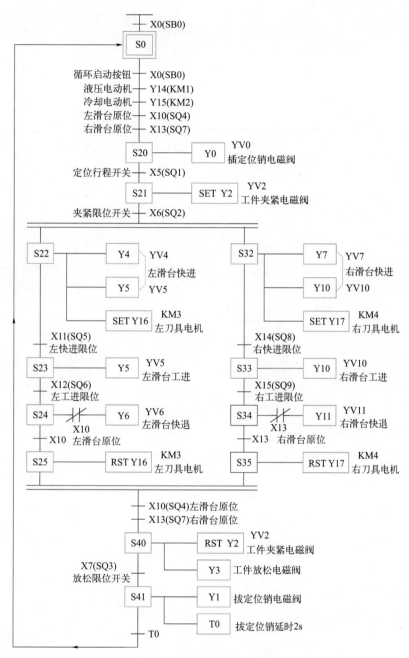

图 6-28　双面钻孔机床的顺序控制功能图（并行序列）

（4）步进指令的顺序控制梯形图的编程

图6-29是在图6-28所示的顺序控制功能方框图的基础上，采用STL和RETSTL步进指令，通过 GX Works3 编程软件所编写的步进梯形图。

（5）"并行分支"梯形图编程的注意事项

① 怎样实现"并行分支"？图6-29中，第56步就是"并行分支"：当X6为"1"时，同时进入左侧滑台的流程S22和右侧滑台的流程S32。显然，这两个分支是同时工作的。"SET

227

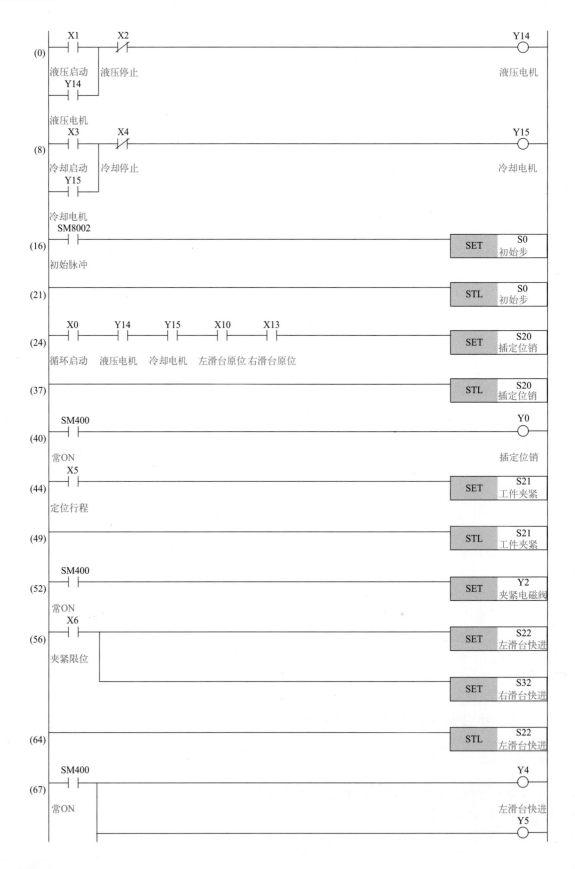

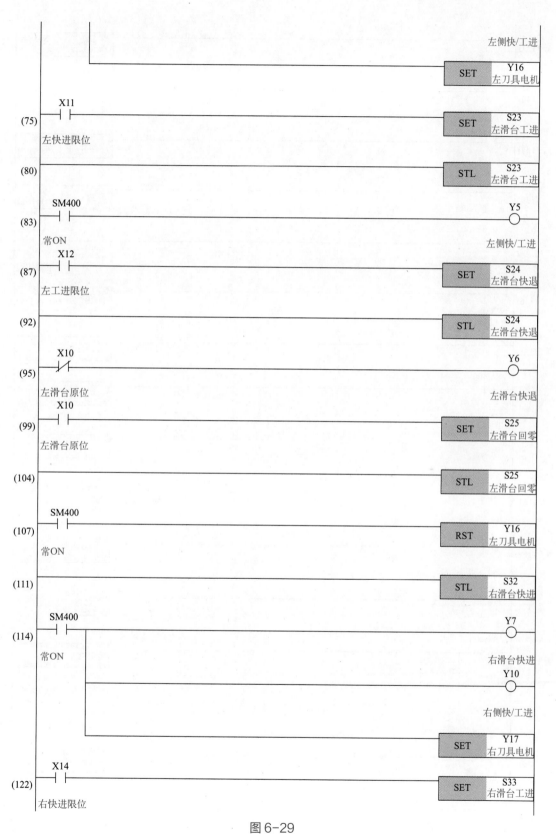

图 6-29

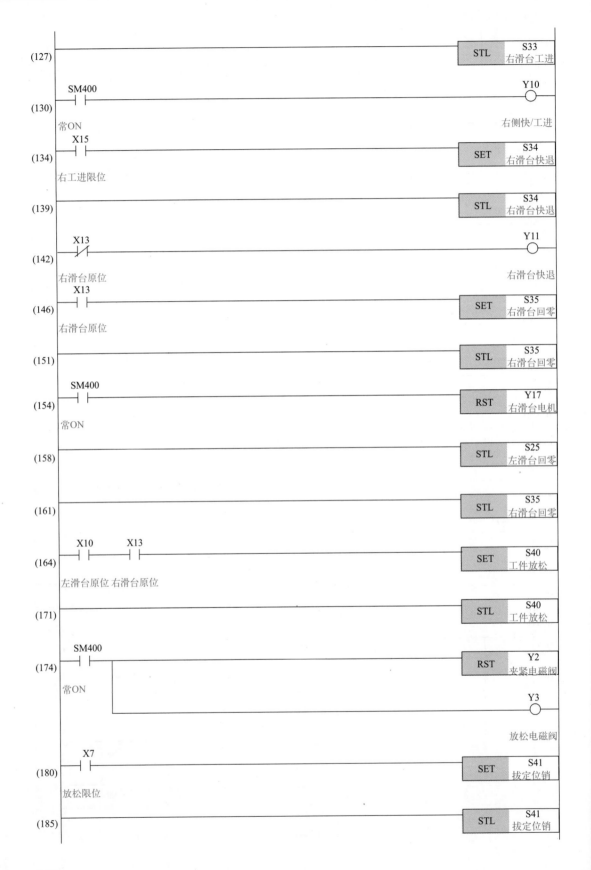

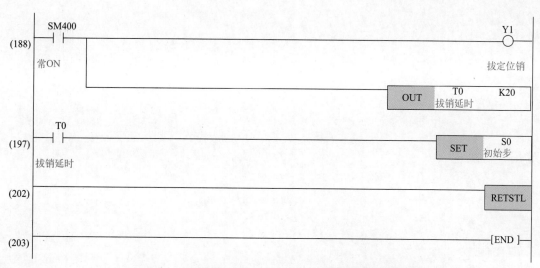

图 6-29　采用步进指令的双面钻孔机床顺序控制梯形图

S32"写入的位置要按图所示，紧接在"SET S22"后面，不能把左侧滑台的程序编写完之后，再来编写"SET S32"。

左侧分支的程序是从第 64 步至第 110 步；右侧分支的程序是从第 111 步至第 157 步。

② 怎样实现"合流"？右侧滑台的分支程序，在第 157 步结束，转入第 164 步的合流程序。但是在写入"SET S40"之前，还要再次写入"STL S25"（第 158 ～ 160 步）、"STL S35"（第 161 ～ 163 步）。虽然前面的第 104 ～ 106 步已经有了"STL S25"，第 151 ～ 153 步已经有了"STL S35"，但是还必须再编写一次，才能转入"合流"程序。

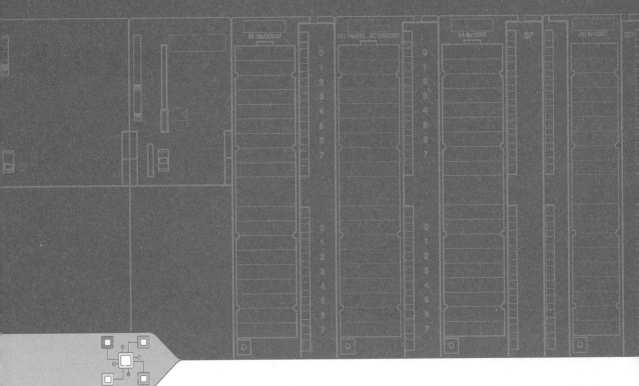

第 7 章
综合应用工程实例

PLC 在自动控制装置中应用广泛，三菱 FX5U PLC 更是大显身手，现在继续介绍一些经典的应用工程实例。

7.1 多级带输送机控制装置

（1）带输送机工作流程

多级带输送机的工作示意图见图 7-1，物料按箭头方向输送。为了防止物料堆积，启动时必须顺向启动，逐级延时。先启动第 1 级，第 2 级比第 1 级延迟 5s，第 3 级又比第 2 级延迟 5s。停止时则必须逆向停止，逐级延时。先停止第 3 级，第 2 级比第 3 级延迟 5s，第 1 级又比第 2 级延迟 5s。

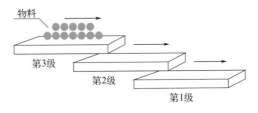

图 7-1　带输送机工作示意图

（2）输入 / 输出元件的 I/O 地址分配

根据工艺流程和控制要求，PLC 系统中需要配置以下元件：

① 2 只按钮，一只用于启动，另一只用于停止。

② 3 只接触器，分别控制 3 台带输送机。

③ 3 只指示灯，分别用于各级带输送机的指示。

④ 3 只热继电器，分别用于 3 台电动机的过载保护。

PLC 的 I/O 地址分配见表 7-1。

表 7-1　带输送机元件的 I/O 地址分配

I（输入）				O（输出）			
元件代号	元件名称	地址	用途	元件代号	元件名称	地址	用途
SB1	按钮 1	X1	启动	KM1	接触器 1	Y1	第 1 级带输送机
SB2	按钮 2	X2	停止	KM2	接触器 2	Y2	第 2 级带输送机
KH1	热继电器 1	X3	第 1 级过载保护	KM3	接触器 3	Y3	第 3 级带输送机
KH2	热继电器 2	X4	第 2 级过载保护	XD1	指示灯 1	Y4	第 1 级指示
KH3	热继电器 3	X5	第 3 级过载保护	XD2	指示灯 2	Y5	第 2 级指示
				XD3	指示灯 3	Y6	第 3 级指示

（3）PLC 的选型和接线图

根据工作流程和表 7-1，可选用三菱 FX5U-32MR/ES PLC。

主回路和 PLC 接线图见图 7-2。

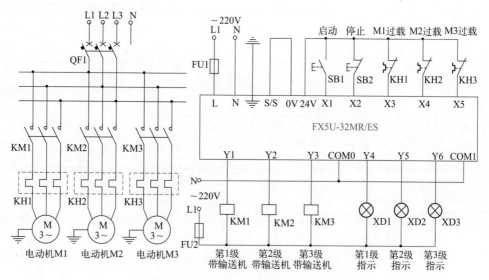

图 7-2　带输送机的主回路和 PLC 接线图

（4）PLC 梯形图的编程

带输送机的 PLC 梯形图见图 7-3。

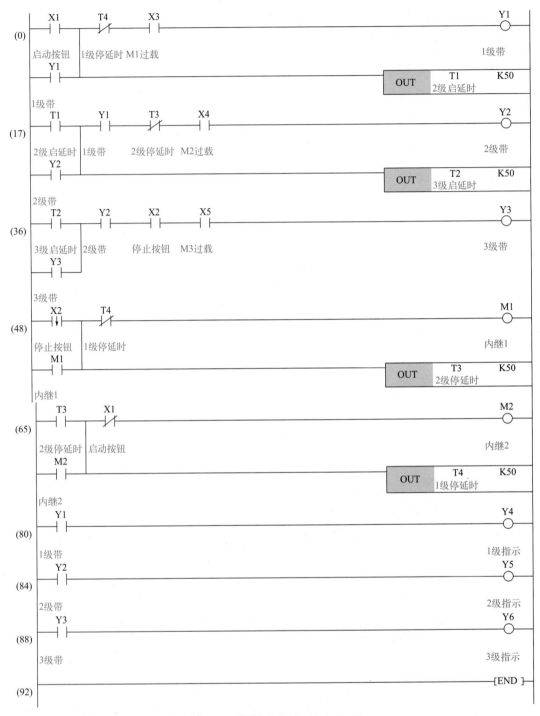

图 7-3　带输送机的 PLC 梯形图

（5）梯形图控制原理

① 启动时，按下启动按钮 SB1，Y1 线圈得电，KM1 吸合，第 1 级带输送机启动并自锁。与此同时，定时器 T1 线圈得电，开始延时 5s，为第 2 级带输送机启动做准备。

②5s 之后，T1 到达设定的时间，Y2 线圈得电，KM2 吸合，第 2 级带输送机启动并自锁。与此同时，定时器 T2 线圈得电，开始延时 5s，为第 3 级带输送机启动做准备。

③5s 之后，T2 到达设定的时间，Y3 线圈得电，KM3 吸合，第 3 级带机启动并自锁。

④停止时，按下停止按钮 SB2，Y3 线圈首先失电，接触器 KM3 释放，第 3 级带输送机停止。与此同时，定时器 T3 线圈得电，开始延时 5s，为第 2 级带输送机停止做准备。

⑤5s 之后，T3 到达设定的时间而动作，其常闭触点断开，Y2 线圈失电，接触器 KM2 释放，第 2 级带输送机停止。与此同时，定时器 T4 线圈得电，开始延时 5s，为第 1 级带输送机停止做准备。

⑥5s 之后，T4 到达设定的时间而动作，其常闭触点断开，Y1 线圈失电，接触器 KM1 释放，第 1 级带输送机停止。

（6）联锁与过载保护

①如果前级带输送机没有启动，则后级不能启动。如果前级停止，后级会自动停止。

②过载保护由热继电器 KH1 ～ KH3 执行，它们的保护范围各不相同：

当第 1 级带输送机过载时，KH1 动作，X3 常开触点断开，3 级带输送机全部停止运转；

当第 2 级带输送机过载时，KH2 动作，X4 常开触点断开，第 2 级和第 3 级停止运转，第 1 级可以继续运转；

当第 3 级带输送机过载时，KH3 动作，X5 常开触点断开，仅有第 3 级停止运转，第 1 级和第 2 级可以继续运转。

7.2 注水泵和抽水泵交替运转装置

（1）注水泵和抽水泵交替运转流程

注水泵向水池注水 20min，然后抽水泵从水池中向外抽水 10min，两台水泵交替工作。

（2）输入 / 输出元件的 I/O 地址分配

根据工艺流程和控制要求，PLC 系统中需要配置以下元件：

①2 只按钮，一只用于启动，另一只用于停止。

②2 只接触器，分别控制 2 台水泵。

③2 只指示灯，分别指示 2 台水泵的工作状态。

④2 只热继电器，分别用于 2 台水泵的过载保护。

PLC 的 I/O 地址分配见表 7-2。

表 7-2 水泵交替运转装置的 I/O 地址分配

I（输入）				O（输出）			
元件代号	元件名称	地址	用途	元件代号	元件名称	地址	用途
SB1	按钮 1	X1	启动	KM1	接触器 1	Y1	注水泵
SB2	按钮 2	X2	停止	KM2	接触器 2	Y2	抽水泵
KH1	热继电器 1	X3	注水泵过载	XD1	指示灯 1	Y3	注水指示
KH2	热继电器 2	X4	抽水泵过载	XD2	指示灯 2	Y4	抽水指示

（3）PLC 的选型和接线图

根据控制要求和表 7-2 所示，可选用三菱 FX5U-32MT/ES PLC。它是 AC 电源，DC 24V 漏型·源型输入通用型，工作电源为交流 100 ~ 240V，现在设计为 AC 220V。总点数 32，输入端子 16 个，输出端子 16 个，晶体管（漏型）输出，负载电源为直流，现在选用通用的 DC 24V。

主回路和 PLC 接线如图 7-4 所示。

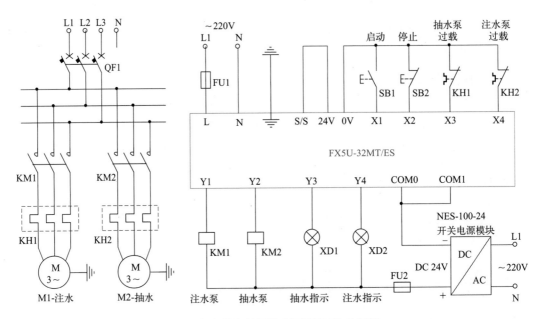

图 7-4　水泵交替运转主回路和 PLC 接线

（4）PLC 梯形图的编程

水泵交替运转的 PLC 梯形图见图 7-5。

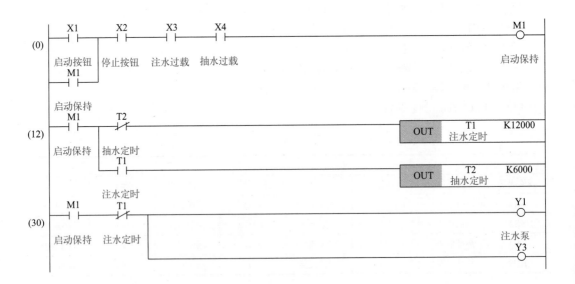

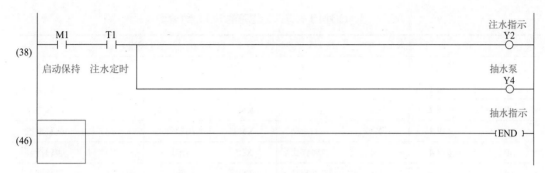

图 7-5　水泵交替运转的 PLC 梯形图

（5）梯形图控制原理

从图 7-4 和图 7-5 可知，注水泵和抽水泵的控制原理是：

① 启动时，按下启动按钮 SB1，X1 接通，内部继电器 M1 通电并自锁，Y1 线圈得电，KM1 吸合，水泵启动，向水池注水。Y3 线圈也得电，指示注水泵在运转。与此同时，定时器 T1 线圈得电，开始计时 20min。

② 20min 后，T1 到达设定的时间，其常闭触点断开，Y1 和 Y3 线圈失电，注水泵停止运转。与此同时，T1 的常开触点闭合，Y2 线圈得电，KM2 吸合，抽水泵启动，从水池中向外抽水。Y4 线圈也得电，指示抽水泵在运转。此时定时器 T2 线圈也得电，开始计时 10min。

③ 10min 后，T2 到达设定的时间，其常闭触点断开，使 T1 的线圈断电复位。此时 T1 的常开触点断开，抽水泵停止运转；T1 的常闭触点闭合，注水泵再次运转。

④ 由于 T1 的常开触点断开，定时器 T2 也复位，其常闭触点闭合，又使 T1 的线圈得电，T1 再次进入定时。

⑤ 按下停止按钮 SB2，X2 断开，M1 和 Y1 ～ Y4 线圈均失电，两台水泵均停止。

⑥ 过载保护由热继电器 KH1 和 KH2 执行。如果注水泵或抽水泵过载，则 X3 或 X4 的常开触点断开，M1 和 Y1 ～ Y4 的线圈都不能得电，两台水泵都停止工作，既不能向水池注水，也不能从水池中抽水。

7.3　切削加工机床 PLC 改造装置

（1）机床控制要求

C6140 车床是国产的普通车床，用于金属材料的切削加工，共有 3 台电动机。D1（7.5kW）为主轴电动机，它带动主轴旋转和刀架进给。D2（90W）为冷却电动机，它在切削加工时提供冷却液，对刀具进行冷却。D3（250W）为刀架快速移动电动机，它使刀具快速地接近或离开加工部位。

（2）输入 / 输出元件的 I/O 地址分配

根据控制要求，PLC 系统中需要配置以下元件：6 只按钮、1 只旋钮、3 只接触器、3 只指示灯、1 只照明灯。它们的用途和 I/O 地址分配见表 7-3。

表 7-3　C6140 车床改造电路的 I/O 地址分配

I（输入）				O（输出）			
元件代号	元件名称	地址	用途	元件代号	元件名称	地址	用途
SB1	按钮 1	X1	电源启动	KM1	接触器 1	Y1	主轴电机
SB2	按钮 2	X2	电源停止	KM2	接触器 2	Y2	冷却电机
SB3	按钮 3	X3	主轴启动	KM3	接触器 3	Y3	快移电机
SB4	按钮 4	X4	主轴停止	XD1	指示灯 1	Y4	主轴指示
SB5	按钮 5	X5	冷却启动	XD2	指示灯 2	Y5	快移指示
SB6	按钮 6	X6	快移点动	XD3	指示灯 3	Y6	电源指示
SB7	旋钮	X7	照明控制	EL	照明灯	Y7	机床照明

（3）PLC 的选型和接线图

根据机床的控制要求和表 7-3 所示，可选用三菱 FX5U-32MR/ES PLC。它是 AC 电源，DC 24V 漏型·源型输入通用型，工作电源为交流 100 ～ 240V，现在设计为 AC 220V。总点数 32，输入端子 16 个，输出端子 16 个，继电器输出，负载电源为交流，现在选用通用的 AC 220V。

C6140 车床改造电路的主回路和 PLC 接线见图 7-6。

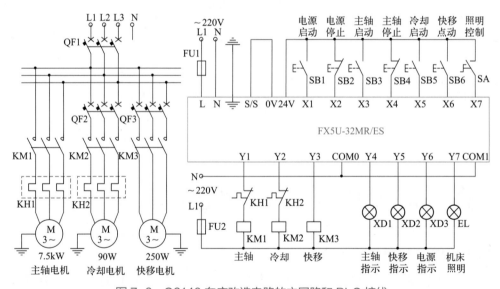

图 7-6　C6140 车床改造电路的主回路和 PLC 接线

（4）PLC 梯形图的编程

C6140 车床改造电路的 PLC 梯形图见图 7-7。

（5）梯形图控制原理

① 按下电源启动按钮 SB1，X1 闭合，内部继电器 M1 的线圈得电并自锁，为切削加工做好准备。按下电源停止按钮 SB2，M1 的线圈失电。

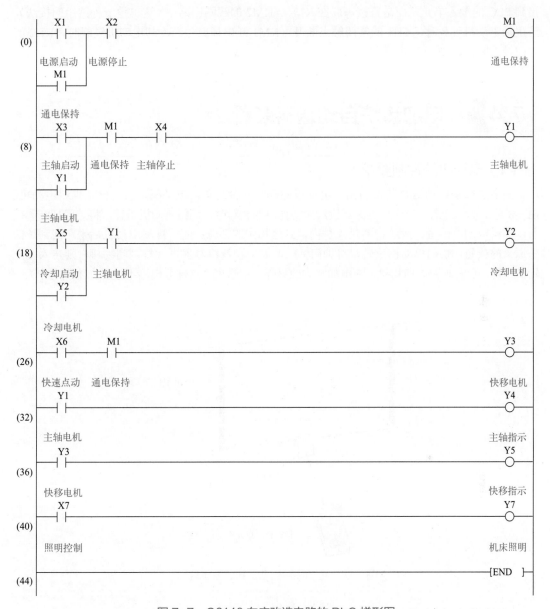

图 7-7　C6140 车床改造电路的 PLC 梯形图

② 按下主轴启动按钮 SB3，X3 闭合，Y1 线圈得电并自锁，KM1 吸合，主轴电动机启动运转。按下主轴停止按钮 SB4，Y1 的线圈失电，主轴停止运转。

③ 主轴电动机启动后，按下冷却启动按钮 SB5，X5 闭合，Y2 线圈得电并自锁，KM2 吸合，冷却电动机启动运转。主轴电动机停止后，Y2 线圈失电，冷却电动机自动停止运转。

④ 按下快移点动按钮 SB6，X6 闭合，Y3 线圈得电，KM3 吸合，快移电动机通电运转。松开 SB6，Y3 线圈失电，快移电动机停止运转。

⑤ 机床照明灯控制：当旋钮开关 SA 接通时，X7 闭合，照明灯 EL 点亮。

⑥ 过载保护：主轴电动机用热继电器 KH1 作过载保护，冷却电动机用热继电器 KH2 作过载保护，快移电动机是短时工作，没有必要设置过载保护。KH1、KH2 的常闭触点没有连

接到 PLC 的输入单元，而是直接串联在 KM1、KM2 的线圈回路中（这也是一种常用的接法）。当主轴电动机过载时，KH1 的常闭触点断开，KM1 断电释放；当冷却电动机过载时，KH2 的常闭触点断开，KM2 断电释放。

7.4 电加热炉自动送料装置

（1）电加热炉控制要求

某电加热炉自动送料装置由两台电动机驱动，一台是炉门电动机，另一台是推料电动机，图 7-8 是工作示意图。当物料检测器检测到待加热的物料时，炉门电动机正转，将炉门打开。接着，推料电动机前进，运送物料进入炉内，到达指定的料位；随后推料电动机后退，回到炉门外原来的位置；炉门电动机反转，将炉门关闭。如果物料检测器再次检测到物料，则转入下一轮的循环。已经加热好的物料，从电加热炉的另外一端送出（这部分电路不包含在本例之中）。

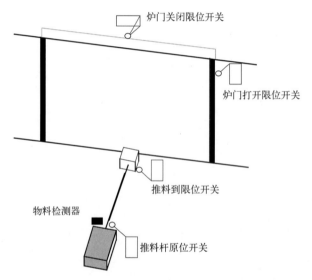

图 7-8 电加热炉自动送料装置示意图

（2）输入 / 输出元件的 I/O 地址分配

根据控制要求，PLC 系统中需要配置以下元件：2 只按钮、1 只检测器、4 只行程开关、4 只交流接触器。它们的用途和 I/O 地址分配见表 7-4。

表 7-4 电加热炉自动送料装置的 I/O 地址分配

I（输入）				O（输出）			
元件代号	元件名称	地址	用途	元件代号	元件名称	地址	用途
SB1	按钮 1	X1	启动按钮	KM1	接触器 1	Y1	炉门打开
SB2	按钮 2	X2	停止按钮	KM2	接触器 2	Y2	炉门关闭
SQ1	接近开关	X3	物料检测	KM3	接触器 3	Y3	推杆前进
XK1	限位开关 1	X4	门开到位	KM4	接触器 4	Y4	推杆后退

I（输入）				O（输出）			
元件代号	元件名称	地址	用途	元件代号	元件名称	地址	用途
XK2	限位开关 2	X5	门关到位				
XK3	限位开关 3	X6	推杆原位				
XK4	限位开关 4	X7	推料到位				

（3）PLC 的选型和接线图

根据自动送料装置的控制要求和表 7-4，可选用三菱 FX5U-32MT/ESS PLC。它是 AC 电源，DC 24V 漏型·源型输入通用型，工作电源为交流 100 ～ 240V，现在设计为 AC 220V。总点数 32，输入端子 16 个，输出端子 16 个。晶体管（源型）输出，负载电源为直流，现在选用通用的 DC 24V。

主回路和 PLC 的接线如图 7-9 所示。

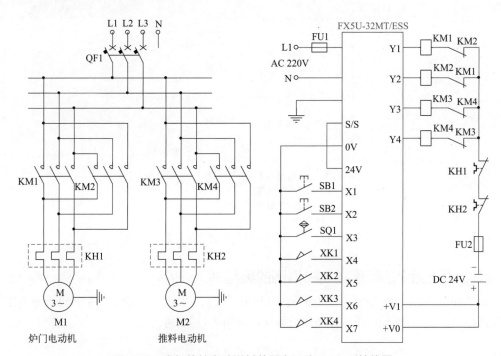

图 7-9　电加热炉自动送料装置主回路和 PLC 接线图

（4）顺序控制功能图的编程

这是一种自动循环控制电路，非常适宜于采用顺序控制，其控制功能图用图 7-10 表达，整个流程由按钮 SB1 启动。

注意

图 7-10 不是按照第 6 章中 SFC 流程图的语言格式编辑的，而是按照工艺要求编辑的方框图，其用途是为下一步编辑步进梯形图提供指南。

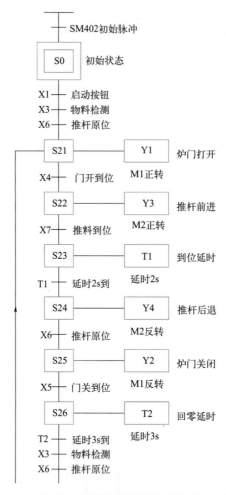

图 7-10　电加热炉自动送料装置的顺序控制功能图

（5）步进指令的顺序控制梯形图的编程

图 7-10 非常清楚地表达了电加热炉自动送料装置的工作流程。现在采用步进指令 STL 和 RETSTL，进行对应的顺序控制梯形图的编程，如图 7-11 所示。

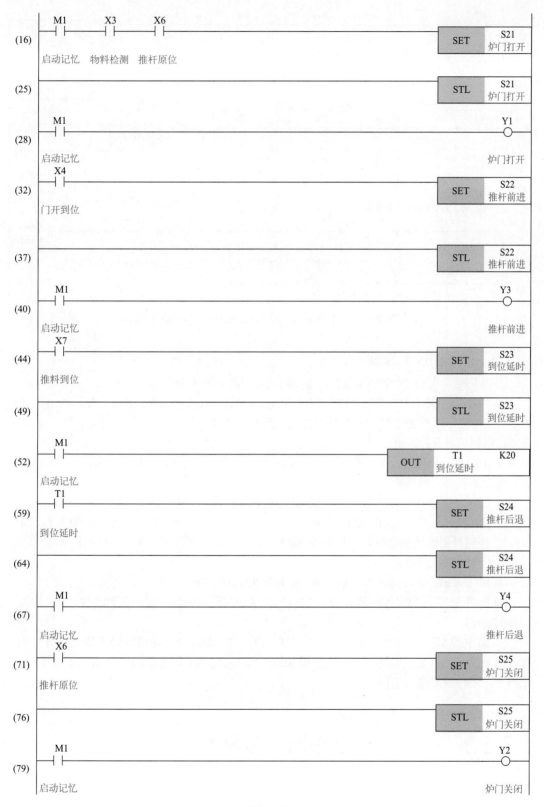

图 7-11

图 7-11 采用步进指令的电加热炉自动送料装置梯形图

（6）梯形图控制原理

① 开机后，由初始脉冲 SM402 启动控制流程中的初始步 S0。

② 当接近开关 SQ1（X3）检测到有物料，且推料杆在原位（X6 闭合）时，按下启动按钮 SB1（X1），内部继电器 M1 得电，进入流程 S21。接触器 KM1（Y1）通电，炉门电动机正转，将炉门打开。

③ 炉门打开到位时，限位开关 XK1（X4）闭合，进入流程 S22。接触器 KM3（Y3）得电，推料电动机正转，推料杆前进。

④ 推料杆前进到位时，进入流程 S23。定时器 T1 通电，延时 2s。

⑤ 延时 2s 后，进入流程 S24。接触器 KM4（Y4）得电，推料电动机反转，推料杆后退。

⑥ 推料杆退回到原位时，行程开关 XK3（X6）闭合，进入流程 S25。接触器 KM2（Y2）得电，炉门电动机反转，将炉门关闭。

⑦ 炉门关闭到位时，进入流程 S26。定时器 T2 通电，延时 3s。

⑧ 延时 3s 后，如果接近开关 SQ1（X3）再次检测到有物料，则返回到流程 S21，转入下一轮的循环。

⑨ 图中的 M1 并不能单独控制 Y1 ～ Y4、T1 ～ T2 的线圈，这些线圈还要受到有关的流程步骤的控制。但是，如果按下停止按钮 SB2（X2），则 M1 失电，Y1 ～ Y4、T1 ～ T2 均不能得电，送料装置停止工作。

7.5 工业机械手搬运工件装置

机械手在工业自动控制领域中得到广泛应用，它可以完成搬运物料、装配、切割、喷染等多项工作，大大减轻了工人的劳动强度，避免了许多人身安全事故。

（1）机械手的控制要求

图 7-12 是某气动传送机械手的工作示意图，其任务是将工件从 A 点搬运到 B 点。机械手的上升、下降、左行、右行分别由电磁阀 YV1 ～ YV4 完成。YV1 与 YV2 实际上是具有双线圈的两位电磁阀，如果其中一个电磁阀的线圈通电，就一直保持现有的机械动作，直到相对应的另一个线圈通电为止。YV3 与 YV4 也是这种具有双线圈的两位电磁阀。

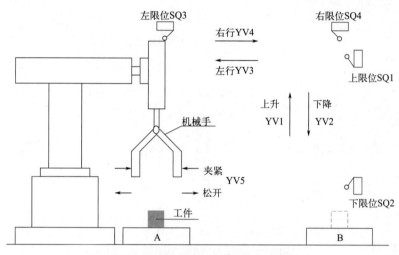

图 7-12　机械手搬运工件示意图

机械手的夹紧、松开动作，由电磁阀 YV5 完成。YV5 通电时夹住工件，断电时松开工件。夹紧装置不带限位开关，通过一定的延时来完成夹紧动作。机械手的工作臂设有上限位、下限位、左限位、右限位，对应的限位开关分别是 SQ1 ～ SQ4。

在图 7-12 中，机械手的任务是将工件从 A 点搬运到 B 点，这个过程可以分解为 8 个动作：
原位→下降→夹紧工件→上升→右移→下降→松开工件→上升→左移→原位

（2）输入／输出元件的 I/O 地址分配

根据控制要求，PLC 系统中需要配置以下元件：2 只按钮、5 只行程开关、5 只电磁阀。它们的用途和 I/O 地址分配见表 7-5。

表 7-5　机械手搬运工件装置的 I/O 地址分配

I（输入）				O（输出）			
元件代号	元件名称	地址	用途	元件代号	元件名称	地址	用途
SB1	按钮 1	X1	启动	YV1	电磁阀 1	Y1	上升
SB2	按钮 2	X2	停止	YV2	电磁阀 2	Y2	下降
SQ1	限位开关 1	X3	上限位	YV3	电磁阀 3	Y3	左行
SQ2	限位开关 2	X4	下限位	YV4	电磁阀 4	Y4	右行
SQ3	限位开关 3	X5	左限位	YV5	电磁阀 5	Y5	夹紧/放松
SQ4	限位开关 4	X6	右限位				
SQ5	限位开关 5	X7	工件检测				

（3）PLC 的选型和接线图

根据机械手的控制要求和表 7-5 中所示，可选用三菱 FX5U-32MR/ES PLC。它是 AC 电源，DC 24V 漏型·源型输入通用型，工作电源为交流 100 ～ 240V，现在设计为 AC 220V。总点数 32，输入端子 16 个，输出端子 16 个，继电器输出，负载电源为交流，现在选用通用的 AC 220V。

PLC 的接线如图 7-13 所示。

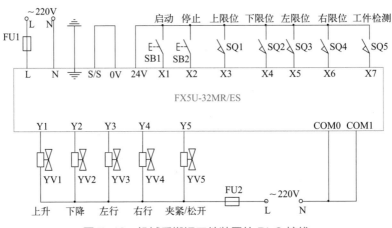

图 7-13　机械手搬运工件装置的 PLC 接线

（4）顺序控制功能图的编程

这也是一种典型的自动循环控制电路，适宜于采用顺序控制，其控制功能图用图 7-14 表达，整个流程由按钮 SB1 启动。

图 7-14 是按照工艺要求编辑的控制功能方框图，有了这种方框图后，控制流程就更为清晰了，顺序控制梯形图的编程也更为方便。

（5）步进指令的顺序控制梯形图的编程

根据图 7-14，采用步进指令进行机械手顺序控制梯形图的编程，如图 7-15 所示。

（6）梯形图控制原理

① 开机后，由初始脉冲 SM402 启动控制流程中的初始步 S0。

② 按下启动按钮 SB1（X1），当行程开关 SQ5（X7）检测到原位有工件时，进入流程 S21。下降电磁阀 YV2（Y2）通电，机械手下降。

③ 机械手下降到位时，下限位行程开关 SQ2（X4）闭合，进入流程 S22。夹紧/松开电磁阀 YV5（Y5）得电，机械手将工件夹紧，并由定时器 T1 延时 1s。

④ 延时结束后，进入流程 S23，上升电磁阀 YV1（Y1）通电，机械手上升。

⑤ 上升到位后，上限位行程开关 SQ1（X3）闭合，进入流程 S24。右行电磁阀 YV4（Y4）通电，机械手向右行走。

⑥ 右行到位后，右限位开关 SQ4（X6）闭合，进入流程 S25。下降电磁阀 YV2（Y2）通电，机械手下降。

⑦ 下降到位后，下限位开关 SQ2（X4）闭合，进入流程 S26。夹紧/松开电磁阀 YV5（Y5）断电，机械手松开，将工件释放，并由定时器 T2 延时 1s。

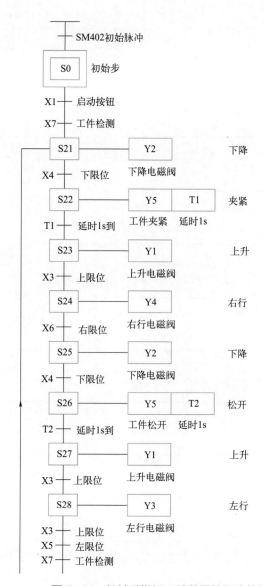

图 7-14　机械手搬运工件装置的顺序控制功能图

图 7-15

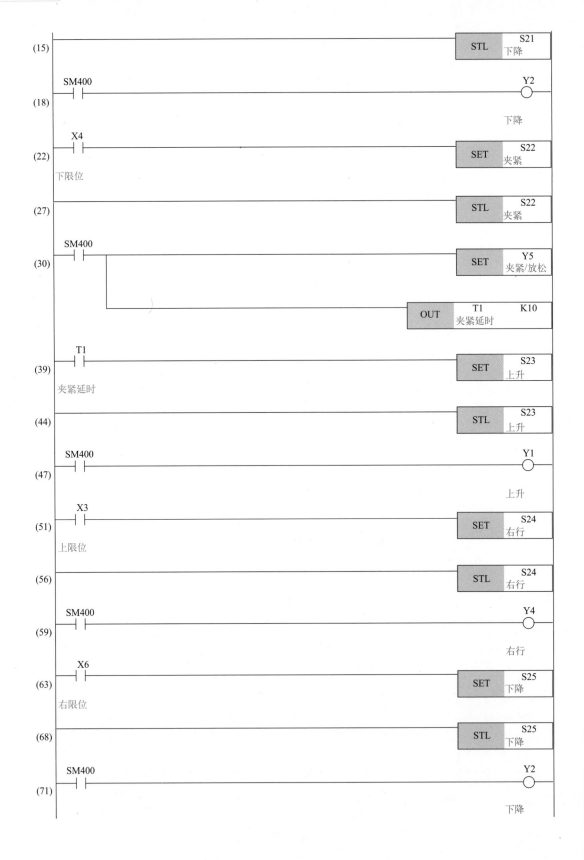

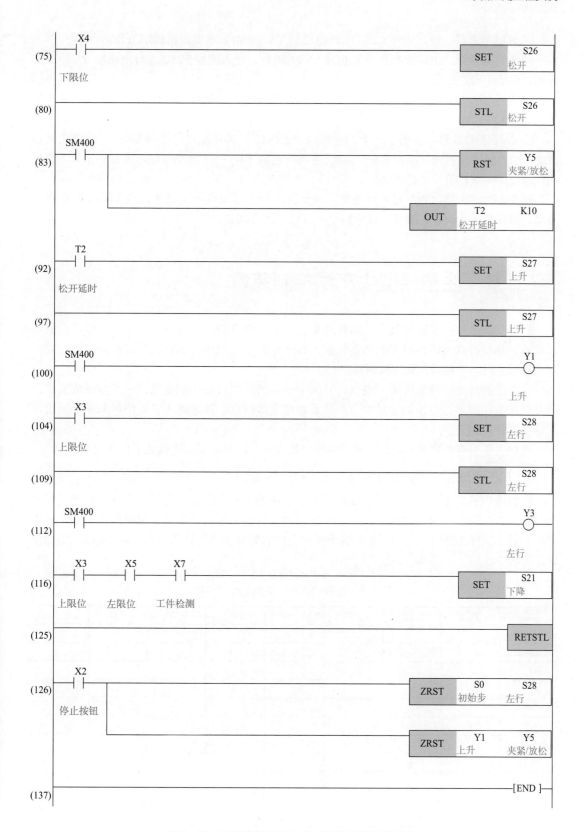

图 7-15　采用步进指令的机械手顺序控制梯形图

⑧ 延时结束后，进入流程 S27，上升电磁阀 YV1（Y1）通电，机械手上升。

⑨ 上升到位后，上限位行程开关 SQ1（X3）闭合，进入流程 S28。左行电磁阀 YV3（Y3）通电，机械手向左行走。

⑩ 左行到位后，如果原位上又有工件，则 SQ5（X7）再次闭合，转入下一个循环，重新进入流程 S21。

⑪ 在程序的后面，使用了一个功能指令"ZRST"，其功能是"区间复位"。当停止按钮 SB2（X2）按下接通时，流程 S0 ～ S28、输出继电器 Y1 ～ Y5 全部复位，恢复到原来不得电的状态，此时机械手停止各项动作。

⑫ SM400 是"常 ON"特殊继电器，用来执行 PLC 的某些特定功能。其线圈由 PLC 自行驱动，可以直接使用它的触点，这个触点始终处于闭合状态。

7.6 注塑成型生产线控制装置

在塑胶制品中，应用面最广、品种最多、精密度最高的是注塑成型产品。注塑成型机可以将各种热塑性或热固性材料加热熔化后，以一定的速度和压力注射到塑料模具内部，经冷却和保压之后，得到所需的塑料制品。

注塑成型机是一种集机械、电气、液压于一体的典型自动控制系统。它具有可成型复杂产品、加工种类多、后续加工量少、产品质量稳定等特点。目前绝大多数塑料制品都采用注塑成型机进行加工。

PLC 由于具有高度的可靠性、易于编程等特点，在注塑成型机中得到了广泛应用。

（1）注塑成型机的控制流程

注塑成型机的生产工艺，一般要经过原位、闭模、射台前进、注射、保压、预塑、射台后退、开模、顶针前进、顶针后退、复位等步骤。这些工序可以用 8 个电磁阀来完成，其中注射和保压工序还需要一定的延时，各个工序之间的转换由接近开关控制。8 个电磁阀的动作时序见表 7-6。

表 7-6 注塑成型机电磁阀动作时序表

工步	YV1	YV2	YV3	YV4	YV5	YV6	YV7	YV8
原位								
闭模	+		+					
射台前进								+
注射							+	
保压							+	+
预塑	+						+	
射台后退						+		
开模		+		+				
顶针前进			+		+			
顶针后退				+	+			
复位								

注："+"代表电磁阀动作。

（2）输入/输出元件的 I/O 地址分配

输入元件是 8 只接近开关、2 只按钮，输出元件是 8 只电磁阀，元件的 I/O 地址分配如表 7-7 所示。在表中，尽量将外部元件的序号与 I/O 地址的序号相对应（SQ1 ～ SQ7 对应 X1 ～ X7、YV1 ～ YV7 对应 Y1 ～ Y7）。这样处理的好处是编程时更为简捷，可以减少一些差错。

表 7-7　注塑成型机的 I/O 地址分配

I（输入）				O（输出）			
元件代号	元件名称	地址	用途	元件代号	元件名称	地址	用途
SQ1	接近开关 1	X1	原位开关	YV1	电磁阀 1	Y1	闭模 / 预塑
SQ2	接近开关 2	X2	闭模终点	YV2	电磁阀 2	Y2	开模
SQ3	接近开关 3	X3	射台前进终点	YV3	电磁阀 3	Y3	闭模 / 顶针前进
SQ4	接近开关 4	X4	加料限位终点	YV4	电磁阀 4	Y4	开模 / 顶针后退
SQ5	接近开关 5	X5	射台后退终点	YV5	电磁阀 5	Y5	顶针前进 / 后退
SQ6	接近开关 6	X6	开模终点	YV6	电磁阀 6	Y6	射台后退
SQ7	接近开关 7	X7	顶针前进终点	YV7	电磁阀 7	Y7	注射 / 保压 / 预塑
SQ8	接近开关 8	X10	顶针后退终点	YV8	电磁阀 8	Y10	射台前进 / 保压
SB1	按钮 1	X11	启动按钮				
SB2	按钮 2	X12	停止按钮				

（3）PLC 的选型和接线图

根据控制流程和表 7-7，可选用三菱 FX5U-32MR/ES PLC。

注塑成型机的 PLC 接线见图 7-16。

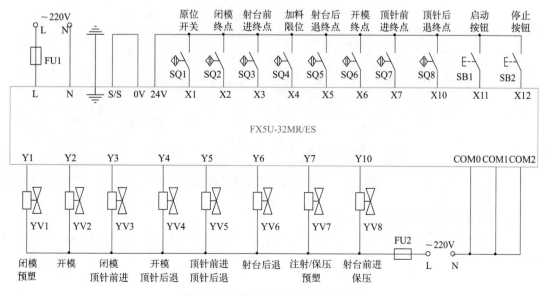

图 7-16　注塑成型机的 PLC 接线

（4）顺序控制功能图的编程

注塑成型机是自动循环控制电路，适宜于采用顺序控制，其控制功能图用图 7-17 表达，整个流程由按钮 SB1（X11）启动。

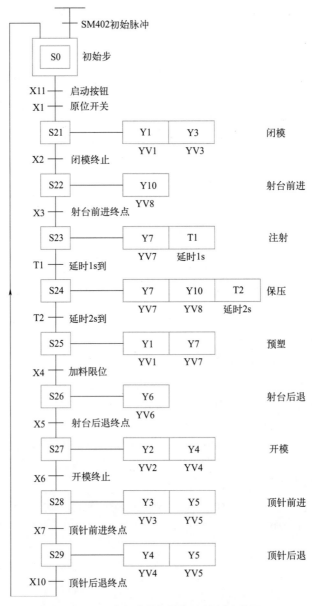

图 7-17　注塑成型机的顺序控制功能图

（5）顺序控制梯形图的编程

对于图 7-17 所示的顺序控制功能图，可以采用多种形式进行对应的梯形图的编程。第一种形式是采用置位/复位指令，第二种形式是采用步进指令，第三种形式是采用移位寄存器指令。现在采用置位/复位指令进行编程，有关的顺序控制梯形图见图 7-18。

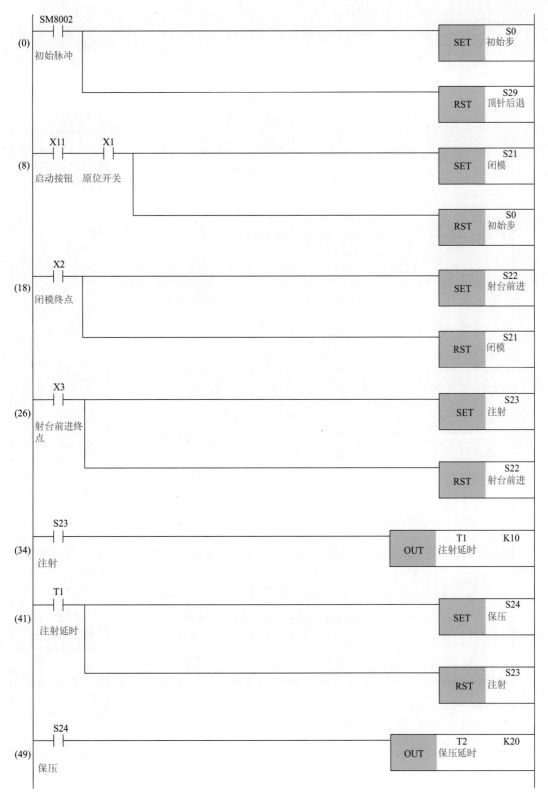

图 7-18

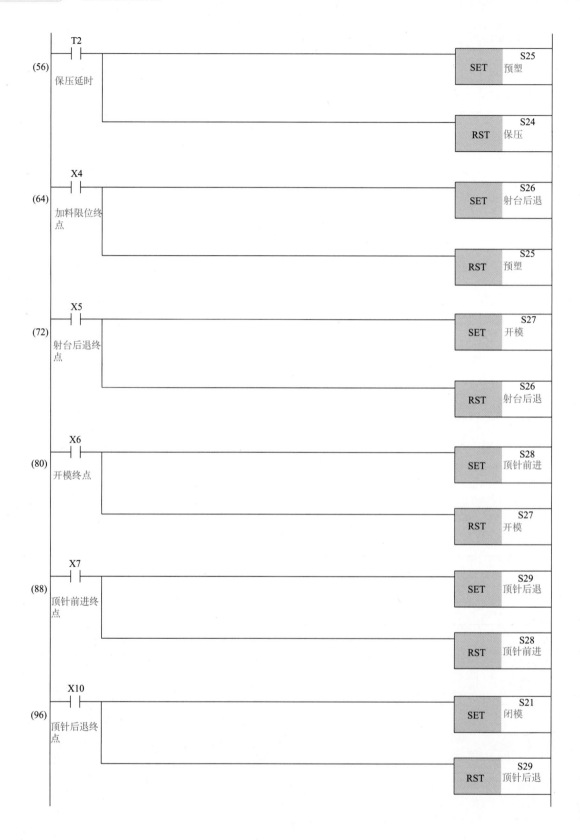

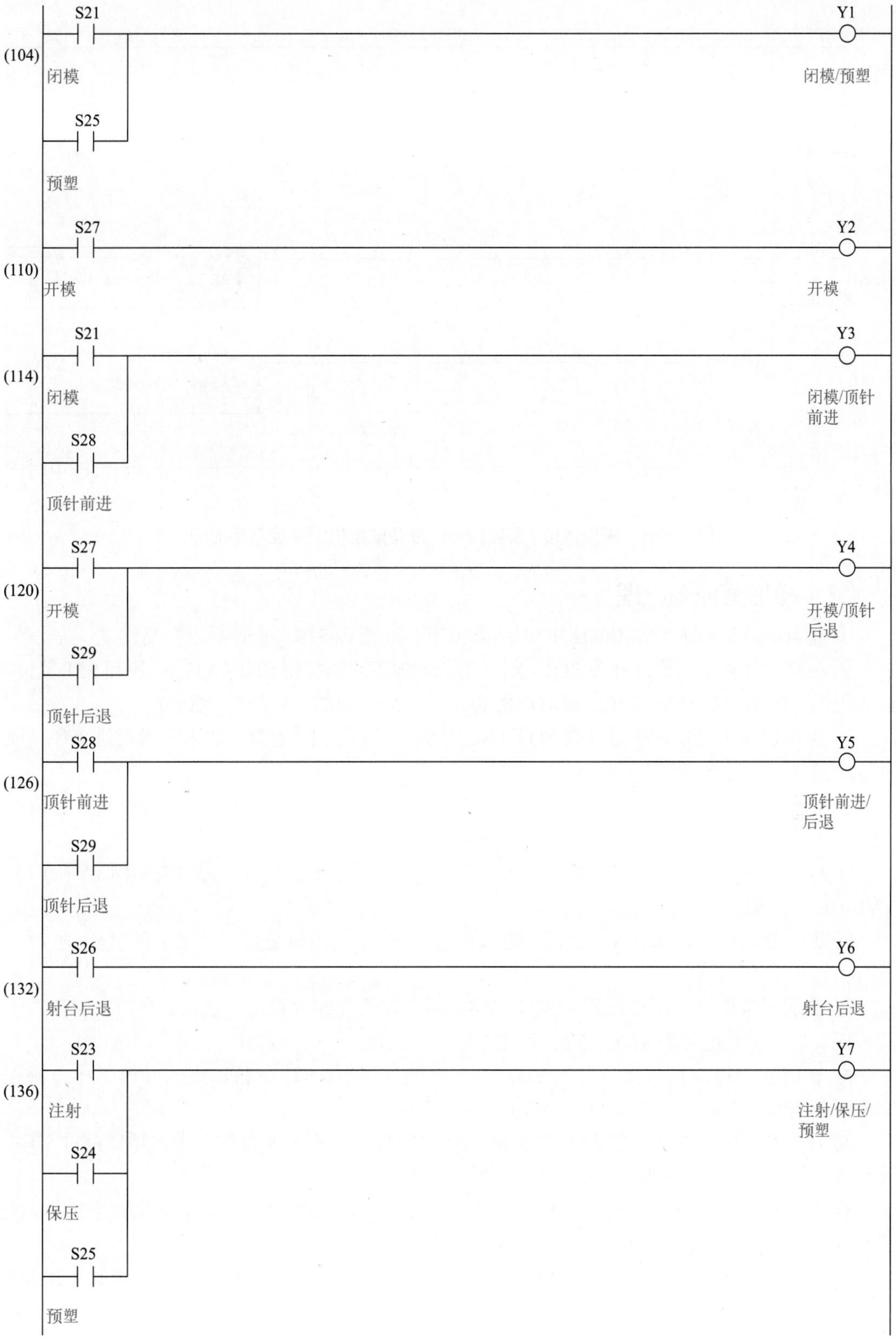

(104)　S21 闭模／S25 预塑 —— Y1 闭模/预塑

(110)　S27 开模 —— Y2 开模

(114)　S21 闭模／S28 顶针前进 —— Y3 闭模/顶针前进

(120)　S27 开模／S29 顶针后退 —— Y4 开模/顶针后退

(126)　S28 顶针前进／S29 顶针后退 —— Y5 顶针前进/后退

(132)　S26 射台后退 —— Y6 射台后退

(136)　S23 注射／S24 保压／S25 预塑 —— Y7 注射/保压/预塑

图 7-18

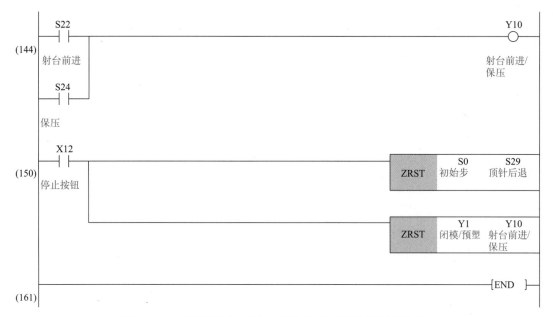

图 7-18　采用置位 / 复位指令的注塑成型机顺序控制梯形图

（6）梯形图控制原理

① 通电后，初始脉冲 SM8002 将初始步 S0 置位，流程 S29（顶针后退）复位。

② 在原位状态下，原位开关 SQ1（X1）闭合，按下启动按钮 SB1（X11），流程 S21 置位，进入闭模工序，初始步 S0 复位。此时电磁阀 YV1（Y1）和 YV3（Y3）通电。

③ 在闭模终止位置，接近开关 SQ2（X2）闭合，流程 S22 置位，进入射台前进工序，流程 S21 复位。此时电磁阀 YV8（Y10）通电。

④ 在射台前进终点，接近开关 SQ3（X3）闭合，流程 S23 置位，进入注射工序，流程 S22 复位。此时电磁阀 YV7（Y7）通电，并延时 1s。

⑤ 延时 1s 时间到，流程 S24 置位，进入保压工序，流程 S23 复位。此时电磁阀 YV7（Y7）、YV8（Y10）通电，并延时 2s。

⑥ 延时 2s 时间到，流程 S25 置位，进入预塑工序，流程 S24 复位。此时电磁阀 YV1（Y1）、YV7（Y7）通电。

⑦ 在加料限位终点，接近开关 SQ4（X4）闭合，流程 S26 置位，进入射台后退工序，流程 S25 复位。此时电磁阀 YV6（Y6）通电。

⑧ 在射台后退终点，接近开关 SQ5（X5）闭合，流程 S27 置位，进入开模工序，流程 S26 复位。此时电磁阀 YV2（Y2）、YV4（Y4）通电。

⑨ 在开模终止位置上，接近开关 SQ6（X6）闭合，流程 S28 置位，进入顶针前进工序，流程 S27 复位。此时电磁阀 YV3（Y3）、YV5（Y5）通电。

⑩ 在顶针前进终点，接近开关 SQ7（X7）闭合，流程 S29 置位，进入顶针后退工序，流程 S28 复位。此时电磁阀 YV4（Y4）、YV5（Y5）通电。

⑪ 在顶针后退终点，接近开关 SQ8（X10）闭合，初始步 S0 置位，最后一步的流程 S29 复位，转入下一轮的循环。

⑫ 在程序的结尾处，使用了一个功能指令"ZRST"，其功能是"区间复位"。当停止按钮

SB2（X12）按下接通时，流程 S0 ～ S29、输出继电器 Y1 ～ Y10 全部复位，恢复到原来不得电的状态，此时注塑成型机各个工序的动作全部停止。

> **注意**
>
> 从表 7-6 可知，在电磁阀 YV1 ～ YV8 中，大多数都要在多个流程中反复通电。如果某个电磁阀的线圈出现在相邻的流程步中，分别进行驱动，就有可能导致程序不能正常执行。正确的方法如梯形图 7-18 中第 104 ～ 149 步所示，将各个流程步中控制同一输出线圈的常开触点并联起来，一起去驱动该输出线圈。
>
> 例如，驱动 Y7 线圈的三个流程分别是 S23、S24、S25，现在把它们的常开触点并联起来（S23 的常开触点使用"常开触点逻辑运算开始"指令 LD，S24 和 S25 的常开触点则使用"常开触点并联连接"指令 OR），一起去驱动 Y7 的线圈。

7.7 饮料自动售卖机控制装置

（1）控制要求

图 7-19 是简易饮料自动售卖机的示意图，其中储备了两桶饮料，一桶是汽水，另一桶是橙汁。控制要求如下所述。

① 可以向投币口投入面值为 1 元的硬币，投币后，有币指示灯亮。

② 当投入的总币达到 2 元时，汽水指示灯亮；总币达到 3 元或 3 元以上时，汽水和橙汁指示灯亮。

③ 当汽水指示灯亮时，按下放汽水按钮，则放出汽水，10s 后自动停止。在放出汽水的过程中，汽水指示灯闪烁。

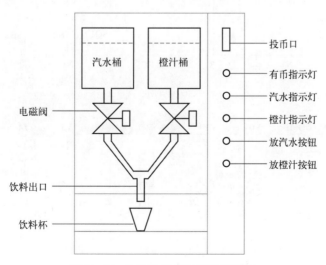

图 7-19　饮料自动售卖机的示意图

④ 当橙汁指示灯亮时，按下放橙汁按钮，则放出橙汁，10s 后自动停止。在放出橙汁的过程中，橙汁指示灯闪烁。

⑤ 按需要投入硬币（最少需要投入 2 元），不设找赎。

（2）输入 / 输出元件的 I/O 地址分配

根据控制要求，FX5U 的输入、输出端需要配置以下元件：

① 1 只感应开关，用于检测投币；

② 2 只按钮，分别发送放汽水、放橙汁的指令；

③ 3 只指示灯，分别指示有币、放汽水、放橙汁；

④ 2 只电磁阀，分别控制汽水、橙汁的放出和关闭。

FX5U 的 I/O 地址分配见表 7-8。

表 7-8　饮料自动售卖机的 I/O 地址分配

I（输入）			O（输出）		
组件代号	组件名称	地址	组件代号	组件名称	地址
SA1	投币开关	X0	XD1	有币指示灯	Y0
SB1	放汽水按钮	X1	XD2	汽水指示灯	Y1
SB2	放橙汁按钮	X2	YV1	放汽水阀	Y2
			XD3	橙汁指示灯	Y3
			YV2	放橙汁阀	Y4

（3）PLC 的选型和接线图

根据工作流程和表 7-8 要求，可选用三菱 FX5U-32MT/ES PLC。

主回路和 PLC 接线图见图 7-20。

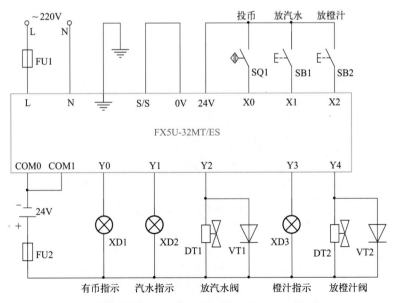

图 7-20　饮料自动售卖机的主回路和 PLC 接线图

图中的 VT1 和 VT2 是续流二极管。当电磁阀断电时，会产生比较高的反向感应电动势（上正下负），有可能损坏 FX5U 输出单元内部的元件。连接续流二极管之后，感应电流经过二极管构成回路，使感应电动势得以释放，保护了 FX5U 的内部元件。

（4）PLC 梯形图的编程

饮料自动售卖机的 PLC 梯形图如图 7-21 所示。

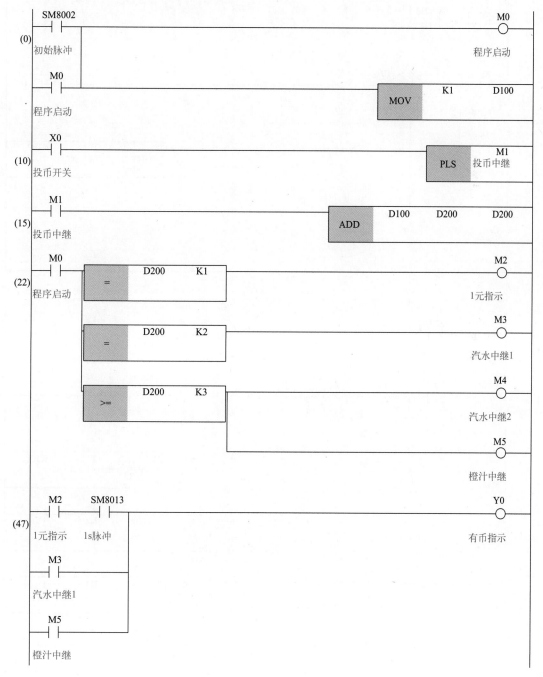

图 7-21

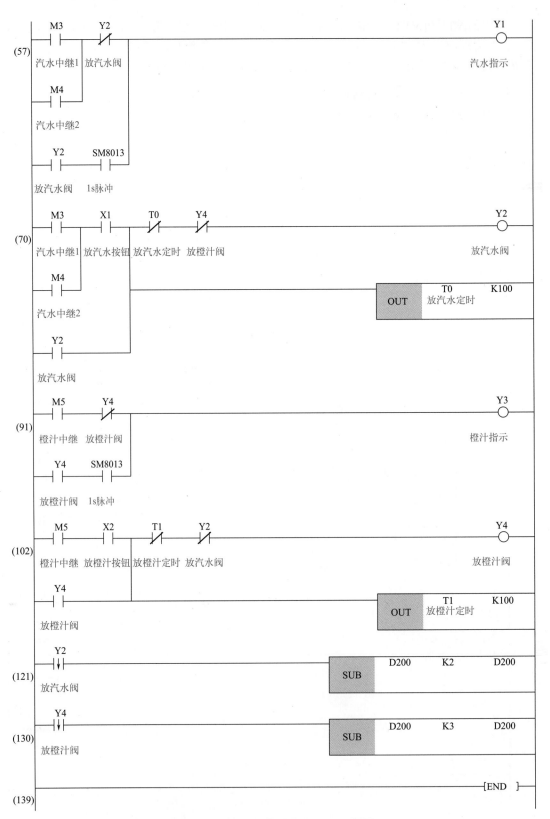

图 7-21　饮料自动售卖机的 PLC 梯形图

（5）梯形图控制原理

① 上电后，M0 得电，程序启动，数据寄存器 D100 被赋值为 1。

② 每次投入 1 元硬币时，投币开关 X0 闭合，M1 瞬间得电，执行加法指令 ADD，将 D100 与 D200 中的数据相加，并存放到 D200 中。

③ 投入 1 元或余额为 1 元时，D200 = 1，M2 得电，有币指示灯 Y0 闪亮。

投入 2 元时，D200 = 2，M3 得电，有币指示灯 Y0 长亮，汽水指示灯 Y1 同时亮起，提示可以放出汽水。

投入 3 元或 3 元以上时，D200 大于或等于 3，M4 和 M5 都得电，有币指示灯 Y0 长亮，汽水指示灯 Y1 和橙汁指示灯 Y3 也同时亮起，提示可以放出汽水，也可以放出橙汁。

④ M3（或 M4）得电时，按下放汽水按钮（X1），电磁阀 Y2 得电并自锁，开始放出汽水。此时，指示灯 Y1 转为闪亮。T0 到达指定的时间（10s）后，放汽水结束，Y2 关闭。

⑤ M5 得电时，按下放橙汁按钮（X2），电磁阀 Y4 得电并自锁，开始放出橙汁。此时，指示灯 Y3 转为闪亮。T1 到达指定的时间（10s）后，放橙汁结束，Y4 关闭。

⑥ 每次放汽水结束时，执行减法指令 SUB，从 D200 中减去 2；每次放橙汁结束时，也执行减法指令，从 D200 中减去 3。当余额足够时，可以继续操作按钮 X1 或 X2，再次放出汽水或橙汁。余额不足时，则不能执行。

⑦ 电磁阀 Y2 和电磁阀 Y4 互锁，避免同时进行放汽水和放橙汁的操作。

⑧ 在本例中，使用了一些比较复杂的指令，例如数据传送指令 MOV、上升沿输出指令 PLS、加法指令 ADD、减法指令 SUB、BIN16 位数据比较运算指令 AND＝、BIN16 位数据比较运算指令 AND＞＝。

7.8 ▶ 知识竞赛抢答装置

（1）控制要求

参赛者分为三组，每组有一个"抢答"按钮，当主持人按下"开始抢答"按钮后，如果在 10s 之内有人抢答，则先按下"抢答"按钮的信号有效，对应的抢答指示灯亮。后按下"抢答"按钮的信号无效，对应的抢答指示灯不亮。

如果在 10s 之内无人抢答，则"撤销抢答"指示灯亮，抢答装置自动撤销此次抢答。当主持人再次按下"开始抢答"按钮后，所有的"抢答"和"撤销抢答"指示灯都熄灭，进入下一轮的抢答。

（2）输入/输出元件的 I/O 地址分配

输入元件为 1 只旋钮、4 只按钮，输出元件为 5 只指示灯。元件的 I/O 地址分配如表 7-9 所示。

表 7-9　知识竞赛抢答装置的 I/O 地址分配

I（输入）				O（输出）			
元件代号	元件名称	地址	用途	元件代号	元件名称	地址	用途
SA	旋钮	X1	启动旋钮	XD1	指示灯 1	Y1	启动指示
SB1	按钮 1	X2	开始抢答	XD2	指示灯 2	Y2	1 组抢答指示

续表

I（输入）				O（输出）			
元件代号	元件名称	地址	用途	元件代号	元件名称	地址	用途
SB2	按钮2	X3	1组抢答	XD3	指示灯3	Y3	2组抢答指示
SB3	按钮3	X4	2组抢答	XD4	指示灯4	Y4	3组抢答指示
SB4	按钮4	X5	3组抢答	XD5	指示灯5	Y5	撤销抢答指示

（3）PLC 的选型和接线图

根据控制要求和表 7-9 中所示，可选用三菱 FX5U-32MT/ES PLC。

知识竞赛抢答装置的 PLC 接线图如图 7-22 所示。

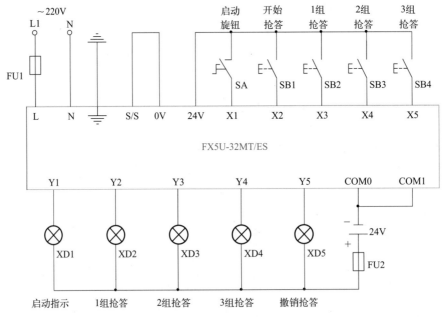

图 7-22　知识竞赛抢答装置 PLC 接线图

（4）PLC 梯形图的编程

根据知识竞赛抢答装置的控制要求，进行 PLC 梯形图的编程，如图 7-23 所示。

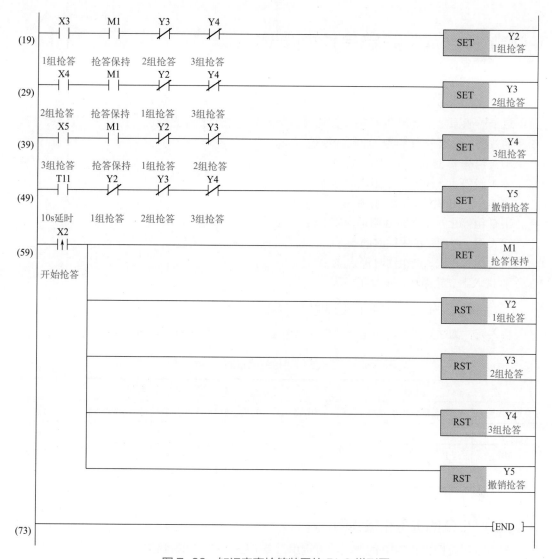

图 7-23　知识竞赛抢答装置的 PLC 梯形图

（5）梯形图控制原理

① 接通旋钮 SA，输入单元中的 X1 接通，输出单元中的 Y1 线圈立即得电，启动指示灯 Y1 亮，抢答装置开始工作。

② 按下"开始抢答"按钮 SB1，内部继电器 M1 线圈得电，开始抢答。同时定时器 T11 线圈通电，对抢答时间进行 10s 限制。

③ 若某一组首先按下抢答按钮，则对应的抢答指示灯亮。与此同时，其他两组的抢答被封锁。

④ 10s 后，如果 3 组都没有抢答，则定时器 T11 的常开触点接通，Y5 线圈得电，"撤销抢答"指示灯亮。

⑤ 主持人再次按下"开始抢答"按钮，所有的"抢答"和"撤销抢答"指示灯都熄灭，定时器 T11 复位。

7.9 游乐园喷泉控制装置

（1）控制流程

这个游乐园喷泉采用 PLC 控制，通过改变喷泉的造型和灯光颜色，达到千姿百态、五彩纷呈的效果。喷泉分为 3 组，控制流程是：

①A 组先喷 5s；

②A 组停止，B 组和 C 组同时喷 5s；

③A 组和 B 组停止，C 组喷 5s；

④C 组停止，A 组和 B 组同时喷 3s；

⑤A 组、B 组、C 组同时喷 5s；

⑥A 组、B 组、C 组同时停止 4s；

⑦进入下一轮循环，重复①～⑥。

（2）输入/输出元件的 I/O 地址分配

输入元件为 2 只按钮，输出元件为 3 只电磁阀。元件的 I/O 地址分配如表 7-10 所示。

表 7-10　游乐园喷泉控制装置的 I/O 地址分配

I（输入）				O（输出）			
元件代号	元件名称	地址	用途	元件代号	元件名称	地址	用途
SB1	按钮	X1	启动	DT1	电磁阀	Y1	A 组喷泉
SB2	按钮	X2	停止	DT2	电磁阀	Y2	B 组喷泉
				DT3	电磁阀	Y3	C 组喷泉

（3）PLC 的选型和接线图

根据控制流程和表 7-10 的要求，可选用三菱 FX5U-32MT/ES PLC。

游乐园喷泉控制装置的 PLC 接线如图 7-24 所示，图中的 VT1 ～ VT3 是续流二极管，它反向并联在电磁阀 DT1 ～ DT3 的两端，防止电磁线圈在断电时产生的感应电压损坏 PLC 输出单元内部的晶体管。

（4）PLC 梯形图的编程

根据游乐园喷泉的控制流程，进行 PLC 梯形图的编程，如图 7-25 所示。

（5）梯形图控制原理

①按下"启动"按钮 SB1，内部继电器 M1 线圈得电并保持，喷泉开始工作，Y1 得电，A 组首先喷射。同时，定时器 T1 线圈通电，开始延时 5s。

②5s 之后，T1 到达设定的时间，T1 的常闭触点断开，Y1 线圈失电，A 组停止喷射。T1 的常开触点接通，Y2 和 Y3 线圈同时得电，B 组和 C 组开始喷射。与此同时，定时器 T2 的线圈通电，开始延时 5s。

③5s 之后，T2 到达设定的时间，T2 的常闭触点断开，Y2 线圈失电，B 组也停止喷射。

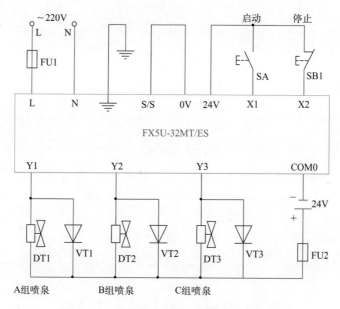

图 7-24　游乐园喷泉控制装置 PLC 接线图

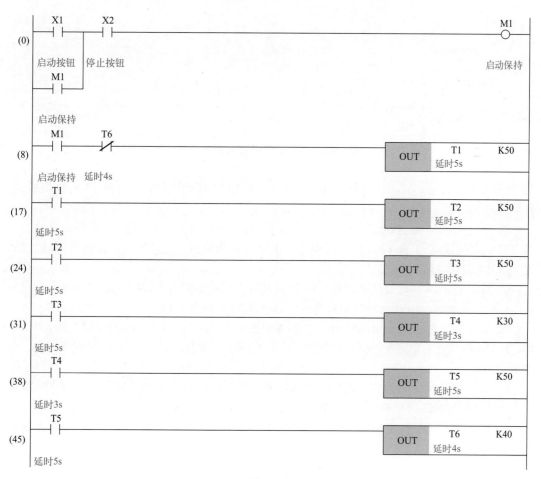

图 7-25

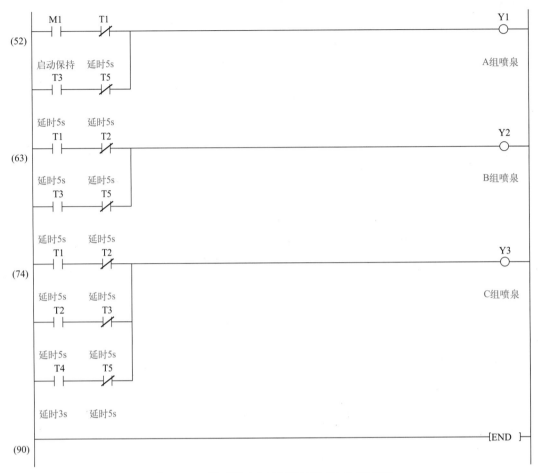

图 7-25　游乐园喷泉控制装置的 PLC 梯形图

T2 的常开触点接通，Y3 线圈继续得电，C 组继续喷射。与此同时，定时器 T3 的线圈通电，开始延时 5s。

④ 5s 之后，T3 到达设定的时间，T3 的常闭触点断开，Y3 线圈失电，C 组停止喷射。T3 的常开触点接通，Y1 和 Y2 线圈同时得电，A 组和 B 组喷射。与此同时，定时器 T4 的线圈通电，开始延时 3s。

⑤ 3s 之后，T4 到达设定的时间，T4 的常开触点接通，Y3 线圈得电，C 组喷射。A 组和 B 组也仍然在喷射。T4 的常开触点接通后，定时器 T5 的线圈也通电，开始延时 5s。

⑥ 5s 之后，T5 到达设定的时间，T5 的常闭触点断开，Y1、Y2、Y3 的线圈全部失电，A 组、B 组、C 组喷泉都停止喷射。与此同时，T5 的常开触点接通，定时器 T6 的线圈通电，开始延时 4s。

⑦ 4s 之后，T6 到达设定的时间，其常闭触点断开，T1 线圈失电，并导致 T2 ～ T6 线圈全部失电。程序转入到启动后的初始状态，重复以上工作流程。

⑧ 按下"停止"按钮 SB2，M1 线圈失电，控制流程停止，定时器 T2 ～ T6、输出线圈 Y1 ～ Y3 全部失电。

7.10 ▶▶ 十字路口信号灯控制装置

（1）控制流程

白天，将控制旋钮 SA 放在"正常工作"位置，东西方向绿灯亮 25s，闪烁 3s，黄灯亮 2s。在这 30s 之内，南北方向红灯一直亮着。此后，南北方向绿灯亮 25s，闪烁 3s，黄灯亮 2s，而东西方向红灯一直亮着。如此循环下去。

夜间，将旋钮放在"夜间工作"位置，东西和南北两个方向的绿灯和红灯都不工作，而黄灯同时闪烁，提醒夜间过往车辆和行人在通过十字路口时减速慢行，注意安全。

（2）输入 / 输出元件的 I/O 地址分配

输入元件为 1 只旋钮（正常工作和夜间工作），输出元件为 6 只接触器。各元件的用途和 I/O 地址分配如表 7-11 所示。

表 7-11　十字路口信号灯控制装置的 I/O 地址分配

I（输入）				O（输出）			
元件代号	元件名称	地址	用途	元件代号	元件名称	地址	用途
SA	旋钮	X1	正常工作	KM1	接触器 1	Y1	东西绿灯
		X2	夜间工作	KM2	接触器 2	Y2	东西黄灯
				KM3	接触器 3	Y3	东西红灯
				KM4	接触器 4	Y4	南北绿灯
				KM5	接触器 5	Y5	南北黄灯
				KM6	接触器 6	Y6	南北红灯

（3）PLC 的选型和接线图

根据控制流程和表 7-11，可选用三菱 FX5U-32MR/ES PLC。

十字路口信号灯的主回路和 PLC 接线如图 7-26 所示，PLC 的输入端连接着旋钮 SA（X1、X2），输出端连接着 6 只接触器（KM1 ～ KM6），再用接触器的触点控制信号灯。

（4）PLC 梯形图的编程

根据十字路口信号灯的控制流程，进行 PLC 梯形图的编程，如图 7-27 所示。

（5）梯形图控制原理

① 将旋钮 SA 放在"正常工作"位置，输入单元中的 X1 接通，输出单元中 Y1 线圈得电，东西绿灯长亮。与此同时，定时器 T1 线圈得电，开始延时 25s。

② 25s 后，T1 定时时间到，其常闭触点断开，东西绿灯由长亮转为闪烁。与此同时，T1 的常开触点闭合，定时器 T2 线圈得电，开始延时 3s。

③ 3s 后，T2 定时时间到，T2 的常闭触点断开，Y1 线圈失电，东西绿灯熄灭。T2 的常开触点闭合，Y2 线圈得电，东西黄灯亮。与此同时，定时器 T3 线圈得电，开始延时 2s。

④ 2s 后，T3 定时时间到，T3 的常闭触点断开，Y2 线圈失电，东西黄灯熄灭。

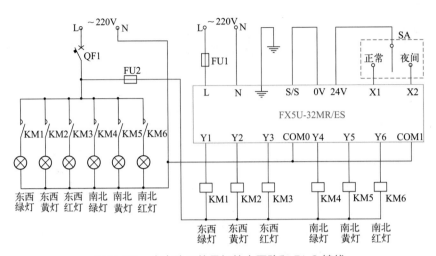

图 7-26 十字路口信号灯的主回路和 PLC 接线

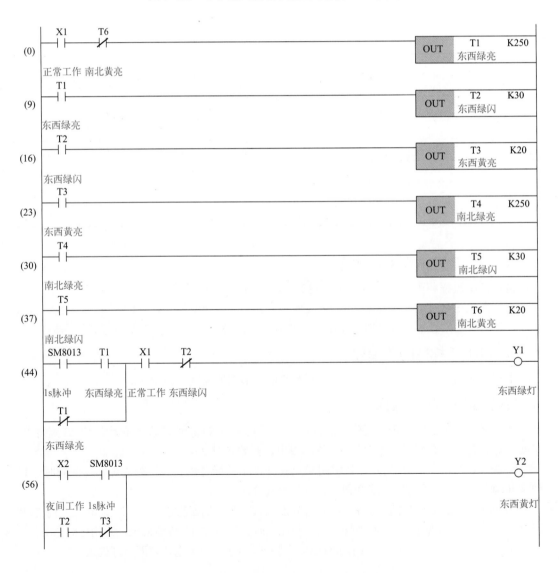

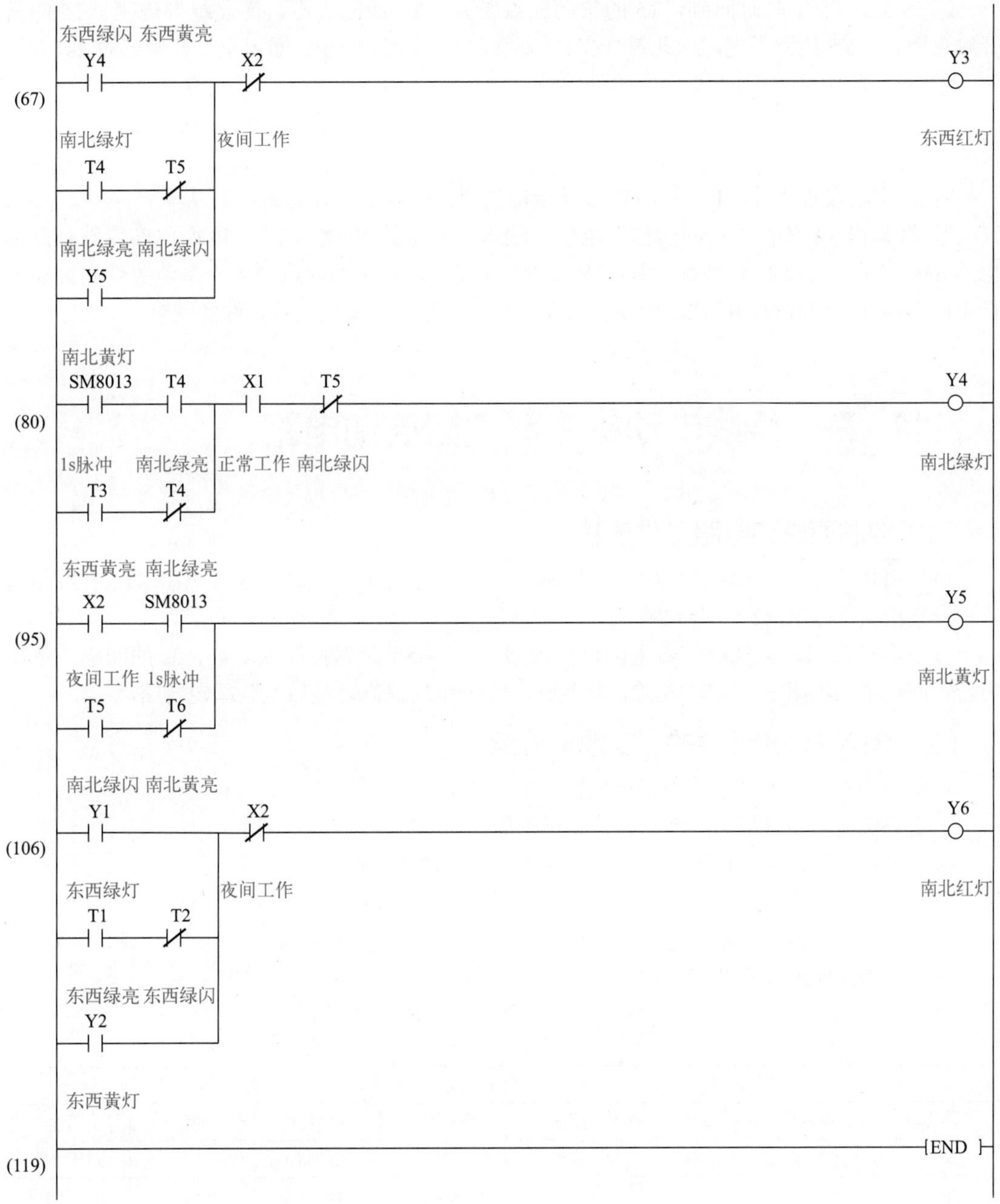

图 7-27　十字路口信号灯的 PLC 梯形图

在东西绿灯长亮、闪烁，东西黄灯亮期间，Y6 线圈一直得电，南北红灯保持在亮的状态。

T3 定时结束后，其常开触点闭合，输出单元中 Y4 线圈得电，南北绿灯长亮。与此同时，定时器 T4 线圈得电，开始延时 25s。

⑤ 25s 后，T4 定时时间到，其常闭触点断开，南北绿灯由平亮转为闪烁。与此同时，T4 的常开触点闭合，定时器 T5 线圈得电，开始延时 3s。

⑥ 3s 后，T5 定时时间到，T5 的常闭触点断开，Y4 线圈失电，南北绿灯熄灭。T5 的常开触点闭合，Y5 线圈得电，南北黄灯亮。与此同时，定时器 T6 线圈得电，开始延时 2s。

⑦ 2s 后，T6 定时时间到，T6 的常闭触点断开，Y5 线圈失电，南北黄灯熄灭。

在南北绿灯长亮、闪烁，南北黄灯亮期间，Y3 线圈一直保持得电，东西红灯保持在亮的状态。

T6 常闭触点断开后，T1 ～ T6 的线圈全部失电，转入下一轮的循环。

⑧ 将旋钮 SA 放在"夜间工作"位置，输入单元中的 X2 接通，由 PLC 内部特殊辅助继电器 SM8013 提供的 1s 时钟脉冲加到 Y2、Y5 线圈上，使它们间歇通电，东西黄灯和南北黄灯不停地闪烁，提醒夜间过往车辆和行人在通过十字路口时减速慢行，注意安全。

7.11 绕线电动机串联电阻启动电路

（1）控制要求和电路工作流程

电动机的定子回路由接触器 KM1 控制。在转子回路中，串联了 3 节电阻 R1、R2、R3，它们分别由接触器 KM2 ～ KM4 控制。

按下启动按钮，电动机带着电阻以低速启动。3 个定时器按照 5s、4s、3s 的间隔，依次将转子回路中的电阻 R1 ～ R3 切除，使转速一步一步地提高，最后达到额定转速。

（2）输入 / 输出元件的 I/O 地址分配

根据控制要求，PLC 系统中需要配置以下元件：

① 2 只按钮，一只用于启动，另一只用于停止；

② 4 只接触器，用于控制定子回路和转子回路中的 3 节电阻；

③ 2 只指示灯，分别表示电动机的启动状态和停止状态；

④ 1 只热继电器，用于电动机的过载保护。

PLC 的 I/O 地址分配见表 7-12。

表 7-12　绕线电动机串联电阻启动电路的 I/O 地址分配

I（输入）				O（输出）			
元件代号	元件名称	地址	用途	元件代号	元件名称	地址	用途
SB1	按钮 1	X1	启动	KM1	接触器 1	Y1	定子回路
SB2	按钮 2	X2	停止	KM2	接触器 2	Y2	第 1 节电阻
KH1	热继电器	X3	过载保护	KM3	接触器 3	Y3	第 2 节电阻
				KM4	接触器 4	Y4	第 3 节电阻
				XD1	指示灯 1	Y5	运转指示
				XD2	指示灯 2	Y6	停止指示

（3）PLC 的选型和接线图

根据控制要求和表 7-12，可选用三菱 FX5U-32MR/ES PLC。

主回路和 PLC 的接线见图 7-28。

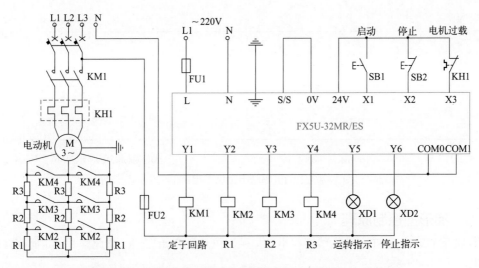

图 7-28　绕线电动机串联电阻启动电路主回路和 PLC 接线

（4）PLC 梯形图的编程

绕线电动机串联电阻启动电路的 PLC 梯形图见图 7-29。

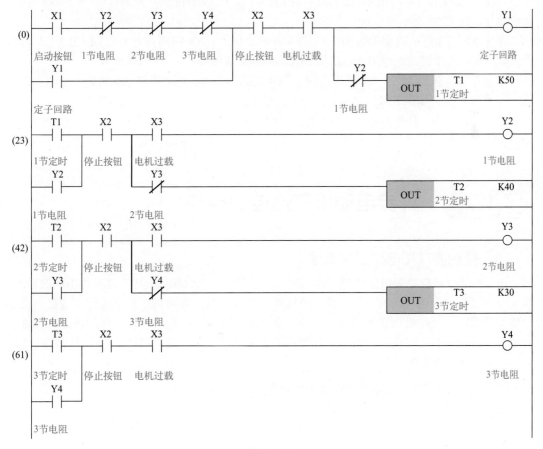

图 7-29

图 7-29　绕线电动机串联电阻启动电路的 PLC 梯形图

（5）梯形图控制原理

① 按下启动按钮 SB1，Y1 线圈得电并自锁，电动机开始启动。与此同时，定时器 T1 线圈得电，开始计时 5s。

② 5s 后，T1 到达设定的时间，T1 的常开触点闭合，Y2 线圈得电并自锁，接触器 KM2 吸合，将主回路中的启动电阻 R1 切除（R1 被短接），并使定时器 T2 线圈得电，开始计时 4s。Y2 的常闭触点断开，使 T1 线圈断电。

③ 4s 后，T2 到达设定的时间，T2 的常开触点闭合，Y3 线圈得电并自锁，接触器 KM3 吸合，将主回路中的启动电阻 R2 切除，并使定时器 T3 线圈得电，开始计时 3s。Y3 的常闭触点断开，使 T2 线圈断电。

④ 3s 后，T3 到达设定的时间，T3 的常开触点闭合，Y4 线圈得电并自锁，接触器 KM4 吸合，将主回路中的启动电阻 R3 切除。Y4 的常闭触点断开，使 T3 线圈断电。

⑤ 按下停止按钮 SB2，X2 断开，Y1 ～ Y4 线圈均失电，电动机停止运转。

⑥ 联锁环节：如果 KM2、KM3、KM4 没有释放，则定子主回路不能再次启动。

⑦ 过载保护：由热继电器 KH1 执行。如果电动机过载，则 X3 断开，Y1 线圈失电，KM1 释放，电动机停止运转。与此同时，Y2 ～ Y4 的线圈也全部失电。

　异步电动机三速控制电路

（1）控制要求和电路工作流程

在某些场合，需要使用三速异步电动机，它具有两套绕组和低、中、高三种不同的转速。其中一套绕组与双速电动机一样，当定子绕组接成角形时，电动机以低速运转，当定子绕组接成双星形时，电动机以高速运转。另外一套绕组接成星形，电动机以中速运转。三种速度分别用一只按钮和一只交流接触器进行控制。在中速时，要以低速启动。在高速时，既要以低速启动，又要以中速过渡。

（2）输入 / 输出元件的 I/O 地址分配

根据控制要求，PLC 系统中需要配置以下元件：

① 4 只按钮，分别用于低速启动、中速启动、高速启动、停止；

② 3 只接触器，分别用于低速运转、中速运转、高速运转；

③ 3 只热继电器，分别用于电动机低速、中速、高速时的过载保护。

PLC 的 I/O 地址分配见表 7-13。

表 7-13　异步电动机三速控制电路的 I/O 地址分配

I（输入）				O（输出）			
元件代号	元件名称	地址	用途	元件代号	元件名称	地址	用途
SB1	按钮 1	X1	低速启动	KM1	接触器 1	Y1	低速运转
SB2	按钮 2	X2	中速启动	KM2	接触器 2	Y2	中速运转
SB3	按钮 3	X3	高速启动	KM3	接触器 3	Y3	高速运转
SB4	按钮 4	X4	停止				
KH1	热继电器 1	X5	低速过载保护				
KH2	热继电器 2	X6	中速过载保护				
KH3	热继电器 3	X7	高速过载保护				

（3）PLC 的选型和接线图

根据电路工作流程和表 7-13 要求，可以选用三菱 FX5U-32MT/ESS PLC。从表 1-5 可知，它是 AC 电源，DC 24V 漏型·源型输入通用型，工作电源为交流 100～240V，现在设计为 AC 220V。总点数 32，输入端子 16 个，输出端子 16 个，晶体管（源型）输出，负载电源为直流，本例选用通用的 DC 24V。

在本例中，PLC 输出端子所连接的负载元件是交流接触器，在工作中它们需要频繁地切换，以实现对电动机的速度控制。如果采用继电器输出型的 PLC，则在 PLC 内部，输出继电器的触点容易磨损，造成一些故障，所以采用晶体管输出是恰到好处。

三速控制电路的主回路和 PLC 接线见图 7-30。图中 KM1～KM3 上反向并联的二极管起保护作用，防止接触器线圈断电时产生反向电动势，击穿 PLC 内部的输出晶体管。

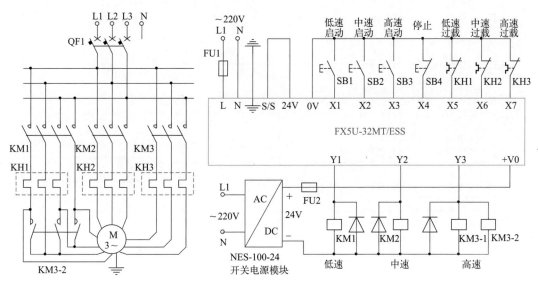

图 7-30　异步电动机三速控制电路主回路和 PLC 接线

（4）PLC 梯形图的编程

根据控制要求，进行三速控制电路的 PLC 梯形图编程，如图 7-31 所示。

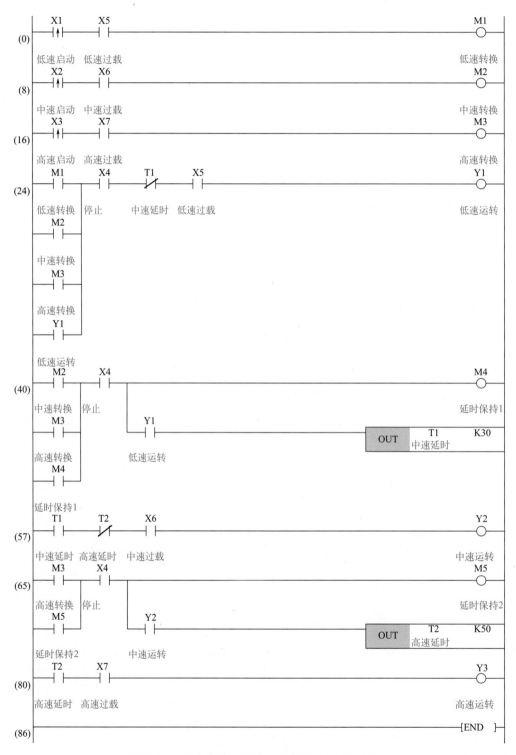

图 7-31　异步电动机三速控制电路的 PLC 梯形图

（5）梯形图控制原理

① 按下低速启动按钮 SB1，X1 闭合，M1 和 Y1 线圈得电，电动机接成角形以低速运转。

② 按下中速启动按钮 SB2，X2 闭合，M2 和 Y1 线圈得电，电动机接成角形以低速启动。同时定时器 T1 线圈得电，开始延时 3s。3s 之后，Y1 线圈失电，Y2 线圈得电，电动机退出低速，接成星形以中速运转。

③ 按下高速启动按钮 SB3，X3 闭合，M3 和 Y1 线圈得电，电动机接成角形以低速启动。同时 T1 线圈得电，开始延时 3s。3s 之后，Y1 线圈失电，同时 Y2 线圈得电，电动机退出低速，接成星形以中速过渡。Y2 线圈得电之后，又使 T2 线圈得电，开始延时 5s。5s 之后，Y2 线圈失电，Y3 线圈得电，电动机退出中速，接成双星形以高速运转。

④ M4 的作用是保持 T1 的延时过程不在中途停止，M5 的作用则是保持 T2 的延时过程不在中途停止。

⑤ 过载保护：由热继电器执行。在低速、中速、高速时，如果电动机过载，过载电流是不一样的，因此需要使用 3 只热继电器 KH1 ～ KH3，分别进行过载保护。

当低速过载时，KH1 动作，X5 的常开触点断开，Y1 线圈失电，不能低速运转。

当中速过载时，KH2 动作，X6 的常开触点断开，Y2 线圈失电，不能中速运转，也不能以低速启动。

当高速过载时，KH3 动作，X7 的常开触点断开，Y3 线圈失电，不能高速运转，也不能以低速启动、中速过渡。

参考文献

［1］姚晓宁，郭琼，吴勇.三菱FX5U PLC编程及应用［M］.北京：机械工业出版社，2021.

［2］李林涛.三菱FX3U/5U PLC从入门到精通［M］.北京：机械工业出版社，2022.

［3］王一凡，宋黎菁.三菱FX5U可编程控制器与触摸屏技术［M］.北京：机械工业出版社，2019.

［4］刘建春，柯晓龙，林晓辉，等.PLC原理及应用（三菱FX5U）［M］.北京：电子工业出版社，2021.

［5］严伟，胡国珍，胡学明.三菱FX5U PLC编程一本通［M］.北京：化学工业出版社，2022.

［6］向晓汉.三菱FX5U PLC编程从入门到精通［M］.北京：化学工业出版社，2021.